普通高等教育"十一五"国家级规划教材

工 业 生 态 学

Industrial Ecology

李素芹　苍大强　李　宏　编著

北 京
冶金工业出版社
2007

内 容 简 介

本书系统地介绍了工业活动与自然和社会的关系、生态工业与循环经济的关系以及国内外工业生态领域的发展现状。主要内容包括工业生态学的理论框架与研究方法、工业代谢分析、物质减量化与脱碳、生命周期影响评价、产品生态设计、生态(环境)材料、现代工业的生态化转向、环保与工业污染防治等。

本书可作为高等工科院校冶金、化工、石油、材料、能源、电力等专业高年级本科生及研究生教材，也可供工业领域各行业的企业决策者和相关工程技术人员阅读。

图书在版编目(CIP)数据

工业生态学/李素芹等编著. —北京:冶金工业出版社，2007.2

普通高等教育"十一五"国家级规划教材

ISBN 978-7-5024-4159-3

Ⅰ.工… Ⅱ.李… Ⅲ.工业－环境生态学－高等学校－教材 Ⅳ.X171

中国版本图书馆 CIP 数据核字(2007)第 002084 号

出 版 人 曹胜利(北京沙滩嵩祝院北巷 39 号,邮编 100009)
责任编辑 张 卫(联系电话:010-64027930;电子信箱:bull2820@sina.com)
　　　　　马文欢(联系电话:010-64027931;电子信箱:whma2005@126.com)
　　　　　张爱平(联系电话:010-64027928;电子信箱:zaptju99@163.com)
美术编辑 王耀忠 责任校对 卿文春 李文彦 责任印制 牛晓波
北京兴华印刷厂印刷;冶金工业出版社发行;各地新华书店经销
2007 年 2 月第 1 版,2007 年 2 月第 1 次印刷
787mm×1092mm　1/16;14.25 印张;377 千字;214 页;1—3000 册
28.00 元

冶金工业出版社发行部　电话:(010)64044283　传真:(010)64027893
冶金书店　地址:北京东四西大街 46 号(100711) 电话:(010)65289081
(本社图书如有印装质量问题,本社发行部负责退换)

序

 工业活动是对自然环境影响最强烈的因素,它已远远超过了自然界的自我恢复能力,如何减缓工业活动对环境的污染和资源的消耗,实现自然、社会和经济的健康可持续发展,并使地球这一新的生态系统达到新的平衡,研究该系统不平衡的内容和使其达到新的平衡是一新的大课题。

 工业、自然和社会本是一个完整的相互依存和相互影响的共生系统,但多少年来一直被人们分割研究,对它们之间的关系虽有一些研究,但远不足以影响工业对环境和社会的影响,对工业发展的控制和科学发展方法的研究,还远不能满足实现新水平上平衡的要求,主要原因之一是对工业的研究还习惯于孤立地研究工业某领域自身,未还原它与自然和社会紧密联系的本来面目。

 一个完整机体的循环系统是由"动脉"和"静脉"组成的,但工业系统对物质流的研究,主要还集中在"动脉系统"(原料开采—原料加工—产品生产—产品使用),但对工业物质流的"静脉系统"(产品使用—产品废弃—废弃后的回收—回收后的循环利用)的研究还很不够,有的甚至还没开展研究,造成系统物质流的中断,中断了工业生态系统中的不少重要链接,断链处造成了大量的物质浪费和环境污染,此弊病在工业不发达时期还不太显现,但在目前中国工业、经济和社会迅速发展的今天,这种物质链接的中断造成的各种影响,已经无法被人们、自然和社会所接受,因为此类非科学发展的方式,最终会导致发展的终止。

 如何在目前时空条件下科学地发展中国工业?应该说采用"循环经济"的方法是一个好处方,而"循环经济"在工业领域里的具体实施方法之一就是实现工业系统的"工业生态化",而实现工业生态化的重要理论就是"工业生态学",它将指导工业界在科学发展自身的同时,考虑到与社会和自然的和谐发展,并在新系统运行水平上达到新的平衡,实现可持续发展。

 本书较系统地介绍了工业活动与自然和社会的关系,介绍了生态工业与循环经济的关系,介绍了国内外的发展现状,还介绍了工业生态的有关重要理论和研究方法,希望本书对高等学校、有关研究部门和工业界的同行们有一定的参考价值。

 由于这是一门正在发展中的学科,许多内容还需不断实践和完善,希望有更多的"工业生态"研究者加入到中国工业科学发展的行列中来,将中国工业和"工业生态学"提高到一个新的水平,并在世界同行中占有重要地位。

苍大强

2006 年 6 月

前　言

　　工业的高速发展带来了物质上的富足、经济的高速增长、人民生活水平的大幅提高，但不容忽视的是，对自然的过度开发、资源浪费、环境污染等也造成了一定程度的生态平衡的破坏，导致生态环境的压力越来越大。因此，我们认为20世纪是人类物质财富增长最快的时期，但同时也是全球生态状况遭受破坏最严重的时期。在物质财富增长的另一面则是人与环境之间关系的紧张或对峙。

　　我国的现代化正处在起飞阶段，工业化的任务远未完成。由于中国开始工业化时间晚、起点低，又面临赶超发达国家的繁重任务，因此，往往以资本的高投入支持经济的高速增长，以资源的高消费、环境的高代价换取经济的繁荣。重视近利，失之远谋；重视经济，忽视生态。短期性经济行为给中国生态环境带来长期性、积累性后果。因此，十六届五中全会正式提出走新型工业化道路，强调发展"资源节约型、环境友好型"工业。

　　目前，中国政府对生态环境保护与治理工作越来越重视，强调在"十一五"期间加大生态环境保护和治理力度，并从战略和全局的高度，把建设节约型社会和发展循环经济摆在更加突出的位置，主张走适合中国经济高速发展阶段特点的新型工业化道路，实现资源高效和循环利用，实现现代工业的生态化转向，促进经济、社会的可持续发展。工业生态学这门新兴学科在这种形势下在我国应运而生，北京科技大学在国内率先成立生态学专业面向全国招生，工业生态学作为生态学专业必修课和非专业学生的选修课已正式授课两年，反映良好。作者尝试着把工业生态学的概念、原理向企业传输，得到了较好反响。

　　工业生态学是一门新兴的综合型交叉学科，是由生态、环境、能源、经济、信息技术、系统工程等多学科交叉融合形成的。作为生态工业的基础学科，它研究的是工业系统与自然环境之间的相互作用及相互联系，为工业系统与自然环境间的协调发展提供全新的理论框架及具体的、可供操作的方法。它追求的是人类社会与自然生态系统的和谐发展，寻求的是经济效益、生态效益和社会效益的统一，最终要实现的是人类社会的可持续发展。

　　工业生态学依据生态学"整体、协调、循环、再生"的基本原则，生态经济学原理的长链利用原理、生态经济系统的生态阈限理论及价值增值原理，系统工程学的整体性、综合性及最优化原则和信息科学与技术原理，模拟自然生态系统的结构与功能，构建人工复合的工业生态系统，其主旨是促使现代工业体系向三级工业生态系统的转换。

　　转换战略的实施过程是应用生态学的原理和方法，通过生态重组等手段，加速工业转型,进而实现工业生态化,最终获得经济、社会和生态多重效益,实现人类社会的可持续发展。发展生态工业和建设生态工业园区,逐步使基于人类活动的工业经济活动所引发的人与自然之间的物质代谢及其产物能够均衡、和谐、顺畅、平稳和持续地融入自然生态系统自身物质代谢的过程之中。

　　工业生态学主要内容包括:工业生态学的理论框架与研究方法(主要包括工业生态学概念及理论基础、工业生态系统的构建及实现工业生态化的手段及途径等);工业代谢分析(主要包括物质与能量流动特点、原料与能量流动分析的基本方法、工业代谢分析方法及其应用等);物质减量化与脱碳(主要包括物质减量化概念、产品物质减量化、能源脱碳概念以及可再生能源的开发与利用技术等);生命周期影响评价(主要包括生命周期影响评价的框架、生命周期清单分析与生命周期影响评价、生命周期影响评价工具、生命周期影响评价的应用等);产品生态设计(主要包括产品生态设计基本思想、产品生态设计原则、相关技术与应用实例等);生态(环境)材料(主要包括环境材料概念及主要内容、相关新材料技术、环境材料的发展现状及前景分析等);现代工业的生态化转向(主要包括清洁生产、循环经济、生态工业及其相互关系、工业生态园区的构建及其案例分析等);环保与工业污染防治(主要包括水污染及其治理与回用、空气污染的防治、固体废弃物的处理与利用等)。本书系统地介绍了工业生态学的相关原理、方法及应用技术,不仅适于大专院校、科研院所的教学和研究人员、学生选用,而且适于企业决策者和工程技术人员使用。

　　本书由李素芹副教授主笔并统稿完成,苍大强教授、李宏教授参与并指导了本书的编写工作。北京科技大学冶金与生态工程学院生态系创始人苍大强教授有多年联合国环保署工作的经历及对国家生态环保发展趋势的把握,给了我们深刻启示,为本书的编写注入了新鲜血液。周静、聂晓雪、尚海霞、沈建军等参与了编写过程,高敏江、米静、李颖超、邬畏、邬文鹏、蔡子嘉等参与了校稿工作。冶金工业出版社为本书的出版给予了大力支持。总之,本书是冶金与生态工程学院生态系全体师生集体智慧的结晶,作者对大家付出的辛苦深表感谢。

　　另外,作者从网上、图书及文献资料中汲取精华,因此,特别感谢所有资料的提供者,这些无私的帮助给了我们莫大的支持,在此深表敬意。

　　由于时间、篇幅和作者在工业生态学理论及工程实际方面的水平所限,书中不妥之处和疏漏,敬请广大读者批评指正。

作　者

2006 年 6 月

目 录

1 总　　论

内容要点

　　(1) 工业活动对自然环境产生了强烈的扰动,对生态环境恶化局势的出现负有不可推卸的责任;

　　(2) 依据工业生态学原理,构建循环经济,实现可持续发展;

　　(3) 从经济学的视角来看待工业生态化。

讨　论

　　目前生态环境处于局部改善、整体恶化的严峻形势,工业活动在其中负有哪些责任? 我国要实现可持续发展,应走怎样的适合中国国情的现代化工业道路?

1.1　生态环境问题及工业活动对自然环境的扰动

1.1.1　生态环境问题

1.1.1.1　生态环境问题概念

生态环境是影响人类生存与发展的水资源、土地资源、生物资源以及气候资源数量与质量的总称,是由生物群落及非生物自然因素组成的各种生态系统所构成的整体,主要或完全由自然因素形成,并间接地、潜在地、长远地对人类的生存和发展产生影响。生态环境的破坏,最终会导致人类生活环境的恶化。

生态环境问题指人类为其自身生存和发展,在利用和改造自然的过程中,对自然环境破坏和污染所产生的危害人类生存的各种负反馈效应。就目前而言,大气环境恶化、温室效应出现、水质污染造成的水资源短缺、部分物种灭绝以及全球能源及资源短缺等问题都是生态环境遭受破坏的反映。

1.1.1.2　生态环境状况(State of Ecology and Environment)

目前,生态环境状况总体在恶化,局部在改善,治理能力远远赶不上破坏速度,生态赤字逐渐扩大。环境状况不容乐观表现在:大气污染严重;水体污染明显加重,水资源短缺形势严峻;废渣存放量过大,垃圾包围城市;水土流失严重;环境污染向农村蔓延;沙漠化迅速发展;草原退化加剧;森林资源锐减;生物物种加速灭绝;生态指标恶化。

1.1.1.3　生态环境问题(Problems About Ecology and Environment)

A　大气污染严重,大气质量恶化

中国大气污染属于化石燃料燃烧造成的污染,北方重于南方;中小城市污染势头甚于大城市;产煤区重于非产煤区,冬季重于夏季,早晚重于中午。目前,中国能源消耗以化石燃料为主,约占能源消费总量的四分之三。燃烧产生的粉尘、二氧化碳等污染物,是大气污染日益严重的主要原因。近些年来,被称为"空中死神"的酸雨不断蔓延,不仅影响中国大陆,而且也影响港澳和邻近国家。我国 1990 年废气排放量(不包括乡镇工业)为 8.5 万亿 m^3,二氧化硫排放量 1495 万 t,居世界前列。对城市大气污染物监测表明,降尘和总悬浮颗粒物普遍超标,多数城市二氧化硫浓度均在二级标准附近波动,氮氧化物浓度呈上升趋势。总悬浮颗粒物污染严重的城市为石家庄、南充、吉林、乌鲁木齐、洛阳、唐山;城市二氧化硫污染严重的城市为重庆、贵阳、宜宾、南充、石家庄、青岛和乌鲁木齐。我国酸雨以西南和华南地区较为严重,尽管仅限于局部,但有向东部地区扩展的趋势。燃煤是形成我国大气污染的根本原因。1990 年,我国一次能源总产量 10.4 亿 t 标准煤;消耗量为 9.8 亿 t,其中原煤分别占 74.2% 和 75.6%。由于以煤为主的能源结构在相当长一个时期内很难改变,作为人均能耗很低的大国,能源特别是煤炭的消耗仍将大幅度提高,由此带来的二氧化硫、一氧化氮、二氧化碳等气体的排放将进一步增加。预测表明,我国国内生产总值每增加 1%,废气排放量增长 0.55%。2000 年我国废气排放量达到 11.5 万亿 m^3(标),煤烟型大气污染将难以缓解。

世界卫生组织对 60 个国家 10~15 年的监测发现,全球污染最严重的 10 个城市中,中国占了 8 个,环境空气符合国家一级标准的城市不到 1%。1997 年全国烟尘排放量 1873 万 t;CO_2 排放量 2346 万 t,62% 的城市 CO_2 日平均浓度超过 3 级标准;酸雨面积占国土资源的 30%,华中酸雨区频率高达 90% 以上,全国因酸雨和 SO_2 污染造成的损失每年达 1100 多亿元;北京成为国内三种污染物(NO_x、CO 和 O_3)同时超标的唯一城市,几乎达到大气自身净化的极限;上海 15 个交通路口 CO 浓度超过国家三级标准 6 倍。

由于大气污染严重,大气质量恶化引起的气候现象有以下几种。

a　温室效应(Green House Effective)

在物理学中我们学过,所有的带热物体都能以不同的波长放出不同能量的辐射。炽热的太阳发出波长较短的高能辐射,凉爽的地球表面发出波长较长的低能辐射。地球的大气层起着温室玻璃的作用,允许波长较短的太阳辐射穿过,抵达地球表面,但是却能够捕获波长较长的地球的红外辐射热,使地球保持着一种温暖的状态,这种现象被形象地称为"温室效应",见图 1-1。

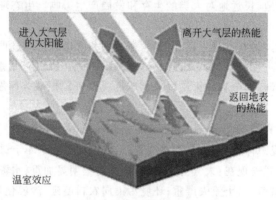

图 1-1　温室效应示意图

温室效应是由于大气里温室气体(二氧化碳、甲烷等)含量增大而形成的。空气中含有二氧化碳,在过去很长一段时期中,含量基本上保持恒定,这是由于大气中的二氧化碳始终处于"边增长、边消耗"的动态平衡状态。大气中的二氧化碳有 80% 来自人和动、植物的呼吸,20% 来自燃料的燃烧。散布在大气中的二氧化碳有 75% 被海洋、湖泊、河流等地面的水及空中降水吸收溶解于水中。还有 5% 的二氧化碳通过植物光合作用,转化为有机物质贮藏起来。这就是多年来二氧化碳占空气成分0.03%(体积分数)始终保持不变的原因。

但是近几十年来,由于人口急剧增加,工业迅猛发展,呼吸产生的二氧化碳及煤炭、石油、天然气燃烧产生的二氧化碳,远远超过了过去的水平。同时,由于森林被乱砍乱伐,城市化进程加快,植被被破坏,这些都减少了二氧化碳转化为有机物的条件。再加上地表水域逐渐缩小,降水量大大降低,也减少了水吸收溶解二氧化碳的条件,破坏了二氧化碳生成与转化的动态平衡,使大气中的二氧化碳含量逐年增加。空气中二氧化碳含量的增长,使地球气温发生了改变。

二氧化碳可以防止地表热量辐射到太空中,具有调节地球气温的功能。如果没有二氧化碳,地球的年平均气温会比目前降低20℃。但是,二氧化碳含量过高,就会使地球仿佛被捂在一口锅里,温度逐渐升高,就形成"温室效应"。形成温室效应的气体,除二氧化碳外,还有其他气体。其中二氧化碳约占75%、氯氟代烷约占15%~20%,此外还有甲烷、一氧化氮等30多种。

温室效应就是由于大气中二氧化碳等气体含量增加,使全球气温升高的现象。如果二氧化碳含量比现在增加1倍,全球气温将升高3~5℃,两极地区可能升高10℃,气候将明显变暖。气温升高,将导致某些地区雨量增加,某些地区出现干旱,飓风力量增强,出现频率也将提高,自然灾害加剧。更令人担忧的是,由于气温升高,将使两极地区冰川融化,海平面升高,许多沿海城市、岛屿或低洼地区将面临海水上涨的威胁,甚至被海水吞没。20世纪60年代末,非洲撒哈拉牧区曾发生持续6年的干旱。由于缺少粮食和牧草,牲畜被宰杀,饥饿致死者超过150万人。

b　酸雨(Acid Rain)

酸雨是化石燃料燃烧的结果。化石燃料的燃烧会产生氧化硫类物质(SO_x)和一氧化氮(NO_x),它们能分别与大气中的水分结合而形成硫酸(H_2SO_4)和硝酸(HNO_3)。这种现象称为"酸降"更恰当,因为酸也会以雪、雨和雾的形式从空气中沉降下来。酸雨降低土壤和湖泊的pH值,同时酸化也能导致树木的死亡,并使得有毒金属(如铅和汞)从土壤和沉积物中释放出来。

c　蓝色烟雾事件

2001年3月28日,在南宁发生的蓝色烟雾事件,导致人们呼吸系统及眼睛发生疾病,起先怀疑是光化学烟雾,后经北京大学毛节泰教授等人核实,这种现象是属于"霾"的天气现象,是大气污染导致的,污染程度仅次于光化学现象。其产生原因,一是空气污染产生的二氧化硫等小的污染气体颗粒;二是臭氧含量高,有时附带铅、铬等有毒物质,对身体极为有害。美国1992年曾发生过这种现象,澳大利亚及欧洲一些国家也发生过,轻度或无污染物产生的地区也有可能发生。南宁这个地方地处盆地,发生污染的地方本没有工厂排放有害气体,但由于空气湿度大,空气不流通,导致该现象的发生。

B　水体污染明显加重,水资源短缺形势严峻

20世纪以来,世界用水量大幅度增加。1990年,全国废水排放量(不包括乡镇工业)为354亿t,其中工业废水排放为249亿t。从构成看,工业废水得到一定控制,生活污水排放量不断提高,但工业废水中的污染物并没有显著减少,有些还在增加。由于我国废水处理率低,大部分废水未经处理直接或间接排入水体,水体污染十分突出。目前,世界上已有43个国家和地区缺水,占全球陆地面积的60%,约20亿人用水紧张,10亿人得不到良好的饮用水。

我国水污染更加严重,长江、黄河、珠江干流水质尚好,淮河、松花江、辽河等水系污染物不断加重。河流的城市段污染明显,小河重于大河,北方重于南方。在被调查的532条河流中,有82%的河流受到不同程度的污染,63%的城市受到不同程度的污染,42%的城市饮用水源受到严重污染(1987年)。我国沿岸海域也存在着不同程度的污染,主要污染物是石油类、营养盐、有机物和重金属,近海海域富营养化突出,赤潮发生频繁,面积有所扩大,1990年共发生34起。监测表明,城市地表水中污染物不断增加,多数城市地下水局部水质有所恶化。据调查,全国约有

1.7 亿人饮用受有机物污染的水,约 7 亿人饮用大肠杆菌超标水。我国湖泊水体的富营养化也日趋严重,城市饮用水源污染导致的污染事故不断上升,水资源短缺,致使部分城市过度开采地下水,使得地下水位下降,湖泊面积缩小。近年来,在北方地区形成 8 个总面积达 1.5 万 km^2 的超采区,导致华北地区地下水位每年平均下降 12 cm。这些地区和一些沿海城市,由于缺水、过量开采地下水,出现地面下沉、海水入侵等环境问题,而地下水位不断下降又加剧了供水紧张。1949 年以来,中国湖泊减少了 500 多个,面积缩小约 1.86 万 km^2,占现有面积的 26.3%,湖泊蓄水量减少 513 亿 m^3,其中淡水量减少 340 亿 m^3。

　　a　世界水资源的现状及其分布

　　地球表面、岩石圈内、大气层中、地下水、土壤水、大气水和生物水,在地球上形成一个完整的水系统,称之为水圈。水圈中总计水量约为 1.386×10^{18} m^3,其中海洋水为 1.338×10^{18} m^3,占总水量的 96.5%;陆地上水储量为 4.8×10^{16} m^3,占总水量的 3.5%;大气中和生物体内的水仅为 1.4×10^{13} m^3,占总水量的 0.001%,见表 1-1。

表 1-1　地球上的水资源及其分布

水 体 种 类	水储量		咸水储量		淡水储量	
	m^3	%	m^3	%	m^3	%
海洋水	1338000×10^{12}	96.538	1338000×10^{12}	99.041		
冰川与永久积雪	24064.1×10^{12}	1.7362			24064.1×10^{12}	68.6973
地下水	23400×10^{12}	1.6883	12870×10^{12}	0.9527	10530×10^{12}	30.0606
永冻层中的水	300×10^{12}	0.0216			300×10^{12}	0.8564
湖泊水	176.4×10^{12}	0.0127	85.4×10^{12}	0.0063	91×10^{12}	0.2598
土壤水	16.5×10^{12}	0.0012			16.5×10^{12}	0.0471
大气水	12.9×10^{12}	0.0009			12.9×10^{12}	0.0368
沼泽水	11.47×10^{12}	0.0008			11.47×10^{12}	0.0327
河流水	2.12×10^{12}	0.0002			2.12×10^{12}	0.0061
生物水	1.12×10^{12}	0.0001			1.12×10^{12}	0.0032
总　计	$1385984.61 \times 10^{12}$	100	1350955.4×10^{12}	100	35029.21×10^{12}	100

　　在陆地水储量中,只有 $3.503 \times 10^{16} m^3$ 为淡水,占总水量的 2.53%。而在这仅有的 2.53% 陆地淡水中,还包括 69.6% 的水以冰的形式存在于两极、冰雪和永久冻土层中,只有 30.4%,即 $1.065 \times 10^{16} m^3$ 的淡水存在于河流、湖泊、沼泽、土壤和地下 600 m 的水层中,供人类使用。

　　b　全球水资源短缺的严峻形势

　　世界人口的迅猛增加和工业的高速发展,导致全球性水资源短缺的日益加剧。20 世纪世界人口增加了近 3 倍,淡水消耗量增加了 6 倍,其中工业用水增加了 26 倍,而水资源总量基本保持不变,结果使得人均占有水量急剧下降,20 世纪末人均占有水量已减至 20 世纪初的 1/18。据报道,目前世界约有 1/3 人口面临供水紧张的威胁,预计到 2025 年,将有 2/3 的人可能遭受中度至高度的水荒。普遍的水位下降不仅造成水资源短缺,又造成沿海地区的海水侵蚀。许多大城市都存在饮用水的污染问题,硝酸盐污染和日益加重的重金属影响几乎所有地方的水质。全球淡水供应量不会增加,而人口在增加,水资源的污染在增加,因此,水将会像粮食一样,在今后几十年中将成为世界许多国家和地区的重点问题。

　　c　我国水资源短缺现状

　　我国水资源总量为 2.8 万亿 m^3,居世界第六位,而我国的人均占有水量不足 2300 m^3,是世界人均水平的 1/4,列 153 个国家的 121 位,属于世界上 13 个贫水国家之一。全国 669 个大中城市有 400 个常年淡水不足,其中严重缺水的城市 110 个,日缺水量 1600 万 m^3,年缺水量是 60 亿 m^3。由于缺水,每年影响工业产值 2000 多亿元。北京、天津、长春、大连、青岛、唐山和烟台等城市已受到水资源短缺的严重威胁,多个城市发生地面下沉。北京年人均水资源量小于 400 m^3,居国内严重缺水城市之首,只有全国平均水平的 1/7,世界平均水平的 1/25。农业每年缺水 350 亿 m^3,缺水量为农业用水量的 30.6%。城市每年缺水 60 亿 m^3,缺水量为工业用水量的 44%。

　　C　固体废弃物不断上升,城市噪声污染严重

　　我国工业固体废弃物和城市垃圾日益增加,综合利用率低下。1990 年,全国工业固体废弃物产生量(不包括乡镇工业)为 5.8 亿 t,比 1981 年增长了 54%,综合利用率仅为 29% 左右,历年积存量为 64.8 亿 t,人均 5.7 t,占地约 5.8 万公顷,处理能力赶不上排放量,不断增长的有毒有害废弃物,将成为潜在的危险。据统计,全国城市生活垃圾每年为 6000 万 t,在 380 个城市中,至少有三分之二的城市处在垃圾包围之中。据 2000 年统计,仅北京三环、四环路之间就有高 50 m 以上的垃圾山 4500 多座,比 10 年前增加了 1 倍,但垃圾无害化处理平均不到 5%,大量未经处理的工业废渣和城市垃圾堆存于城郊等地,成为严重的二次污染源。2000 年,工业固体废弃物产生量增长到 6.7 亿 t,比 1985 年增长近 50%。

　　我国城市的环境噪声多数处于高声级,其中交通噪声占 32.7%,生活噪声占 40.6%,工业及其他方面的噪声占 26.7%。城市各功能区环境噪声普遍超标,并呈上升趋势。

　　D　沙漠化迅速发展

　　中国是世界上沙漠化受害最深的国家之一。北方地区沙漠、戈壁、沙漠化土地已超过 149 万 km^2,约占国土面积的 15.5%。20 世纪 80 年代,沙漠化土地以年均增长 2100 km^2 的速度扩展。1987 年我国已沙漠化的土地达 20.12 万 km^2,潜在沙漠化土地面积 13.28 万 km^2。其中沙漠化土地比 1975 年增加了 2.52 万 km^2,主要由潜在沙漠化土地发展而来,年均增长 2100 km^2,快于从 50 年代末到 70 年代中的发展速度(1560 km^2/a)。近 25 年共丧失土地 3.9 万 km^2。沙漠化对农牧业发展影响最大的区域为东起松嫩沙地,西至宁夏盐池的半干旱农牧交错地区,约占全国沙漠化土地的 69%。我国目前约有 5900 万亩农田、7400 万亩草场和 2000 多 km^2 的铁路受到沙漠化的威胁。

　　对我国沙漠化成因分析表明,沙漠化土地的迅速蔓延主要是由于人类不合理的活动造成的,包括过度农垦、过度放牧、过度采伐和水资源利用不当等。如果继续保持目前的资源利用方式和强度,土地沙漠化将会继续发展下去。

　　E　水土流失严重

　　水土流失是我国生态环境最突出的问题之一。1949 年后的几年间,全国水土流失面积为 116 万 km^2。据 1992 年卫星遥感测算,中国水土流失面积为 179.4 万 km^2,占全国国土面积的 18.7%。目前总的情况是:小片治理,大片加重;上游流失,下游淤积;灾害加重,恶性循环;水土流失面积有增无减。由于我国是一个多山国家,山地面积大,平均海拔高,一方面由于重力梯度和水力梯度的作用,极易形成水土流失;另一方面,高低悬殊的台阶地势对我国水土流失的地域分布具有重大影响。我国水土流失的重点地区集中在大兴安岭—太行山—雪峰山一线以西,青藏高原及蒙新干旱区以东的地区。这一地区处于我国地势总阶梯中的第二级台阶上,大致成北东向宽 600~800 km,长达 3000 余 km 的条带,也是我国生态环境脆弱带(气候干湿交替型)所在

区域。从全国范围看,水土流失特别严重的地区从北到南主要有:西辽河上游、黄土高原地区、嘉陵江中上游、金沙江下游、横断山脉地区以及南方部分山地丘陵区。我国水土流失强度以西北省份最为严重,前八名为:陕西、甘肃、山西、内蒙古、青海、宁夏、辽宁、北京,除水力侵蚀为主的区域外,在西北、华北、东北部分地区以及青藏高原地区还分布有风力和冻融侵蚀的区域。

水土流失所引起的危害影响深远,其最直接的后果是破坏土地资源,使耕地表土流失,带走大量营养物质,降低土壤肥力,并最终导致土地生产力的下降;其次是造成下游河道与水库的淤积,既危及抗洪安全,又降低水库库容,缩短水库寿命。水土流失是"自然侵蚀"与人类活动造成的"加速侵蚀"相互迭加的结果,又由于后者的强度增加而不断发展。今后,随着我国人口的增长,人地关系日趋紧张,对土地的开发强度会越来越大,如无根本性治理措施,水土流失将进一步加剧。

    F　森林资源锐减

中国历史上曾是森林资源丰富的国家,但经历代的砍伐破坏,许多主要林区森林面积大幅度减少,昔日郁郁葱葱的林海已一去不复返。中国已成为一个典型的少林国,森林覆盖率和人均占有量居世界后列。据第三次全国森林清查,我国森林面积为 12465 万公顷,覆盖率 12.98%,远低于世界平均水平(1987 年为 31.1%);人均林地面积不足 0.114 公顷,只有世界平均水平的 14.2%;人均占有森林蓄积量 8.30 m^3,只有世界平均水平的 13.7%,如表 1-2 所示。

表 1-2　世界各地森林植被破坏状况(1990)

地　　区	森林及其他林地/百万公顷	年变化量/千公顷	人均森林/公顷	森林占土地比例
工业地区	2064	−79	1.1	27
欧　洲	195	+191	0.3	27
前苏联	942	+51	2.2	35
北　美	749	−317	1.7	25
亚洲、大洋洲	178	−4	0.5	9
发展中国家	3057	−9874	0.5	26
非　洲	1137	−2828	0.9	8
亚太地区	660	−999	0.2	19
拉美和加勒比地区	1260	−6047	2.2	48
所有地区	5120	−9953	0.6	27

注:资料来源:联合国粮农组织《1990 森林资源评估:全球综合》。

森林面积急剧减少,拥有全球 50% 物种的栖息地的热带雨林,比原有面积减少一半;温带森林 1/3 已被砍伐;温带雨林已成为濒危生态系统;澳大利亚、新西兰、美国加利福尼亚的湿地已消失一半;亚洲、拉丁美洲、西非的红树林损失严重,印度、巴基斯坦、泰国至少有 3/4 的红树林受到损害。在中国,2000 年前森林覆盖率达 50%,现在只约有 13.8%。热带森林大部分被橡胶园和热带作物园取代,老龄的落叶阔叶林已消失,常绿阔叶林同样遭到严重破坏。

森林是维持陆地自然生态系统平衡的重要组成部分,具有吸收排入大气的二氧化碳,改变和调节局部地区小气候,防风固沙,改良土壤等多项功能。全国森林采伐量和消耗量远远超过林木生长量,森林资源的日益丧失,若按目前的消耗水平,绝大多数国有森工企业将面临无成熟林可采的局面,森林的生态功能将进一步减弱,导致生态环境的不断退化。森林赤字是最典型的生态赤字,当代人已经过早过多地消耗了后代人应享用的森林资源。

    G　草原退化加剧

20 世纪 70 年代,草场面积退化率为 15%,80 年代中期已达 30% 以上。长期以来,对草原掠夺性的粗放经营,破坏了草地的生态平衡,使草地生态系统严重恶化。全国草原退化面积达 13 亿亩,目前仍以每年 2000 多万亩的退化速度在扩大。由于草原退化,牧畜过载,牧草产量持续下降。由于过度放牧,退化草场占可利用草场面积的 1/4,由于各种原因引起的土地沙化面积达 1.26 亿公顷。我国内蒙古草原过去 85 亩 1 头羊,目前是 8 亩 1 头羊!

H　生物物种加速灭绝

我国的生物资源相当丰富,野生及人工培植的动植物种类很多,拥有高等植物近 3 万种,陆栖脊椎动物超过 2300 种。由于森林砍伐、草原退化、环境污染、自然灾害、过度捕猎等,大量野生动植物的生境受到极大破坏,很多物种已经灭绝或濒临灭绝。属于我国特有的物种和国家重点保护的珍贵、濒危野生动物达 312 种,列为国家濒危植物名录的第一批植物已达 354 种。

生物多样性也在日益减少,生物多样性是生态系统稳定性的重要标志。生物多样性因其不可替代的作用而越来越为人们重视。地球上多种多样的植物、动物和微生物为人类提供了不可缺少的食物、纤维、木材、药物和工业原料。它们与其物理环境之间相互作用所形成的生态系统,调节着地球上的能量流动,保证了物质循环,从而影响着大气构成,决定着土壤性质,控制着水文状况,构成了人类生存和发展所依赖的生命支持系统。物种的灭绝和遗传多样性的丧失,将使生物多样性不断减少,逐渐瓦解人类生存的基础。

从恐龙灭绝以来,当前地球上生物多样性损失的速度比历史上任何时候都快,鸟类和哺乳动物现在的灭绝速度是未受干扰时的 100～1000 倍。

1600～1950 年,鸟类和哺乳动物灭绝速度增加 4 倍。

1600 年以来,约 113 种鸟类和 83 种哺乳动物已经消失。

1850～1950 年,鸟类和哺乳动物灭绝速度平均 1 种/年。

20 世纪 90 年代初,联合国环境规划署首次评估生物多样性的一个结论是:在可预见的未来,5%～20% 的动植物种群可能受到灭绝的威胁。研究表明,按目前的灭绝趋势分析,在今后 25 年间,地球上每 10 年将要有约 5%～10% 的物种消失。物种灭绝的原因如表 1-3 所示。

表 1-3　物种灭绝的原因

类　群	每一种影响因素的作用/%					
	生境消失	过度开发	物种引进	捕食控制	其　他	不清楚
哺乳类	19	23	20	1	1	36
鸟　类	20	11	22	0	2	37
爬行类	5	32	42	0	0	21
鱼　类	35	4	30	0	4	48

引起物种灭绝的原因很多,其中人类活动对生态系统的扰动所引起动物的生境消失是物种灭绝的重要原因。土地利用模式的改变使物种栖息地斑块化,造成了许多交错带,产生了**边界效应**(edge effect),引起生物多样性的变化。

I　环境污染向农村蔓延

乡镇企业的发展使农村经济发生了巨大变化,也带来众多环境问题。由于乡镇企业迅速发展成为农村工业化的重要方向,以及二元经济结构向现代经济结构转变的中介,乡镇工业与农业环境连接紧密,因此其排放的污染物直接威胁农田和作物,给农村带来生态环境更大范围的污染,对农业资源、矿产资源造成更为严重的浪费。1978 年以前,农村环境污染主要是化肥、农药等;1978 年以后乡镇企业成为农村主要污染源。目前,遭受工业"三废"及城市垃圾危害的农田已达 1 亿亩。2000 年乡镇工业三废排放量将成倍增加。除环境污染外,乡镇企业对资源的破坏和浪费也十分惊人,如不加以控制和引导,后果更为严重。

J　自然灾害与环境事故频繁

我国大部分地区受季风影响,灾害频繁,损失巨大。自公元前 206 年至 1949 年的 2155 年内,我国发生过较大旱灾 1056 次,较大洪涝灾害 1092 次。几乎每两年就发生旱、涝灾害各一次。1949 年以后,灾害发生次数增多,频率加快,危害加重。全国年均农作物受灾面积,60 年代高于50 年代,70 年代又高于 60 年代,而 80 年代又高于 70 年代,80 年代全国年均成灾面积是 50 年代的 2.2 倍,是 70 年代的 1.8 倍。研究表明,地球上每年的旱涝灾害,对生态环境构成了巨大威胁,其经济损失占各类自然灾害总损失的 55% 以上。而旱涝灾害造成的经济损失,在我国自然灾害中也居首位。以粮食减产为例,由于成灾面积的增长和单产提高,因灾害造成粮食减产数呈上升趋势。此外,每年因灾害还造成人员财产等重大损失。

恶性的突发环境事故也造成严重危害,近年来发生的污染事故每年均在 3000 次以上,1990年为 3462 次。1987 年上海地区因污染而爆发的甲型肝炎流行使 31 万人感染,学校停课,工人停工,经济损失严重,影响恶劣。值得提出的是,这类事件常常具有突发性而难以防范,在我国环境污染趋势未能缓解的情况下,类似严重危害人体健康的突发环境事件仍有随时爆发的可能。

人类活动造成的生态破坏和环境污染已引起巨额外部经济损失,直接影响到经济指标和经济趋势。据中国环境科学院的研究,目前我国每年因环境污染造成的经济损失为 358.5 亿元,其中大气、水、废渣和农药污染分别占 28.15%,43.69%,1.6% 和 26.56%;每年因生态破坏造成的经济损失为 499 亿元,其中农业资源、草场退化、森林资源和水资源分别为 72.8%,0.50%,23%和 3.7%。上述两项合计为 857.6 亿元,约占 1985 年国内生产总值的 10%。

1.1.1.4　生态环境问题成因

生态环境问题分为**原生生态环境问题**(第一生态环境问题)和**次生生态环境问题**(第二生态环境问题)。原生生态环境问题包括自然地质环境、自然气候和自然灾害;次生生态环境问题包括不合理资源开发利用而引发的生态环境问题、对环境的直接污染和其他人为因素导致的生态环境问题。我国生态环境问题形成原因主要有以下几点:

(1) 地域辽阔,自然条件复杂,地貌类型多样;

(2) 长期缺乏保护生态环境的意识;

(3) 在生态环境建设管理方面"保护优先、预防为主、防治结合"的方针没有认真执行;

(4) 部分生态建设项目忽视了西部地区的自然环境特点;

(5) 过分强调工程措施,而忽视了生物措施。

1.1.1.5　中国生态环境面临的三大压力

A　人口压力

中国现代人口数量增长异常迅猛,既成为中国现代化进程的最大障碍,又成为中国生态环境的最大压力。人口总量大,增长快,显著加大了对资源和环境的压力,迫于生存,人们毁林开荒,围湖造田,乱采滥挖,破坏植被,人类的不合理活动大大超过了自然生态系统的支付能力、输出能力和承载力,致使全国许多地区生态平衡失衡,如植被破坏、水土流失、风沙侵蚀、灾害频繁、环境污染等等,对国家的可持续发展造成严重威胁。中国自然资源总量巨大,位于世界前列,堪称"资源大国",但人均数却明显偏小,与世界平均水平差距很大,如森林资源仅为世界平均水平的15%,水资源为 26%,耕地为 30%,草地资源为 44%,矿产资源为 67%……这对经济增长非常不利。上述问题产生原因众多,但不容置疑与人口压力有关(见图 1-2)。

B　工业化压力

作为现代环境问题之主要内容的环境污染几乎就是工业化的直接产物。我国工业化的具体特点使得它对于环境的破坏更为剧烈。目前我国正以相当高的速度推进工业化,这种高速工业化在某种程度上造成环境问题呈暴发的趋势。从工业增长速度上看,20 世纪 50 年代,我国工业总产值的年平均增长率为 2.5%,60 年代为 3.9%,70 年代为 9.1%,80 年代为 13.3%,90 年代前 5 年高达 17.7%。这样的高速度在西方发达国家工业化过程中是罕见的。从工业发展过程看,工业发达国家一般是先轻工业和加工业(对环境污染较

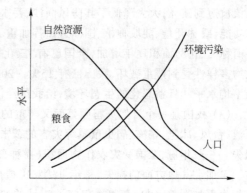

图 1-2 "人口膨胀—自然资源耗竭—环境污染"的世界模型

轻),后基础工业、重工业(对环境污染较重)的发展模式,我国却反其道而行之,把基础工业放在优先发展地位,工业结构趋于重型化。重工业以能源和矿产品为主要原料,大大刺激了石油、煤炭、电力、冶金、建材、化工等初级加工部门生产的大幅度增长,而这些产业的迅速增长大大加重了环境负荷。

C　市场压力

我国资源状况日趋严峻,由于开始工业化时间晚,起点低,又面临赶超发达国家的繁重任务,因此,主要行业的生产仍然靠大量消耗资源来支撑,不仅以资本高投入支持经济高速增长,而且以资源高消费、环境高代价换取经济繁荣,经济社会发展的环境压力日渐加大。这样重视近利,失之远谋;重视经济,忽视生态,短期性经济的行为给中国生态环境带来长期性、积累性后果。在市场经济转型过程中,环境问题日益突出,成为制约经济发展的瓶颈。环境污染与生态恶化是发展经济的必然结果,要发展经济就必须承受环境污染的代价。

1.1.1.6　当代中国亟待解决的生态环境问题

与所有的工业化国家一样,我国的环境污染问题是与工业化相伴而生的。20 世纪 50 年代前,我国的工业化刚刚起步,工业基础薄弱,环境污染问题尚不突出,但生态恶化问题经历数千年的累积,已经积重难返。50 年代后,随着工业化的大规模展开,重工业的迅猛发展,环境污染问题初见端倪。此时污染范围仍局限于城市地区,污染的危害程度也较小。到了 80 年代,随着改革开放和经济的高速发展,我国的环境污染渐呈加剧之势,特别是乡镇企业的异军突起,使环境污染向农村急剧蔓延,同时,生态破坏的范围也在扩大。时至如今,环境问题与人口问题一样,成为我国经济和社会发展的两大难题。

(1) 由于我国工业基础薄弱,不少工厂设备陈旧,生产技术工艺落后,技术改造和设备更新赶不上生产发展需要,不少技术仍然停留在五六十年代的水平,现在正处于迅速推进工业化和城市化的发展阶段,对自然资源的开发强度不断加大,加之粗放型的经济增长方式,技术水平和管理水平比较落后,再加上管理混乱,跑冒滴漏现象严重,因而资源利用率低,废物排放量大,造成对生态环境的污染。从全国总的情况来看,我国环境污染仍在加剧,生态恶化积重难返,环境形势不容乐观,主要包括大气污染、水污染、固体废物污染、噪声污染。

(2) 我国自然生态环境脆弱,生态环境恶化的趋势还没有遏制住。主要表现在:水土流失日趋严重,全国水土流失面积 367 万 km²,约占国土面积的 38%;荒漠化土地面积不断扩大,全国荒漠化土地面积已达 262 万 km²,并且还以每年 2460 km² 的速度扩展;大面积的森林被砍伐,天

然植被遭到破坏,大大降低了其防风固沙、蓄水保土、涵养水源、净化空气、保护生物多样性等生态功能,毁林开垦、陡坡种植、围湖造田等加重了自然灾害造成的损失;草地退化、沙化和碱化(以下简称"三化")面积逐年增加,全国已有"三化"草地面积 1.35 亿公顷,约占草地总面积的 1/3;生物多样性受到严重破坏,我国已有 15%～20% 的动植物种类受到威胁,高于世界 10%～15% 的平均水平。日益恶化的生态环境,给我国经济和社会带来极大危害,严重影响可持续发展。

(3) 我国是一个自然灾害频繁而又严重的国家,每年都有一些地区遭受干旱、洪涝、滑坡、泥石流、台风、冰雹、霜冻、病虫鼠草等灾害的袭击,地震灾害也时有发生,给人民生命财产造成严重损失。一般年份,全国受灾农作物面积(播种面积)400 万至 4700 万公顷,倒塌房屋 300 万间左右。再加上其他方面的损失,每年自然灾害造成的直接经济损失 400～500 亿元人民币,大灾年份损失更加严重,1991 年夏季仅江淮流域的特大洪涝灾害,就造成直接经济损失 800 亿元。在众多自然灾害中,对人类构成威胁最大的是地震灾害。据统计,20 世纪以来全世界死于地震灾害的人数占死于各种自然灾害总人数的 58%。

1.1.2 工业活动对自然环境的扰动(Disturbance of Industrial Activities to Natural Environment)

自地球诞生以来,它就形成了一个自然生态体系,并以自然循环的模式运转着,而地球上的人类为了自身的生存和发展,不断地影响并改造着地球环境。随着工业革命的不断推进,机器大工业迅速发展,蒸汽机等动力机器广泛使用,大大提高了社会生产力,人类生活水平得到很大提高。19 世纪下半叶,随着电力的广泛应用,人们改造自然的能力大大增强,各种工业活动更大规模地影响与改变着自然环境,并与自然生态系统不断发生冲突。人类活动已逐渐对整个地球环境构成影响,成为全球环境变化的又一扰动因素,致使出现土地荒漠化、"温室效应"与全球增暖、臭氧屏蔽的破坏、森林锐减和物种灭绝、淡水资源短缺等严重威胁人类生存繁衍的全球问题。

1.1.2.1 工业活动的特点(Features of Industrial Activities)

工业水平是衡量国家、地区经济发达程度的重要标志。工业活动的主要目的是通过向社会提供物质性产品或非物质性服务来获得利益。在生产过程中都是从环境中获取资源和能源,生产出产品供给人类消费,同时向环境中输出废物。整个系统是一个以工业生产活动为主体的人工生态系统。这个系统的能源、资源消耗量大,物质的循环、转化速度快,比原有的自然循环要大很多倍。工业活动影响环境的同时,也使企业的生产过程受到不利影响。工业活动具有以下特点。

A 工业发展需要具备的基本条件

工业生产主要是物理和化学变化过程,以及少量的微生物作用过程。不同的企业构成不同的工业部门,工业企业不论属于哪个行业或部门,要在社会上发挥自己的功能,就必须具备以下共同的基本条件:第一类是有形条件,包括土地、厂房、机器、动力设施、原材料及运输条件等,具有相对固定性和一定的地域性,是工业生产的必要条件;第二类是无形条件,如资金、管理、市场信息、专有的工艺技术等;第三类则是劳动力,即专业化的职工,如掌握一定工业技术的工业生产者。后两类不受空间的限制,具有流动性的特点。正是在各方面的专有性质,使工业与国民经济其他部门具有比较明显的区别和界限,成为独立的物质资料生产部门。

B 技术进步推动工业的发展

由于历史的局限性,人类在享受技术进步所带来的喜悦和便利的同时,却没有认识到技术的负面效应,因而遭受了惩罚。尽管如此,人类对自然的改造仍然是局部的和区域的,产生的环境负效应是有限的,甚至是可恢复的。总之,在这一时期,地球作为一个大系统还是维持着整体的平衡。技术是人类开发、利用、改造自然的物质手段、精神手段和信息手段的总和。科学技术的进步，增强了人类改造自然、征服自然的能力，不断创造出更多的物质财富，促进了经济的发展，带动了整个社会的文明进步，但也产生了负面效应，污染了环境，破坏了生态平衡，甚至危及人类自身的生存。特别是工业革命以来，技术的双刃剑效应格外显著。技术进步对工业发展，乃至整个人类社会文明的演进都具有重要意义。技术使用的盲目性和随意性使人类已经并且还在继续遭受惩罚。

科学技术的进步和社会分工的细化以及商品经济的发展，一方面使大机器工业代替了工场手工业，使工业最终从农业中分离出来；另一方面又使大机器工业本身以越来越快的速度向现代工业发展。现代工业的产生和发展经历了四次革命。从历史上看，每一次科技的重大革新，都会促进工业的飞跃发展，工业地区的分布也随之发生重大变化。

C　促进国民经济的发展

工业是物质资料的生产部门之一，在国民经济中占据主要作用。

首先，为国民经济各部门提供先进技术装备。国民经济各部门所使用的生产工具和技术装备都是由工业制造和提供的。可见，工业是国民经济各部门的总装备部。工业所提供的先进生产工具和技术装备是现代化建设的重要物质基础。因此，可以认为工业的发展直接决定着各经济部门的技术改造和装备水平，决定着社会劳动生产率和经济效益的提高，从而决定着国民经济现代化的速度和水平。

第二，为国民经济各部门提供能源和原材料。作为主要动力来源，能源工业对社会经济的发展具有至关重要的作用。现代化大生产是建立在机械化、电气化、自动化基础上的高效生产，几乎所有的生产过程都是与能源消费同时进行的。原材料工业是国民经济的基础工业部门，原材料的生产对社会经济各部门的发展起着制约作用。随着现代科技的进步，工业提供的新型材料越来越多，如超导材料、功能陶瓷、工程塑料、光导纤维、复合材料等，是当今世界有代表性的新型材料。新型材料的技术性能和质量，对国民经济发展的促进作用也越来越大，已成为当今世界技术进步的关键。

第三，为满足人们需要提供各种消费品。首先，工业通过对农产品的加工，向人们提供营养丰富、品种多样的食品。其次，工业还向人们提供各种穿、用、住、行和文化生活等用品。尤其是各种现代化消费品的生产，在丰富人们的消费内容、引导人们的消费方向、改变人们的消费结构、提高人们的物质文化水平等方面起着重要作用。

第四，国家积累资金的主要来源。工业生产的发展及其效益的高低对整体国民经济有举足轻重的影响。首先，工业是国民收入的主要承担者，近几年来，每年45%以上的国民收入是工业提供的；其次，工业还是国家财政收入的主要支柱，工业上缴的税金约占国家财政收入的60%。

D　对生态环境产生的负面影响

工业作为主要的物质生产领域，社会关注的焦点往往是它的积极结果：生产了多少产品，创造了多少利润，提供了多少就业机会，生活水平提高了多少。这些都是工业的正面功能。工业生产还有它的消极的一面。例如，工业在提供产品的同时，消耗了多少宝贵的资源，占用了多少农田，产出了多少废料。这些废料在多大程度上污染了环境、损害了居民的健康，降低了生活质量，灭绝了多少生物物种。在创造利润的同时，因污染造成了多少经济损失。这些很容易被忽视，特别是工业发展的早期，几乎没有人注意到工业生产的负面影响，工业污染造成的损失可能并不完全由造成污染的当事企业承担，而是转嫁给了社会，社会遭受的损失往往远大于企业获得的利润。这种损失也可能不由当代人支付，而由我们的后代加倍偿还。这种所谓的"外部不经济性"可以看作是社会向自然欠下的债务。工业生产的这个消极面，随着工业发展的增长，正在日益暴露和尖锐。工业生产对环境的负面影响主要表现在两方面。一方面,从环境中索取各种自然资源,直接改变了环境的结构,进而影响到环境的功能,如森林的过度砍伐,导致森林生态系统功能的丧失。另一方面,在工业企业生产过程中,只有一部分原材料转化为产品,其余大部分以废物的形式进入环境,造成环境污染。工业生产性污染包括大气污染、水污染、噪声污染等多种形态,对人体健康和生态系统均有很大的危害。

1.1.2.2　工业活动对生态系统的扰动(Disturbance of Industrial Activities to Eco-systems)

人类对生态系统的扰动分为未被扰动、部分扰动和全被扰动三种类型。扰动对生态环境的影响可用生境指数来表示,如表 1-4 所示。

表 1-4　生境指数的计算结果

项　　目	总面积/km^2	未被扰动/%	部分扰动/%	全被扰动/%	生境指数
世界总计	162052691	51.9	24.2	23.9	58
去除岩石、冰和荒地后的值	13490471	27.0	36.7	36.3	36.2

注:生境指数=[未扰动面积+0.25×(部分扰动面积)/总面积] × 100%。

扰动导致人类生境指数降低。根据扰动的量化结果,严重扰动情况出现在欧洲、北美洲东部、亚洲的中国和东南亚等地区。我国的上海、江苏、山东、北京为强活动区,活动强度指数❶在0.716 以上。人类活动已成为全球变化的又一干扰因素。

1.1.2.3　工业活动对自然环境的扰动及产生的危害(Disturbance and Harmfulness of Industrial Activities to Natural Environment)

A　自然资源的大量消耗

工业革命以来,产生了不同的工业部门,它们生产各种产品来满足人类的各种需要。在产品生产过程中,大量消耗各种自然资源(natural resources),如矿物燃料、矿物、木材、水、动植物等。而且,资源消耗呈上升趋势,按目前水平估算,全球石油供应可维持 40 年,铝 270 年,镉 20.2 年,铜 64 年,铅 38 年,锌 46 年,铁矿石 247 年。世界上已有 43 个国家和地区缺水(占全球总面积的60%),约 20 亿人用水紧张,10 亿人饮用超标水。自然资源面临枯竭的危险(见表 1-5)。

表 1-5　世界地壳能源储量耗量概况及寿命估计表

能源名称	可采储量/亿吨标准煤	消耗量占世界能源总量的百分数/%	储量寿命/年	潜在储量/年
石油	316	45	不超过 25~40 年	
天然气	495	19	2000 年耗掉原有储量的 73%	
煤	101260	25	不超过 30~190 年	150~250

以上所统计的仅仅是人类大量消耗自然资源的一部分,但这些数据表明,从 20 世纪 70 年代以来,尽管人们环境保护的意识在不断增强,环保投入不断增加,但人类活动对自然资源的消耗仍在不断增加,自然资源面临枯竭的危险。

B　环境污染(Contaminated Environment)

工业部门在原材料的提取、产品制造的工艺、原材料与能源的消耗、产品的使用及最终的处置等方面都对空气、水及土壤有不同程度污染。全球每年排放进入大气层的气体,SO_2 为 1.6 亿 t,

---

❶　活动强度指数是指用来测度和计算人对区域作用的指标。用下式表示:(城市人口百分比－文盲人数百分比)/2。此指数若高于 50%,说明人的作用已大大超过地理环境的容忍度,长此以往会引起环境质量下降。

CO_2 为 57 亿 t,CH_4 约 2 亿 t;排放的有害金属,铅 200 万 t,砷 7.8 万 t,汞 1.1 万 t,镉 5500 t,超出自然背景值的 20～300 倍。SO_2 的过量排放导致酸雨发生频度增加,面积在扩大;空气质量严重下降,全球有 8 亿人生活在空气污染的城市中;江河湖海的污染日趋严重,淡水匮乏使 12 亿人口生活在缺水城市,14 亿人口在没有废水处理设施下生活;水质污染引发的疾病以致死亡已构成对人体健康的一大威胁;城市垃圾、污水、船舶废物、石油和工业污染、放射性废物等大量涌入海洋,每年有 200 亿 t 污染物从河流进入海洋,约 500 万 t 垃圾被抛进海洋,在入海口处数万平方公里的臭氧层正在扩大。

C　扰动物质的全球循环(Disturbing Global Circulation of Matter)

在全球系统中,物质通过物理、化学和生物学的过程,从某一储库流向另一储库,处于不断的运动中,这一过程称为物质的全球循环。自然生态系统中,物质全球循环是缓慢的,可维持动态平衡。人类自诞生以来就不断地改造自然生态系统,尤其是工业革命开始后人类才在全球规模上显著改变了物质的全球循环。这其中包括碳循环、氮循环、硫循环、重金属的释放加速。

D　"温室效应"与全球增暖

化石燃料的燃烧、森林的破坏及其他工业活动,使得大气化学成分发生了明显的变化。连续 30 年的测量表明,大气中 CO_2 的含量以每年 0.4% 的速率递增,这样的温度变化可以和最近一次冰期以来 18000 年间的温度变化相比拟。对湖泊中花粉和海底深游生物骨骼沉积物的考察表明,全球范围的温度变化,必然导致全球陆地植被类型和海洋生物物种分布的显著改变,而这又必然反过来影响全球气候。

导致温室效应的气体,除了 CO_2 外,还有少量甲烷(CH_4)、氯氟烃、一氧化二氮(N_2O)等气体,其中大部分由工业活动排放。大气中温室气体的增加,必然导致温室效应增强,从而有可能引起全球增暖,从而引起一系列的灾难。观测表明,自 1880 年以来,北半球地面平均温度升高了约 0.3～0.6℃,按现有的绝大多数气候模型估计,在不太远的将来可能使全球平均温度上升 2℃。随着工业的发展,人类活动排放的 CO_2、CH_4 和 N_2O 等温室气体逐年增加,温室气体能无阻挡地让太阳的短波辐射射向地球,并部分吸收地球向外发射的长波辐射,使整个地球成为庞大的"温室",使"温室"的气温上升,从而引起一系列严重后果。

1.1.3　现代工业发展方向——可持续发展

20 世纪 60 年代以前,人们通常把经济的增长当作发展的全部,考虑的是如何扩大资源投入和消费来增大经济的总量。大量的事实已经表明,这种依靠掠夺自然资源的传统发展模式已经走进了死胡同。人们逐步认识到,人类是自然生态系统的一员,不可能任意地改造自然环境和无限地利用地球资源,其生存和活动必然受到地球自然生态系统的发展及其规律的制约。人们还认识到,现代的全球系统是一个复杂的大系统,人类社会经济系统只是其中的复杂子系统,为解决人类生存和可持续发展这一重大问题,人类首先面对的是复杂大系统,面临的是自然生态系统和人类经济社会系统本身复杂的运行机制和它们之间的相互作用的复杂性的综合性问题。人类只有在不断深入认识地球系统的同时,采取有效的措施,使这一复杂大系统的各个组成部分相互协调发展,才能使人类社会的发展得以持续。

可持续性发展的概念具有更深刻、更广泛的内涵。发展观的转变与深化,是生产力在意识形态反映上的不断提高。从时间上划分,发展观的演变经历了以下三个阶段:

第一阶段,发展就是经济增长。

第二阶段,环境问题被提高到人类社会发展中的重大问题上来考虑。

第三阶段,从环境与发展的结合上推动发展。

按循环经济的发展模式,走可持续发展的道路,实现工业生态化转向。走可持续发展之路,这是人类在漫长的社会发展中,不断探索得出的正确的结论,是当今国际社会的共识,是人类对自身的发展与其居住行星关系深刻的认识。可持续发展已成为人类社会发展的必然选择,是人类社会发展的必由之路。

1.2 构建循环经济,实现可持续发展

1.2.1 人类对工业发展历程的反思(Self-examination)

随着经济与社会的发展,工业化和城市化进程的加快,人类赖以生存和发展的环境正在发生急剧变化,带来一系列生态环境问题。无节制地使用资源和能源进行大量生产、不顾后果地大量消费及无序地大量废弃,是造成生态环境日趋恶化的主要原因。

人与自然共处于同一地球,两者息息相关,相互融合,构成地球生态系统。人类不能以破坏自然生态系统为代价来满足自己的需求,否则,将使人类的生存环境受到严重的破坏,使自己的生存和发展受到根本性的威胁。与自然生态系统协调共存,保护自然生态系统,保护我们唯一的地球才是人类生存和发展的可持续途径。

依据自然界的启示,应该使工业生产生态化,即按照生态系统的原则规划、组织、管理和运营工业生产活动,综合利用原料,使一个生产过程、企业或部门的废料成为另一个生产过程、企业或部门的原料,并尽可能实现物料的闭路循环,这在理论上是完全可以实现的。同样,人类要想生存和持续地发展,必须模拟自然生态系统,融入自然界的生态系统中,与自然生态系统协调共存和发展。在此基础上,人类对工业活动、经济发展和社会进步的认识不断深入,提出了循环经济(生态经济)的经济发展模式和循环社会(生态社会)的社会发展模式。

1.2.2 现代工业发展的新型模式(New Model of Modern Industrial Development)

实现工业化是我们的"历史性任务",尽管世界已进入信息化时代,但我们的工业化的历史性任务尚未完成,不可稍有松懈,更不可忘记或"超越",同时强调要走"新型工业化道路",就是说,走一条与"传统的"工业化不同的道路。"传统的"工业化道路有两重含义:一是就国内工业化历史讲,所谓"传统的工业化道路"是指在过去计划经济条件下实行的工业化;二是就世界工业化历史讲,所谓"传统的工业化道路"是指发达国家早已走过来的或实现了的工业化道路。走新型工业化道路是当今国内外经济条件所决定的。以信息化带动工业化,以工业化促进信息化,走出一条科技含量高、经济效益好、资源消耗低、环境污染少、人力资源优势得到充分发挥的新型工业化道路。

从世界经济历史上看,我国的新型工业化道路跟发达国家在历史上所经历的传统工业化道路相比较,有着新的历史条件所赋予的时代特点。

第一,中国的新型工业化是属于以发展中国家为主体的第二轮世界工业化进程中的一员,与发达国家过去经历的传统工业化相对而言,我国和其他发展中国家所进行的工业化,则是迟到的工业化。我们这些发展中国家,在传统工业化进行的历史时期都曾先后沦为当时主要工业国的殖民地或半殖民地,这是传统工业化的一个历史性特点。而发展中国家是在世界殖民体系瓦解的基础上建立的独立国家,它们进行自主的工业化,没有也不可能重走殖民帝国的老路。它们推行工业化,目的是为了把过去殖民地或半殖民地经济建设成现代化经济,与主要发达国家所走过的传统工业化道路截然不同。我国社会主义经济制度确保我国完全依靠自身力量发展,实施可

持续发展战略来实现工业化;党的十六大提出的新型工业化,其目的便是在过去几十年努力的基础上把依然存在的城乡二元经济结构建设为现代化经济,全面建设小康社会。这是向全世界昭示的和平建设纲领。

第二,我国新型工业化是在信息化时代进行的工业化。当今世界已进入信息化时代,一些主要发达国家早已进入后工业化社会,而以信息产业为代表的高新科技产业为其主导产业。就经济和科技发展水平讲,我国的工业化阶段跟发达国家的信息化阶段相比落后了一个历史性阶段,这一点我们必须认识清楚;另一方面,我们又必须看到,信息化时代给我国提供了巨大的历史机遇,关键在于我们能否认清,特别是否善于把握住这个巨大的历史机遇。党的十六大明确提出"坚持以信息化带动工业化,以工业化促进信息化,走出一条科技含量高、经济效益好、资源消耗低、环境污染少、人力资源得到充分发挥的新型工业化路子。"这是我国在信息化时代推进工业化的基本战略,它为我们牢牢把握这个历史机遇提供了可靠保证。

第三,我国应利用和充分发挥的另一个优势就是可大力引进发达国家(地区)提供的过剩资本和先进技术,跟我国所固有的比较优势——丰富的劳动资源结合起来,以加快我国的经济发展。我国劳动力资源比较丰富,劳动成本较低,甚至比某些东盟国家劳动力成本还低;而我国所短缺的资源则是资本与技术。因此,大力引进外资及先进技术跟国内富裕的劳动力资源相结合,不仅是我国既发挥后发优势,也充分发挥比较优势的一条重要途径。

第四,我们应吸取发达国家在传统工业化过程中的破坏自然资源和环境的教训,绝不能走对自然资源进行破坏性开采,对环境实行"先污染,后治理"的老路,而要在经济发展中认真合理地开发资源,高效地利用资源,保护和治理环境,以造福子孙,走出一条资源消耗低、环境污染少的可持续发展的新路子来。

以上是从世界工业化历史的角度,看我国新型工业化有别于传统工业化的特征。然而,从我国1949年以来工业化历史的角度看,我国新型工业化也有别于改革开放以前我国推行的传统工业化。一是我国传统工业化是在高度集中的计划经济体制下进行的,而我国新型工业化是在社会主义市场经济体制下进行的。在改革开放起初的20年里,我国初步建立了社会主义市场经济体制框架,随着它的逐步完善,新型工业化道路的优越性将益发显现出来,按循环经济的发展模式,走可持续发展的道路,实现工业生态化转向。二是我国的新型工业化坚持完成把二元结构经济建设成现代化经济的历史性任务,依靠科学技术,发展高新技术,并使科技生态化。开拓国内市场,把广大的潜在国内市场建成现实的国内市场,为我国新型工业化开拓广阔的市场空间。

1.2.3 发展循环经济、走可持续发展道路的重要性(Importance of Developing Circular Ecology and Sustainable Development)

江泽民同志2002年10月16日在全球环境基金第二届成员国大会开幕式上的讲话中指出:"合理利用资源、保护环境,是实现可持续发展的必然要求。"以浪费资源和牺牲环境为代价,发展就不可能持续进行。自然资源并非取之不尽、用之不竭,而人类社会发展的需求却不断增长,如果这两方面的关系处理不当,必然导致生态环境的恶化,严重威胁人类的生存和发展。只有走以最有效利用资源和保护环境为基础的循环经济之路,可持续发展才能得到实现。应该在经济发展的基础上促进社会主义物质文明、政治文明和精神文明的协调发展,实现社会全面进步和人的全面发展,实现经济和社会的可持续发展。要加快转变经济增长方式,将循环经济的发展理念贯穿到区域经济发展、城乡建设和产品生产中,使资源得到最有效的利用。最大限度地减少废弃物排放,逐步使生态步入良性循环。在发展经济的同时,降低资源消耗,提高环境经济效益,是减少污染排放、减轻生态破坏、促进可持续发展的治本之策。要坚定不移地走新型工业化道路,积极发展循环经济和环保产业。要鼓励发展资源节约型和废物循环利用型产业。规范资源回收与再利用的市场运行机制,扶持并鼓励资源再生利用型产业的发展。建立健全各类废旧资源回收制度和生产者责任延伸制度,通过法律法规明确资源回收责任。加强政策引导,制定和完善废物循环利用的经济政策、自然资源合理定价相关政策。

1.2.4　循环经济与可持续发展概念(Conception of Circular Ecology and Sustainable Development)

"循环经济"一词是美国经济学家波尔丁在 20 世纪 60 年代提出生态经济时谈到的。波尔丁受当时发射的宇宙飞船的启发来分析地球经济的发展,他认为飞船是一个孤立无援、与世隔绝的独立系统,靠不断消耗自身资源存在,最终它将因资源耗尽而毁灭。唯一使之延长寿命的方法就是实现飞船内的资源循环,尽可能少地排出废物。同理,地球经济系统如同一艘宇宙飞船。尽管地球资源系统大得多,地球寿命也长得多,但是也只有实现对资源循环利用的循环经济,地球才能得以长存。循环经济思想萌芽可以追溯到环境保护思潮兴起的时代,首先是在国外出现,经历了近十多年的发展。在 20 世纪 70 年代,循环经济的思想只是一种理念,当时人们关心的主要是对污染物的无害化处理。20 世纪 80 年代,人们认识到应采用资源化的方式处理废弃物。20 世纪 90 年代,特别是可持续发展战略成为世界潮流的近些年,环境保护、清洁生产、绿色消费和废弃物的再生利用等才整合为一套系统的以资源循环利用、避免废物产生为特征的循环经济战略。循环经济是与线性经济相对的,是以物质资源的循环使用为特征的。

循环经济就是把清洁生产和废弃物的综合利用融为一体的经济,本质上是一种生态经济,是按照生态规律利用自然资源和环境容量,实现经济活动的生态化转向。这是实施可持续发展战略、实现全球共容的一个重要途径。

可持续发展(Sustainable Development)是 20 世纪 80 年代提出的一个新概念。1987 年世界环境与发展委员会在《我们共同的未来》报告中第一次阐述了可持续发展的概念,得到了国际社会的广泛共识。**可持续发展是指既满足现代人的需求又不损害后代人满足需求的能力**。换句话说,就是指经济、社会、资源和环境保护协调发展,它们是一个密不可分的系统,既要达到发展经济的目的,又要保护好人类赖以生存的大气、淡水、海洋、土地、森林等自然资源和环境,使子孙后代能够永续发展和安居乐业(见图 1-3)。也就是江泽民同志指出的:"绝不能吃祖宗饭,断子孙路"。可持续发展与环境保护既有联系,又不等同。环境保护是可持续发展的重要方面。可持续发展的核心是发展,但要求在严格控制人口、提高人口素质和保护环境、资源永续利用的前提下进行经济和社会的发展。

图 1-3　全球可持续发展五大要点

1.2.5 循环经济的应用

循环经济的发展模式实际上是在实践中如何运用循环经济理论和原则组织经济活动,或者说如何将传统经济发展模式改造成"两低一高"的新模式。循环经济发展模式由循环经济内涵、现有经济活动组织方式和相关实践经验所决定。产业和企业是经济活动的主要组织方式和载体,所以,循环经济发展模式实质上是循环经济的产业发展模式和区域发展模式问题。循环经济区域发展模式是在区域基础设施体系和生态系统支撑下的有机组合和共生。也就是说,只有当一个地区建立了生态工业、生态农业和绿色服务业体系,其经济增长方式才能发生根本转变,才有可能形成可持续的生产模式,构成不同产业体系之间的循环和共生体系;同时,只有建立了发达的废弃物再利用、资源化和无害化处置产业体系,整个区域的"资源-产品-再生资源"循环才能够转动起来,形成可持续消费模式,并与可持续生产模式对接,构成区域"大循环"。循环经济的框架包括:小循环在企业层面上,如杜邦化学公司模式,组织单个企业的循环经济;中循环在区域层面上,如卡伦堡生态工业园区模式,面向共生企业的循环经济;大循环在社会层面上,如德国双元系统模式,针对消费后排放的循环经济。

1.2.6 提倡和谐社会,主张可持续发展

走可持续发展的道路,促进人与自然的和谐,这是人类总结历史得出的深刻结论和正确选择。在人类生态环境日益恶化、资源日益短缺的今天,可持续发展问题日益得到各方重视。党的十六大把"实施可持续发展战略,实现经济发展和人口、资源、环境相协调"写入了党领导人民建设中国特色社会主义必须坚持的基本经验之中。2003年3月7日胡锦涛总书记在中央人口资源环境工作座谈会上指出,实现全面建设小康社会的宏伟目标,必须使可持续发展能力不断增强,生态环境得到改善,资源利用效率显著提高,促进人与自然的和谐,推动整个社会走上生产发展、生活富裕、生态良好的文明发展道路。同时,胡锦涛总书记对我国开展循环经济工作非常重视,他在会上强调,要加快转变经济增长方式,将循环经济的发展理念贯穿到区域经济发展、城乡建设和产品生产中,使资源得到最有效的利用。

与此同时,人大会上正式提出发展和谐社会的思想,主张人与自然、社会协调发展。投入大量的人力、物力实现工业生态化,走可持续发展道路已提到正式议事日程,确定了可持续发展重点领域,并在努力执行。可持续发展与循环经济作为目标与途径、目的与手段,相互联系、相互依赖、相互促进,共同构成了我们党在全面建设小康社会中正确处理人与自然、经济发展与环境保护、切实加强可持续发展工作的最高纲领。走可持续性发展道路,统筹人与自然的和谐发展,必须坚持计划生育、保护环境和保护资源的基本国策;坚持经济社会发展与环境保护、生态建设相统一,既要讲求经济效益,也要重视社会效益和生态效益;坚持资源开发与节约并举,把节约放在首位,在保护中开发,在开发中保护;坚持统筹规划,加大投入,标本兼治,突出重点,有步骤地进行环境治理和建设;坚持依靠科技进步推进环境保护和治理,推进资源开发与节约,依法严格保护环境与生态;坚持深化改革,创新机制,实行政府调控与市场机制相结合,从体制和机制上促进可持续发展。要大力发展循环经济,在经济建设中充分利用资源,提高资源利用效率,减少环境污染。在全社会进一步树立节约资源、保护环境的意识,形成有利于节约资源、减少污染的生产模式和消费方式,建设资源节约型和生态保护型社会。

1.3　从生态经济学的视角看工业生态化

1.3.1　工业生态化概念

工业生态化是指在工业文明向生态文明更替的过程中,在对工业文明下人类工业经济行为及其后果进行反思的基础上,通过研究、开发与推广应用对人与环境友好的工业技术体系、建立能及时准确收集与处理有关环境与发展信息的动态监测与预测预警体系、能灵敏反映自然资源及其诸种功能变动经济后果的市场价格信号体系、能引导人与自然和谐相处的行为规范体系以及科学化和民主化的环境与发展综合决策体系,使工业经济活动所产生的人与自然之间的物质代谢及其产物能够逐步比较均衡、和谐、顺畅、平稳与持续地融入自然生态系统自身物质代谢之中。

工业生态化的各类载体,即在丹麦、美国、加拿大等国和我国广西贵港市、贵州贵阳市、新疆维吾尔自治区石河子市、内蒙古自治区包头市、山东省无棣县等地生态工业和生态工业园区的产生与发展有其深刻的客观经济根源。工业生态化一方面是以工业文明时期迅速发展起来的科学技术、经济实力和文化为基础才得以产生与发展的,另一方面它又是人类就工业化过程的弊端如环境污染、资源浪费和生态破坏等进行反思后重新选择的工业发展道路。工业化带给人类社会的生产力高速发展,科学技术日新月异,社会长足进步与导致的环境污染、资源浪费及生态破坏两者之间的冲突表明人类社会正沿着一条不可持续的道路日益逼近到难以为继的十字路口,面临自身存亡的决定性重大抉择。企业要发展,必须走可持续发展的道路,发展循环经济,逐步实现工业的生态化转向。

1.3.2　依据工业生态学原理发展循环经济,实现工业生态化转向

企业的生产、技术和环境保护经历了一系列的变化,其发展过程(见图1-4)如下:(1)公害治理。污染排放物的末端治理或稀释排放;(2)节能减排。降低能耗及减少排放物等源头治理;(3)清洁生产,绿色制造。通过完善制造流程、提高厂内物质和能源的利用效率等一系列措施,变为更积极的源头治理;(4)发展循环经济。构建社会制造生产链与生态工业链相结合的策略。发展循环经济是工业发展的必然趋势。

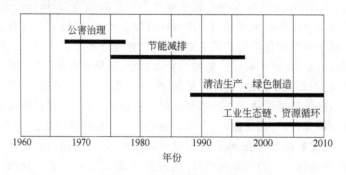

图1-4　循环经济的发展过程

如图1-4所示,20世纪80年代始:重视对工矿企业废物的综合利用,从末端治理思想出发,通过回收利用达到节约资源、治理污染的目的。90年代始:提出了源头治理的思想,从1993年在上海召开的第二次全国工业污染防治会议开始,以循环经济理论为指导的清洁生产得到发展,

"清洁生产法"也正在制定中。建立国家级生态示范区 154 个,到 1999 年已对 33 个试点进行了验收。

其中最典型范例是广西贵港国家生态工业示范园区,以贵糖股份有限公司为核心,以蔗田系统、制糖系统、酒精系统、造纸系统、热电联产系统和环境综合处理系统为框架,各系统之间通过中间产品和废弃物的相互交换及相互衔接,基本实现工业生态化。

山东鲁北企业集团总公司是一家跨化工、建材、轻工、电力等 10 个行业的绿色化工企业。多年来,通过实践鲁北集团以石膏制硫酸联产水泥等关键粘结技术的研发产业化为基础,自发培育、形成了磷铵硫酸水泥联产、海水一水多用、盐碱电联产多条相关的生态工业链,不断推动生态工业系统的完善发展、进化演替,完成了由传统的重污染行业向"绿色产业"的战略转变,成为世界上不多的、具有多年成功运行经验、复合实体共生、自发企业类型的工业生态系统。

陕西龙钢实施工业废渣综合治理、除尘系统改造、连铸坯切割技术改造等 11 个环境治理项目,全面推行清洁生产技术,属第一层次的循环。共投入资金 355.48 万元,年创经济效益 670 万元,减少粉尘排放近 1000 t,实现了经济与环境效益的"双赢"。

天津泰达开发区用 20 年时间创造了经济发展奇迹——在一片盐碱荒滩上,建设了一个循环经济模式开发区,实现了物质的循环链接、工业企业的和谐共生。再过 10～15 年,泰达计划通过生态工业园的建设,将天津开发区建设成为以工业共生、物质循环为特征的新型高新技术产品生产基地,为成为我国北方的加工制造中心、科技成果转化基地和现代化国际港口大都市的标志区提供生态经济保障。

中国第一个钢铁工业生态园区将在包头诞生。该生态工业(钢铁)园区包括以钢铁和稀土产业为主的工业园区;以循环经济为理念,以生态链连接的包钢上游产品(电、焦、铁等)和以包钢下游产品(钢渣、铁渣、粉煤灰等)形成的配套工业园区;以及围绕包钢和包钢西部的生态保护和建设为主的生态园区。

中国工业正在寻求适合我国国情的新型工业发展模式,按工业生态学原理,进行生态重组,逐步实现现代工业的生态化转向,在保持经济高速增长的同时兼顾生态与社会效益。

本章小结

目前,长期不合理的资源开发利用、对环境的直接污染和其他人为因素导致了生态环境状况总体在严重地恶化,尽管局部有所改善,但治理能力远远赶不上破坏速度,环境状况不容乐观:大气污染严重,水体污染明显加重,水资源短缺形势严峻,废渣存放量过大,水土流失严重,沙漠化迅速发展,草原退化加剧⋯⋯与所有的工业化国家一样,我国的环境污染问题是与工业化相伴而生的。工业活动不仅大量消耗自然资源、造成环境污染,还扰动物质的全球循环并导致温室效应与全球增暖。随着改革开放和经济的高速发展,我国的环境污染渐呈加剧之势,生态破坏的范围也在扩大。时至如今,环境问题与人口问题一样,成为我国经济和社会发展的两大难题。

针对当前出现的一系列环境问题,合理利用资源、保护环境是实现可持续发展的必然要求。以浪费资源和牺牲环境为代价,发展就不可能持续进行。自然资源并非取之不尽、用之不竭,而人类社会发展的需求却不断增长,如果这两方面的关系处理不当,必然导致生态环境的恶化,严重威胁人类的生存和发展。以最有效利用资源和保护环境为基础的循环经济才能保证实现可持续发展。应该在经济发展的基础上促进社会主义物质文明、政治文明和精神文明的协调发展,实现社会全面进步和人的全面发展。要加快转变经济增长方式,使资源得到最有效的利用。最大限度地减少废弃物排放,逐步使生态步入良性循环。在发展经济的同时,降低资源消耗,提高环境经济效益,依据工业生态学原理,发展循环经济,实现现代工业的生态化转向,是可持续发展的治本之策。

思考复习题

    1. 简述我国目前存在的主要的生态环境问题及其成因。

    2. 工业生态活动对生态系统的扰动有哪些?

    3. 什么是循环经济与可持续发展?

    4. 思考在现有情况下应如何实现现代工业的生态化转向?

2   理论框架与研究方法

内容要点

  (1) 工业生态学的基本概念及理论依据;

  (2) 工业生态系统与自然生态系统的对比分析;

  (3) 工业生态系统的进化过程及现代工业发展模式;

  (4) 实现工业生态化的方法及实施途径。

讨 论

  工业生态系统与自然生态系统有什么不同? 应采用什么方法和途径来实现现代工业的生态化转向?

2.1　工业生态学概念及理论基础

2.1.1　普通(或传统)生态学(Ecology)

2.1.1.1　生态学的来历

生态学(ecology)和经济学(economics)的英文词首是相同的,源于希腊文 oikos + logos,意为"住所、栖息地"和"论述、学科"。从字义上讲,生态学是关于居住环境的科学,与经济学、家庭和环境等从词源和词义上说是有密切的关系。生态学作为一个学科名词,是德国博物学家 E. Haeckel 于 1866 年在其所著的《普通生物形态学》(Generelle Morphologie der Organismen)一书中首先提出来的。他认为生态学是研究生物在其生活过程中与环境的关系,尤指动物有机体与其他动、植物之间的互惠或敌对关系。此后,由于研究背景和研究对象的不同,不同学者对生态学提出了不同的定义。

  传统的生态学以动物、植物、微生物等生命体为核心,来研究生物与环境之间的相互关系。

2.1.1.2　生态学的定义(Definition)

生态学是研究有机体与其赖以生存的环境相互作用、相互联系的一门科学。其中环境是有机体进行一切生命活动的载体。"**环境**"包括物理环境(温度、水、阳光等)和生物环境(相对有机体的、来自其他有机体的任何影响)的结合体。环境具有相对性,脱离主体去说环境是没有意义的,而一般我们所说的环境是指以人为中心的环境,即所谓的环人之境。

2.1.1.3　传统生态学研究内容

传统生态学是研究生物个体以上水平(个体、种群、群落、生态系统)的生物与生物、生物与环境之间关系的科学。它是生物学的基础学科(形态、生理、遗传等)之一,同时又是唯一将研究对象扩大到生物体以外的科学。其研究内容按生物的组织层次划分如下:

  (1) **个体生态学**(individual ecology)。其研究重点是个体对生物和非生物环境的适应(adaptation)情况,探讨环境因子对生物个体的影响以及生物个体对环境所产生的反应。其基本内容与生理生态相当。

（2）**种群生态学**（population ecology）。其研究多度（abundance）和种群动态（population dynamics）。**种群**是指一定时间、一定区域内同种个体的组合。在自然界中一般一个种总是以种群的形式存在，与环境之间的关系也必须从种群的特征及其增长的规律来探讨和分析。**种群生态学研究的主要内容是种群密度、出生率、死亡率、存在率和种群的增长规律及其调节等。**

（3）**群落生态学**（community ecology）。其主要研究种群之间的关系，决定群落组成和结构的生态过程（ecological processes）。**群落**是由居住在一定地区的两个以上不同物种的种群所组成，它是各个生物物种的总称。在群落内，各个种群之间围绕着共同的有限的资源——空间、食物等等，形成各种关系（竞争，捕食与被捕食，互助或共生）；

（4）**生态系统生态学**（ecosystem ecology）。在一个生态系统中，生物群落不停地与周围环境进行能量交换和物质交换，所以能流和物质循环问题是研究生态系统的主要内容，其中包括能流（energy flow）、食物网（food web）和营养循环（nutrient cycling）。

后来逐渐发展，还增加了**微观生态学**（个体以下的各层次生态学）、**景观生态学**（landscape ecology）和**全球生态学**（global ecology）。

2.1.2　**工业生态学**（Industrial Ecology, IE）

2.1.2.1　**工业生态学定义**

工业生态学是一门新兴的综合型交叉学科，是生态、环境、能源、经济、信息技术、系统工程等多学科交叉融合而形成的。作为生态工业的基础学科，它研究的是工业系统与自然环境之间的相互作用及相互联系，为工业系统与自然环境间的协调发展提供全新的理论框架及具体的、可供操作的方法。

工业生态学追求的是人类社会与自然生态系统的和谐发展，寻求的是经济效益、生态效益和社会效益的统一，最终要实现的是人类社会的可持续发展。

2.1.2.2　**产生与发展**

人类社会进入工业文明后，建立了以人类为中心的社会－经济体系，工业系统是其主要的子系统，它在传统的经济发展中起着举足轻重的作用。随着工业的不断发展，工业系统在满足人类社会经济和生活需求的同时，其全部活动对区域甚至全球自然环境产生越来越大的影响。面对工业系统与自然生态系统的固有矛盾及对环境造成的危害，如何系统、整体地协调工业系统与自然环境的相互关系，使人类社会发展的需求与自然生态系统的发展达到动态平衡，为此人们一直在寻找可行的理论与解决方法，工业生态学（industrial ecology）就是在这一背景下诞生的。近 20 年来，工业生态学经历了萌芽、产生和蓬勃发展的几个阶段。

A　萌芽阶段

自 20 世纪 50 年代开始，人们将生态学引入工业政策，认为可运用生态学的理论和方法来研究现代工业的运行机制，其关键在于复杂的工业生产及经济活动中确实存在着与生物生态学非常相似的问题与现象，"相似性"的原则法在这里得以发挥。20 世纪 60 年代末，日本政府通产省的工业机构咨询委员会开展了前瞻性研究，其下属的一个工业生态工作小组通过研究，提出了应以生态学的观点重新审视现有的工业体系和应在"生态环境"中发展经济的观念。1972 年 5 月，该小组发表了题为"工业生态学：生态学引入工业政策的引论"的报告。1983 年，比利时的政治研究与信息中心出版了《比利时生态系统：工业生态学研究》专著，书中反映了 6 位学者（生物学家，化学家，经济学家等）对工业系统存在问题的思考。他们认为，工业社会是一个由生产力、流通与消费、所消耗的原料与能源以及所产生的废料等构成的生态系统,可运用生态学的理论与方法来研究现代工业社会的运行机制。这一阶段为工业生态学的萌芽阶段。

B　工业生态学的产生

以 1989 年 9 月 Frosch 和 Gallopoulos 发表的题为"制造业的战略"一文为标志,提出了工业生态学的概念,认为工业生态系统应向自然生态系统学习,并可以建立类似于自然生态系统的工业生态系统。在这样的系统中,每个工业企业必须与其他工业企业相互依存、相互联系,从而构成一个复合的大系统,以便运用一体化的生产方式来代替过去简单化的传统生产方式,减少工业对环境的影响。

C　蓬勃发展阶段

自 20 世纪 90 年代工业生态学进入了蓬勃发展阶段:

20 世纪 90 年代初,美国科学院举行会议——形成工业生态学的基本框架;

1997 年,麻省理工学院——出版全球第一份工业生态学杂志(Journal of Industrial Ecology);

1998 年,美国矿产资源局(USGS)——认为物质与能量流动的研究对于正在形成的工业生态学的研究具有重要的意义;

2000 年,美国跨部门工作小组——发表"工业生态学——美国的物质与能量的流动"的报告,对工业学和物质与能量流动的关系作了阐明;

2000 年,在世界范围内——成立工业生态学国际学会(The International Society for Industrial Ecology);

目前,在欧美 30 来所大学内设有工业生态学的课程,我国已有多所大学进行工业生态学的教学和研究工作。

2.1.2.3　工业生态学的基本特点

20 世纪 80 年代末以来,学术界、工业界开始从不同角度开展工业生态学的理论研究与实践,使其主要理论、方法、具体技术已基本建立,成为"应用生态学"中一门独特的具有很高实用价值的分支学科,并逐步得到完善。工业生态学本身具有的特点如下:

(1) 以系统论的观点来分析、解决问题;

(2) 以产品及其服务为核心展开研究;

(3) 多学科交叉,渗透;

(4) 采用定量分析方法;

(5) 可操作性强;

(6) 强调科技的推动力作用;

(7) 具有相当的潜力,富有挑战性。

工业生态学认为:一个工业生态系统,完全可以像一个生物自然生态系统那样循环运行:植物吸取养分,生成枝叶,供草食动物享用,草食动物又为肉食动物所捕食,而它们的排泄物和尸体又成为其他生物的食物,一个生产单位可以以另一个生产单位的产品或副产品(废弃物)为原料进行生产等等。

由于工业生态系统可大幅度削减污染和原材料需求,因此被认为是解决当今环境污染、资源枯竭以及能源短缺问题的有效方法。当然工业生态系统的概念与生物自然生态系统概念之间的类比不一定完美无缺,但可以肯定如果工业体系模仿自然界的运行规则运行,人类将受益无穷。

2.1.3 工业生态学的理论基础(Theories of IE)

2.1.3.1 生态学原理

如前所述,生态学是研究自然生态系统和人类生态系统的结构和功能的一门科学,或者说生态学是研究生物生存条件、生物及其群体与环境相互作用的过程及其相互规律的科学,其目的是指导人与生物圈(即自然、资源与环境)的协调发展。生态学的基本原则概括为"整体、协调、循环、再生"八个字,对于生态工业这种生产与消费交织的复杂系统同样适用。如生态系统的结构和功能规律、生态系统整体性的形成机理、生态系统的能流特征和动态规律、生态系统的普遍模型、生态系统多样性的产生机制、生态系统的稳定机制和抗干扰能力的形成机理、生态系统可持续发展机制等、相互依存与相互制约规律、物质循环转化与再生规律、相互适应与补偿的协同进化规律、环境资源的有效极限规律等同样适于工业生态系统的研究与发展。

2.1.3.2 生态经济学原理

A 长链利用原理

生态经济学认为各种资源的开发和利用之间,存在着链状和网状的生态经济关系,且长链与短链的结构相比,循环转化环节增多,既有利于系统稳定,又有利于物质的多次利用,可以提高系统的生产力。

B 生态经济系统的生态阈限

如果生态因子或经济因子的变化超过生态经济系统的耐受限度(生态阈限),会使生态系统的反馈调节作用失控,系统不能自动得到补偿,就会引起环境破坏、生态失衡等一系列问题。因此,不仅要注重经济效益,更应该注重环境生态效益。在生态经济系统承受能力范围内进行生产活动,可达到既能满足人类经济发展的需要,又不危及后代人的发展,从而走可持续发展的道路。

C 价值增值原理

价值增值的方式有加环增值、减环增值和差异度增值三种。

(1)加环增值:通过增加一个或几个转化效率高的环节来延伸产业加工链,从而提高生态资源利用率,扩大产品品种,生产更优的产品,实现价值增值。

(2)减环增值:在经济生产过程中,适当减少加工链,采用高新技术替代,使经济产出水平较低的生产环节被更高水平的生产环节取代,以获得更高附加值的产品。

(3)差异度增值:即通过产品的品种、外观、功能的差异、季节性差异、地域差异和习惯差异等,使价值和价格相背离,达到价值增值的目的。

2.1.3.3 系统工程学原理

系统工程是以系统为研究对象的工程技术,它涉及"系统"与"工程"两个侧面。所谓**系统**,即是由相互作用和相互依赖的若干组成部分结合而成的具有特定功能的有机整体。系统具有以下特征:**整体性**——指系统是由两个以上元素组成的有机整体;**相关性**——指系统各元素之间相互作用、相互依赖的关系;**目的性**——指系统要有明确的目标与特定功能;**适应性**——指系统对环境变化之适应程度;**等级结构性**——指系统本身又可以分为许多等级层次的子系统。传统概念的"工程",是指把科学技术的原理应用于实践,设计与制造出有形产品的过程,可称其为"硬工程"。系统工程学中的"工程"概念,是指不仅包含"硬件"的设计与制造,而且还包含与设计和制造"硬件"紧密相关的"软件",诸如预测、规划、决策、评价等社会经济活动过程,故称它为"软工程",这就扩充了传统"工程"概念的含义。这两个侧面有机地结合在一起,即为系统工程。

系统工程的实质是新的科学方法论,它是工程与思想方法的统一,它也是新的逻辑方法,强调辩证的综合,每一步分析都伴随着综合,达到分析与综合辩证逻辑的统一。它为现代科学技术发展和社会实践开辟了新思路,打破了各门科学之间的界限,沟通了它们之间的联系,摆脱了传统方法的束缚,为解决所有系统协调发展找到了最佳途径。系统工程处理具体问题时应该遵循三个原则,即整体性、综合性和最优化。

(1) 整体性原则:就是把被研究的系统当作一个整体看待,全面地辩证地看问题。各部分组成系统后形成了系统的总体功能,系统的功能要大于各部分功能的总和,这不仅是一种量变,而且是一种质变。此外,还要有时间上的整体观念,要看系统的生命周期,不能只顾当前,忽视长远,因此,看问题要有整体、全局、长远的观点。

(2) 综合性原则:任何系统都可看成是多元素的有机综合体,具有多种属性。因此,在确定系统目标时,应进行多目标的综合。另外,对任何系统的研究,应采用多学科高度综合的方法,从系统的成分、结构、功能、相互联系方式,历史发展,外部环境等多方面进行综合考察。任何一项措施、一个方案,对自然、社会都会有不同影响,故还应进行多方案的比较和多效益的综合。量的综合导致了质的飞跃,现代科学技术发展的趋势是向"系统综合型"发展,系统工程本身也正是综合了许多学科而建立起来的。

(3) 最优化原则:处理系统问题时,应尽可能做到准确、严密、按科学规律办事。这要求有一个严格的工作步骤和程序,同时还应该尽可能进行定量分析。通过对量的分析,可以更准确的认识事物的质,这就必须借助数学方法,建立系统优化模型,然后在计算机上进行系统仿真,分析系统的运行及后果,对系统某些方面加以选择和控制使系统达到总体最优。

系统工程可用来研究复杂系统的预测、规划、决策和评价等重大问题,故又产生了相应的技术与方法,如预测技术、规划方法等等。

系统工程的科学基础是:运筹学、控制论和大系统理论、住处论。这三部分的基础科学是正在形成的系统学。而系统学的建立,就可以使系统科学体系完整地形成。

系统工程自诞生以来,越来越显示出强大的生命力,有的科学家预言,系统工程的发展将给人类社会带来深刻的变化,将会引起整个社会组织管理的变革。因此,系统工程绝非是一般的组织、管理方法问题,它具有深刻的革命和社会性,是一次科学史上的伟大变革。

在研究工业生态时,人们应从系统的观点、整体的观点出发,对系统进行最优规划、最优管理、最优控制,以达到最优系统目标。研究工业系统内各过程间的物质集成和能量集成,以实现最优化利用。

2.1.3.4 信息科学与技术

信息科学是信息时代的必然产物。信息科学是一门新兴的跨多学科的科学,它以信息为主要研究对象。**信息科学的研究内容包括**:(1)阐明信息的概念和本质(哲学信息论);(2)探索信息的度量和变换(基本信息论);(3)研究信息的提取方法(识别信息论);(4)澄清信息传递规律(通信理论);(5)探明信息的处理机制(智能理论);探究信息的再生理论(决策理论);(6)阐明信息的调节原则(控制理论);(7)完善信息的组织理论(系统理论)。

信息技术包括**通信技术**、**计算机技术**、**多媒体技术**、**自动控制技术**、**视频技术**、**遥感技术**等。通信技术是现代信息技术的一个重要组成部分。通信技术的数字化、宽带化、高速化和智能化是现代通信技术的发展趋势。计算机技术是信息技术的另一个重要组成部分。计算机从其诞生时起就不停地为人们处理着大量的信息,而且随着计算机的不断发展,它处理信息的能力也在不断地加强。现在计算机已经渗入到人们的社会生活的每一方面。计算机将朝着并行处理方向发展,现代信息技术一刻也离不开计算机技术。多媒体技术是 20 世纪 80 年代才兴起的一门技术,它把文字、数据、图形、语言等信息通过计算机综合处理,使人们得到更完善、更直观的综合信息,在未来多媒体技术将扮演非常重要的角色。信息技术处理的很大一部分是图像和文字,因而视频技术也是信息技术的一个研究热点。

信息、物质和能量是构成现代社会资源的三大支柱。信息科学与技术的发展不仅促进信息产业的发展,而且大大地提高生产效率。事实已经证明,信息科学与技术的广泛应用已经是经济发展的巨大动力,因此,各国的信息技术的竞争也非常激烈,都在争夺信息技术的制高点。

2.2　工业生态系统及其进化

2.2.1　工业生态系统

2.2.1.1　工业生态系统的概念

自然生态系统作为一个有机整体能够将废物减少到最低限度,没有或者几乎没有一种有机体排出的废物对于另一种有机体来说不是有用的物质和能量的来源,即自然界中所有动植物,无论生死都是另一些生物的食物。例如,微生物消耗和分解废物,然而在食物网内它们又转而成为其他生物的食物。在这个奇妙的自然系统内,物质和能量在一系列相互作用的有机体之间周而复始地循环。由自然生态系统的循环得到启发,人们开始考虑寻找一种途径,以消纳由于各种工业过程而产生的有害废物。

工业生态系统是依据生态学、经济学、技术科学以及系统科学的基本原理与方法来经营和管理工业经济活动,并以节约资源、保护生态环境和提高物质综合利用为特征的现代工业发展模式,是由社会、经济、环境三个子系统复合而成的有机整体。发展完善的工业生态不只是把某个特定工厂或工业部门的废物减至最少,而且还要能将产出的废物总量减至最少。工业生态系统是一个类比的概念,不能按字面的意义来理解它。几十年来,人类获得了自然生态系统循环方面的大量知识,但将这些研究成果运用到分析工业领域生态系统的研究还刚刚开始。

2.2.1.2　工业生态系统的特征

工业生态系统具有以下特征:

(1) 人工的开放式的复合生态系统,与环境之间时刻进行着物质、能量与信息等的交换;

(2) 有经济的加入,即需要一定的资金投入,在获得产品的同时有一定经济效益产生;

(3) 能源资源耗量大,物质循环、转化快;

(4) 兼有社会、自然两方面的属性;

(5) 要想使工业生态系统持续稳定的运行,需要强有力的制度保障。

2.2.2　自然生态系统及其特征

2.2.2.1　自然生态系统概念

在一定空间中,共同栖居着的所有生物(即生物群落)与其环境之间由于不断地进行物质循环和能量流动过程而形成的统一整体。**生态系统**就是这种互相作用的生物群落和它们生存的自然环境。生态系统不仅是物种的集合,更是有机物、无机物和自然力量结合、互动、交换的体系。各种生态系统通过食物链和营养循环交织在一起。它们的有机结合比各个部分简单相加要庞大、丰富得多。复杂性和活力影响着它们的生产能力。这使人类对它们的管理更富挑战性。

生态系统对于人们来说亲近而又熟悉。它支撑人类的生存,供给人类基本必需品:食物、纤维、水;它净化空气和水、控制气候、营养循环和生成土壤。生态系统还能陶冶我们的情操,为我们提供生活、审美和娱乐场所。人类生存和发展的各个方面都与生态系统的生产能力密切相关。人类的未来深深地依赖生态系统的发展。

2.2.2.2 自然生态系统的特征

每一个生态系统都有其一定的生物群体和生物栖息的环境,进行着能量交换和物质循环。在一定时间和相对稳定的条件下,生态系统各组成成分的结构与功能均处于相互适应与协调的动态之中。生态系统具有如下的基本特征。

(1)具有特定的空间概念,通常与一定的空间相联系,包含该地区和范围,反映一定的地区特性及空间结构。以生物为主体,呈网络式的多维空间结构。

(2)是复杂、有序、相互联系的大系统。生态系统是由多种基本单元和生物成分形成的,系统内各生物和非生物成分的关系是紧密相连不可分割的整体。由于自然界中生物的多样性和相互关系的复杂性,决定了一个生态系统是一个极其复杂的由多要素、多变量构成的系统,而且不同变量及其不同的组合,以及这种不同组合在一定变量动态之中,又构成了很多**亚系统**。亚系统的多样化,不但与参数的多少和性质有关,而且与参数和参数之间的相互关系有密切联系。此外,各亚系统之间还存在着一定秩序的相互作用。正如 E.P.Odum(1986 年)所指出的"在系统的水平,其主要特性和过程,并非起因于**生物群落和非生物环境**的总和,而是起因于它们之间的综合和协调进化"。

(3)是具有明确功能的单元。生态系统不是生物分类学单元,而是个功能单元。首先是能量的流动,绿色植物通过光合作用把太阳能转变为化学能贮藏在植物体内,然后再转给其他动物,这样营养就从一个取食类群转移到另一个取食类群,最后由分解者重新释放到环境中。其次,在生态系统内部生物与生物之间,生物与环境之间不断进行着复杂而有规律的物质交换。这种物质交换是周而复始不断地进行着的,对生态系统起着深刻的影响。自然界元素运动的人为改变,往往会引起严重的后果。如大气中二氧化碳含量增加引起全球性气候变化等。

(4)生态系统是开放系统,具有自动调控功能。任何一个生态系统都是开放的,不断有物质和能量的流进和输出。一个自然生态系统中的生物与其环境条件经过长期进化适应,逐渐建立了相互协调的关系。生态系统自动调控机能主要表现在三个方面:第一是同种生物种群密度的调控,这是在有限空间内比较普遍存在的种群变动规律;第二是异种生物种群之间的数量调控,多出现于植物与动物、动物与动物之间,常有食物链关系;第三是生物与环境之间的相互适应的调控。生物经常不断地从所在的生物环境中摄取所需的物质,生物环境亦需要对其输出进行及时的补偿,两者进行着输入与输出之间的供需调控。

(5)其调控功能主要靠反馈(feedback)来完成。反馈可分为**正反馈**(positive feedback)和**负反馈**(negative feedback)。前者是系统中的部分输出,通过一定线路而又变成输入,起促进和加强的作用;后者则倾向于削弱和减低其作用。负反馈对生态系统达到和保持平衡是不可缺少的。正、负反馈相互作用和转化,从而保证了生态系统达到一定的稳态。

(6)生态系统具有动态的、生命的特征。生态系统也和自然界许多事物一样,具有发生、形成和发展的过程。生态系统可分为幼期、成长期和成熟期,随着时间的推移,生态系统总是从比较简单的结构向复杂结构状态发展,最后达到相对稳定的阶段。表现出鲜明的历史性特点,从而具有生态系统自身特有的整体演化规律。换言之,任何一个自然生态系统都是经过长期历史发展形成的。生态系统这一特性为预测未来提供了重要的科学依据。

2.2.3　生态系统的组成与结构

2.2.3.1　生态系统的组成

生态系统由**生物环境**和**非生物环境**组成。生物环境又由生产者、消费者和分解者组成,而非生物环境又由气候因子(太阳辐射能等)、无机物质(水、氧、二氧化碳等)和有机物质(腐殖质等)组成。

(1)生产者:自养型植物,包括所有进行光合作用的绿色植物和化能合成的细菌。绿色植物利用日光作为能源,通过光合作用将吸收的水、CO_2 和无机盐类合成初级产品——碳水化合物,可进一步合成脂肪和蛋白质。这些有机物成为地球上包括人类在内的一切生物的食物来源。

(2)消费者:异养型生物,即生活在生态系统中的各类动物和某些腐生或寄生菌类,只能依赖生产者生产的有机物作为营养来获得能量。

(3)分解者:异养生物,如细菌、真菌、放线菌以及土壤原生动物和一些土壤中的小型无脊椎动物。它们将复杂的有机物还原为无机物,把养分释放出来,归还给环境中。其作用与生产正好相反,分解者在生态系统中的作用是极为重要的,如果没有它们,动植物尸体将会堆积成山,物质得不到循环,生态系统必然毁灭。

2.2.3.2　生态系统的结构

生态系统结构包括空间结构、时间结构和营养结构(包括食物链和食物网)。

自然生态系统都有分层现象(stratification),分层结构是自然选择的结果,它显著提高了植物利用环境资源的能力。草地生态系统是成片的绿草,高高矮矮,参差不齐。上层绿草稀疏,而且喜好阳光;下层绿草稠密且耐荫;最下层有的就匍匐在地。动物在空间的分布也有明显的分层现象。最上层是能飞行的鸟类和昆虫;下层是兔和田鼠的活动场所;最下层是蚂蚁等在土层上活动。土层下还有蚯蚓和蝼蛄等。

各生态系统在结构的布局上有一致性。上层是充足的阳光,集中分布着绿色植物的树冠或藻类,有利于光合作用,故上层又称为**绿带**(green belt)或**光合作用层**。在绿带以下为**异养层**或**分解层**,又称为**褐带**(brown belt)。

生态系统的结构和外貌也会随时间不同而变化,这反映出生态系统在时间上的动态。一般可以三个时间量度来考察。第一,长时间量度,以生态系统进化为主要内容;第二,中等时间量度,以群落演替为主要内容;第三,以昼夜、季节和年份等短时间量度的周期性变化。短时间周期性变化在生态系统中是较为普遍的现象。绿色植物一般在白天阳光下进行光合作用,在夜晚进行呼吸作用。海洋潮间带无脊椎动物组成则具有明显的昼夜节律。

生态系统短时间结构的变化,反映了植物、动物等为适应环境因素的周期性变化而引起整个生态系统外貌上的变化,这种生态系统结构的短时间变化往往反映了环境质量高低的变化。无疑对生态系统结构的时间变化的研究具有重要的实践意义。

生态系统结构的一般模型如图 2-1 所示。

生态系统的营养结构即食物网及其相互关系。生态系统是一个功能单位,以系统中物质循环和能量流动作为其显著特征,而从某种程度上说,物质循环及能量流动又是以食物网为基础进行的,营养结构是生态系统结构的主要内容。

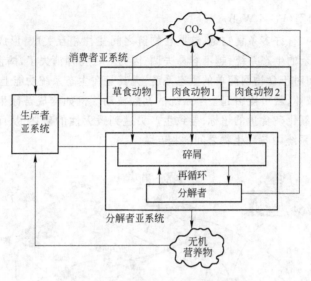

图 2-1 生态系统结构的一般模型

2.2.4 食物链和食物网

2.2.4.1 食物链(Food Chain)

生产者所固定的能量和物质,通过一系列取食和被食的关系在生态系统中传递,各种生物按其食物关系排列的链状顺序,称为**食物链**(如图 2-2 所示)。生态系统中的食物链不是一成不变的,它不仅在进化历史上会有改变,在短时间内也会有改变。比如,杂食动物食性的季节性,在一年的不同月份中,由于自然界食物条件的改变会引起主食组成的变化。因此,食物链具有暂时的性质,只有在生物群落组成中形成核心的、数量上占优势的种类,食物联系才是比较稳定的。食物链分为以下几种类型:

(1) **捕食食物链**(grazing food chain):以绿色植物为起点到食草动物进而到食肉动物的食物链,即植物—植食性动物—肉食性动物。

(2) **碎屑食物链**(detritus food chain):以动、植物的遗体被食腐性生物(小型土壤动物、真菌、细菌)取食,然后到它们的捕食者的食物链,如植物残体—蚯蚓—线虫类—节肢动物。

(3) **寄生性食物链**(parasitic food chain):由宿主和寄生物构成。它以大型动物为食物链的起点,继之以小型动物、微型动物、细菌和病毒。后者与前者是寄生性关系。如哺乳动物或鸟类—跳蚤—原生动物—细菌—病毒。

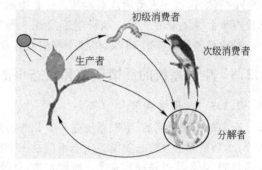

图 2-2 自然生态系统中的食物链

从食物链的组成来说,食物链上每一环节称为**营养级**。第一营养级为生产者(自养生物)植物,通过光合作用生长;第二营养级为食草动物(异养生物),以植物为食;第三营养级为一般食肉动物(异养生物),以食草动物为食;第四营养级为顶级肉食动物(大型猛兽),以食草动物、一般食肉动物为食。各类食物链不能无限增长,通常只有以上四个营养级。人类居于食物链的顶端,可以以任一营养级为食。

2.2.4.2 食物网(Food Web)

一个生态系统中,有许多条食物链,这些食物链之间往往相互关联,形成网状联系,称为"**食物网**"。食物网越复杂的生态系统,越不容易失调,因为一种物种消失了,捕食它的另一物种还可以别的物种为食。而对于食物网简单的生态系统,尤其是在生态系统功能上起关键作用的物种,一旦消失或受严重破坏,就可能引起整个系统的剧烈波动。例如构成苔原生态系统食物链基础的地衣,因大气中二氧化硫含量的超标,导致生产力遭到毁灭性的破坏,从而整个系统遭灾。图2-3是温带草原生态系统中各种生物之间的相互关系。

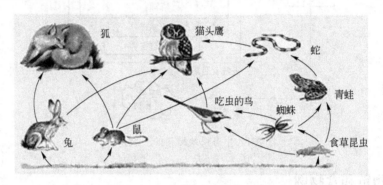

图 2-3 温带草原生态系统的部分食物网

食物链和食物网的概念很重要,生态系统中能量流动和物质循环是通过食物链(网)进行的,正是通过食物营养,生物与生物、生物与非生物环境才得以有机地结合成一个整体。食物链(网)概念的重要性还在于它揭示了环境中有毒污染物质转移、积累的原理和规律。通过食物链可以把有毒物质在环境中扩散,增大其危害范围。生物还可以在食物链上将有毒物质浓度逐渐增大至百倍、千倍,甚至可以达到万倍、百万倍。生物富集作用也可供人类进行"生物冶金"和"生物治污"。前者为利用某些植物拥有的富集金属的特性,从植物中提炼金属。如每公顷紫云英可获得2.8 kg 纯硒,这远比人类冶炼硒经济。后者指利用某些植物富集吸收高浓度金属的特性,让它净化被有毒金属污染的土壤。如科学家发现一种"偏爱"锌的植物,它的含锌量可占自身干重的1%,种植这种植物收割 13 次,可使土壤中的锌含量达到可以接受的水平。

2.2.5 生态系统的反馈调节和生态平衡

2.2.5.1 反馈调节

正如前面所提到的,生态系统是一个开放的系统,开放的系统必须依赖于外界的输入,若输入停止,则系统将会失去功能。生态系统是一个控制系统,因为开放系统如果具有调节其功能的反馈机制,该系统就是控制系统。所谓**反馈**,就是系统的输出变成了决定系统未来功能的输入;当生态系统某一成分发生变化,它必然引起其他成分出现一系列相应变化,这些变化又反过来影响最初发生变化的那种成分。反馈分为**正反馈**和**负反馈**。

正反馈:系统中某一成分的变化所引起的其他一系列变化,反过来加速最初发生变化的成分所发生的变化,使生态系统远离平衡状态或稳态。

负反馈:使生态系统达到或保持平衡或稳态,结果是抑制和减弱最初发生变化的那种成分的变化。

2.2.5.2 生态平衡

由于生态系统具有负反馈的自我调节机制,所以一般情况下,生态系统会保持自身的生态平衡。生态系统通过发育和调节所达到的一种稳定状态,它包括组成、结构和功能的稳定和能量输入、输出上的稳定,这就是生态平衡。由于能量流动和物质循环总在不断地进行,生物个体也在不断地更新,所以生态平衡是个动态的过程。

在反馈机理的作用下,生态系统能够自我调节和维持自己的正常功能,并在很大程度上克服和消除外来的干扰,维持自身的稳定,但这种自我调节功能是有一定限度的。当生态系统受外界干扰后,其接受的环境负荷超过自动调节的极限时,就会出现生态失衡,该极限值称为**生态阈值**。

每个自然生态系统本身都存在着一个生态阈值,如果外来的干扰超过阈值,系统的自我调节功能将会受到损害,从而引起生态失调,甚至导致发生生态危机。生态危机指由于人类盲目活动而导致局部地区甚至整个生物圈结构和功能的失衡的现象,出现生态危机将威胁人类的生存。

2.2.6 工业生态系统与自然生态系统的对比分析

2.2.6.1 两类生态系统的相同之处

工业生态系统与自然生态系统有以下共同点。

(1) 两者都是由生产者、消费者和分解者构成的。在工业生态系统中,**资源部门**相当于生态系统中的初级生产者,主要进行不可更新资源、可更新资源的生产和有序利用资源的开发,以可更新资源逐渐取代不可更新资源为目标,为工业生产提供初级原料和能源;**加工生产部门**相当于生态系统中的消费者,以生产过程无浪费、无污染为目标,将资源生产部门提供的初级资源加工转化为满足人类生产、生活需要的工业品;**还原生产部门**相当于生态系统中的分解者,将各副产品、废弃物进行资源化或无害化处理,使其转化为新的产品。两者的组成对比见表 2-1。

表 2-1   工业与自然生态系统的组成部分对比

组 成	自然生态系统	工业生态系统
生产者	利用太阳能或化学能将无机物转化成有机物,或把太阳能转化为化学能,供自身生长发育需要的同时,为其他生物种群(包括人类)提供食物和能源,如绿色植物、单细胞藻类、化能自养微生物等	初级:利用基本环境要素(空气、水、土壤、岩石、矿物质等自然资源)生产出初级产品,如采矿厂、冶炼厂、热电厂等
生产者		高级:初级产品的深度加工和高级产品生产,如化工、肥料制造、服装和食品加工、机械、电子产业等
消费者	利用生产者提供的有机物和能源,供自身生长发育,同时也进行有机物的次级生产,并产生代谢物,供分解者使用,如动物(草食、肉食等)、人类	不直接生产"物质化"产品,但利用生产者提供的产品,供自身运行发展,同时产生生产力和服务功能等,如行政、商业、金融业、娱乐及服务业等
分解者	把动、植物排泄物、残体分解成简单化合物,以供生产者利用,如分解性微生物、细菌、真菌及微型动物等	把工业企业产生的副产品和"废物"进行处置、转化、再利用等,如废物回收公司、资源再生公司等

(2) 两者都是开放式的生态系统。生态系统与外界环境进行着各种各样的输入(如摄入能量)与输出(如代谢过程所产生的熵)。而工业生态系统也同样如此,工业生态系统依靠外界输入(如原材料),通过自身的加工、运输、使用等一系列人类活动后输出各种各样的物质与能量(如经过最终处理的废弃物)。

(3) 两者都通过不间断地进行着能量流动、物质循环和信息传递来维持自身的平衡与发展。从理论上说,自然生态系统的物质循环在人造的生态系统中也可以实现,每一种废物总会找到一个去处;就理想化的工业生态系统而言,适当处理过的废物也总会找到合适的去处。

(4) 两者系统内的各要素都有自己的"需求",为自身生存而求共生。狼吃掉兔子不是为了控制兔子数量以保持草场不至于因过度被啃食而退化,而是为了自己的生存和繁衍;同样,一个工业生态系统中的各个企业的存在目的主要不是为了吃掉另一个企业的废物从而减少进入环境的垃圾量,而是为了减少自己的经营成本,其根本的或者说是主要的目的在于降低成本,从而能更好更有利地占领市场。自然生态系统内的一些物种间的共生关系在工业生态系统内一些企业间也有体现,生态系统的若干生物为什么会结成这种共生关系,合理的解释就是它们都以对方的生存为自己生存的条件。当然,共生的前提是首先要不损害自己的需求。

(5) 两种生态系统的形成、发展和崩溃都是动态进化过程,都遵循"适者生存"的达尔文法则,都经历原生演替或自生演替并逐渐达到顶级状态的过程。这意味着,工业生态系统中的任何企业都有着自己的"生存期",社会环境的各种限制因素、企业的生存能力以及社会环境的适应性等多方面因素的迭加作用,决定企业自身乃至于整个系统生存时间的长短。

2.2.6.2　两类生态系统的不同之处

工业生态系统与自然生态系统也存在以下不同点,见表2-1。

(1) 两者最主要的差别是有或无人的参与。严格意义上的自然生态系统应该是没有人的参与的。自然生态系统没有目的,一切物种的生死存亡皆属自然。而工业生态系统不仅有人的介入,而且是人设计、创造出来的。人与其他生物最明显的不同之处在于人有智慧,有创造能力,可以利用技术来对自然生态系统加以有计划的改造与加工,使之合乎人的目的。但遗憾的是无论从理论上、逻辑上还是在现实的实践中,目前人都无法保证自己思维的绝对合理性,无法保证自己行动的目的和手段没有缺陷。

(2) 自然生态系统具有工业生态系统无法比拟的复杂性。自然界中极少有生物只以一种生物为食,如蛇吃青蛙、老鼠、鸟等。食物网的复杂性决定了生态系统的稳定性。而工业生态系统——生态工业园区内的"食物网"必定要简单得多,因而必然要脆弱得多。

(3) 两者最关键的区别是自然生态系统只受生态学规律的约束而不受经济学中市场规则的制约,而工业生态系统则不然。一个生态工业园区内的企业不仅要考虑到原材料是不是使用了其他厂家的废物而对环境有利,还必须要考虑到生产的产品是否能卖得出去以及价格因素对企业的生存与发展是否有利。一个生态学上合理而经济学上不合理的工业生态系统是无法生存下去的。

2.2.6.3　工业生态系统受自然生态系统的启发而建立

在自然生态系统中,由生产者、消费者、分解者所构成的食物链,从生态学原理看,它是一条能量转化链,物质传递链,也是一条价值增值链。绿色植物被草食动物所食,草食动物被肉食动物吃掉,植物和动物残体又可为小动物和低等动物分解,以这种吃与被吃的方式形成了食物链,但食物链并非都像水稻—蝗虫—鸟类的简单关系,而是复杂的食物链网络关系,正是这种食物链关系使得生态系统维持着动态平衡。

工业生态系统中同时存在的多种资源通过类似于生物食物营养联系的生态关系相互依存、相互制约,这就是"**工业生态链**"。它既是一条能量转化链,又是一条物质传递链。物质流和能源流沿着"工业生态链"逐级逐层流动,原料、能源、废物和各种环境要素之间形成立体环流结构,能源、资源在其中反复循环获得最大限度的利用,使废弃物资源化,实现再生增值。

自然生态系统的某些特性对于指导人类的实践活动起到了非常重要的作用。从生态系统的角度来看,工业生态园实际上是一个生物群落,可能是由初级材料加工厂、深加工厂或转化厂、制造厂、各种供应站、废物加工厂、次级材料加工厂等组合而成的一个企业群;也可能是由燃料加工厂甚至废物再循环场组合而成的一个企业群。在其中存在着资源、企业、环境之间的上下游关系与相互依存、相互作用关系,根据它们在园区中的作用和位置不同也可以分为生产者企业、消费者企业和分解者企业。另外,在该企业群落中还伴有资金、信息、政策、人才和价值的流动,从而形成类似自然生态系统食物链网络的工业生态链网。因此,模仿自然生态系统、按照自然规律来规划传统的工业园区具有非常深远的现实意义。

工业生态系统正是效仿自然生态系统创立的,模拟自然生态系统的物质循环方式,建立不同工艺过程之间的联系,使一个生产过程产生的废物(副产品)作为下一生产过程的原料,使原来线性迭加的工业过程形成"生物链"结构,进而生成"生物网"结构;加入具有分解功能的"消费工业废物"链条,实现废物资源的回收、再生和利用。

建立工业生态系统目的是在适应社会需求的同时,通过人、经济(市场)和信息的调节作用,促进系统的可持续发展,实现经济、社会和生态环境的多重效益。

2.2.7 工业生态系统的进化

工业生态学把工业体系设想为生态体系的一种特殊情况:如同生物生态系统一样的物质、能量以及信息的流动和储存。而且,工业体系是建立在生物圈所提供的资源与服务的基础上的,在某种意义上可以说,工业是生物圈的赘生物,在生物圈这个大的生态系统中进行着演替与更新。

2.2.7.1 一级生态系统(Type I Ecology)

将地球生命进化的知识运用到工业体系发展的变化过程时,把工业体系看做同生物圈一样,认为工业系统的发展也经历了一个漫长的进化史。在生命的开始阶段,可以选择的资源是无穷无尽的,但有机生物的数量相对较少。在这个时期,生命进化过程中物质流动相互独立地进行,它们的存在对可利用资源产生的影响几乎可以忽略不计。资源的存量足够大,可以看做是无限的;环境容量足够大,废料也可以无限地产生。生命因此可以长期保障其发展的条件。漫长时间内连续地"创造",先是无氧发酵,然后是有氧发酵,然后是光合作用,工业社会的发展历程可以从中获得启发。

地球生命的最初阶段与现代经济运行方式之间的类比给人以十分强烈的印象。事实上,目前的工业体系,与其说是一个真正的"体系",不如说是一些相互不发生关系的线性物质流的迭加。简单地说,其运行方式就是开采资源和抛弃废料,这是产生环境问题的根源。工业生态学理论的主要探索者之一,勃拉登·阿伦比(Braden R. Allenby)提出将这种运行方式命名为**一级生态系统**,一级生态系统的线性流动模式如图2-4所示。

图 2-4 一级生态系统的线性流动模式

这种资源在单一的生态系统组成部分中的流动是线性的;类比到工业生态系统中:无限资源→工业生态系统→无限的废物。其产品是为了满足用户对性能、质量和价格的要求,企业则以谋求最大利润为目的,追求产品的功能性和经济性的平衡、最大的性能价格比,以占有更大的市场份额,忽视资源的成本,对污染物采用末端治理的思想,由此客观上造成了全球性生态恶化和资源耗竭,构成了对人类生存与发展的空前挑战。

2.2.7.2 二级生态系统(Type II Ecology)

在随后的进化过程中,资源变得有限了。在这种情况下,有生命的有机物随之变得非常地相互依赖并组成了复杂的相互作用的网络系统,正如今天在生物群落中所见到的那样。不同(种群)组成部分之间的,也就是说,二级生态系统,如图2-5所示,内部的物质循环变得极为重要,资源和废料的进出量则受到资源数量与环境能接受废料能力的制约。

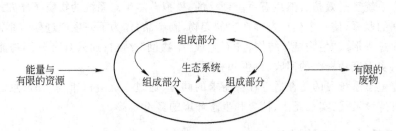

图 2-5   二级生态系统中循环流动模式

    二级工业生态系统采取的是过程控制思想,即实施清洁生产计划,这是环境管理方式的一大进步。二级生态系统已经从被动的末端治理转向积极的污染预防,这是 20 世纪 80 年代以来全球环境污染物排放量增速减缓的重要手段。但过程控制主要关注产品的生产过程,而没有考虑与产品相关的其他环节,如产品的使用、用后的回收处理等。这种管理手段也无法满足可持续发展模式的要求,必须重新界定产品的环境管理对象。

2.2.7.3   三级生态系统(Type Ⅲ Ecology)

    与一级生态系统相比,二级生态系统对资源的利用虽然已经达到相当高的效率,但也仍然不能长期维持下去,因为物质、能量流动都是单向的,资源减少,而废料不可避免地不断增加。

    为了真正转变成为可持续的形态,生物生态系统已进化成以完全循环的方式运行。在这种形态下,没有资源与废料的区分,因为,对一个有机体来说是废料,但对另一个有机体来说是资源。对于一个系统来说,只有太阳能来自外部,勃拉登·阿伦比建议将其称作**三级生态系统**。在这样的一个生态系统之内,众多的循环借助太阳能既以独立的方式,也以互联的方式进行物质交换。这种循环过程在时间和空间上的差异相当大。理想的工业社会(包括基础设施和农业),应尽可能接近三级生态系统(如图2-6所示)。

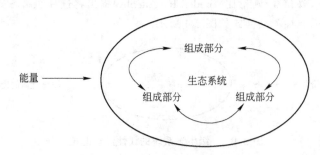

图 2-6   三级生态系统中循环流动模式

    在工业生产中采取的是产品系统管理,是指与产品生产、使用和用后处理相关的全过程,包括原材料采掘、原材料生产、产品制造、产品使用和产品用后处理。整个系统的物质和能源、产品和副产品加入大的循环中,对生态环境不构成威胁,可实现工业生态化,实现可持续发展目标。

2.2.7.4   理想工业生态系统

    目前,理想工业生态系统模式如图2-7所示,与二级生态系统模式相近。对生态环境构成的威胁较小,但该管理手段也无法完全满足可持续发展模式的要求。

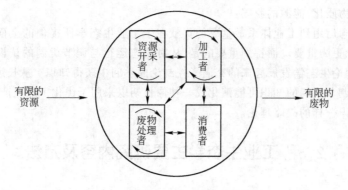

图 2-7　目前理想工业生态系统模式

现代生态工业新模式应向三级生态系统模式靠近。对生态环境不构成威胁,可实现工业生态化,实现可持续发展目标。

人类活动,特别是工业革命以来的发展活动,在很大程度上属于一级生态系统的范畴。产品的使用寿命常常极短,往往仅使用几星期,甚至几天。大部分原材料仅使用一次以后便被扔掉,散落于周围环境之中。使用的许许多多的产品是消耗性的,如润滑剂、溶剂、油漆、杀虫剂、肥料甚至轮胎,废物再循环利用微乎其微。而且,消费后废弃物再利用的方式,往往也是污染活动,是消耗性的,其对环境的真正效益远不是一目了然的。

同生化反应相反,工业生产几乎唯一地使用矿物能源,而矿物能源是不能再生的。在这个意义上,今天的工业生态系统,建筑在矿物燃料的基础上,与生物进化的初级阶段十分相似:最原始的有机物从生物史前时期长期积累的有机分子储备中汲取能量。

与由太阳能促使产生的再生循环(生物地球化学循环)不同,目前的工业生产过程只是转化过程中阶段性的和不可逆的线性片段而已。过程从采掘原材料开始,继之以物理的分选、提炼,而后还原或化合成初级的中间体。这样,人们可以得到构成工业社会第一基础的原料:基础金属或以纯净形态出现的其他元素,诸如纤维素、碳酸钠、氨水、甲烷、乙烷、丙烷、丁烷、苯、二甲苯、甲醇、乙醇、乙酰基、乙烯、丙烯等等。这些初级材料的获得需要经过吸热反应,也就是说需要添加外来能量。

这些初级材料再经加工和再化合成预想的物理的和化学的形态。在大多数情况下,这些初级材料经过放热反应,也就是说不用添加剂的。大部分氢化、氯化、氢氯化反应是放热反应,强酸和金属或氢氧化反应也是放热反应。

因此,这些初级材料含有必要的能量,经反应化合成最终产品。可以说,它们所起的作用与生化系统中三磷酸腺苷(ATP)的作用(ATP是为细胞新陈代谢提供所需能量的主要分子)有些类似。然而 ATP 是可以在细胞内部以循环方式再生的。与此相反,初级中间体却是不能再生的,以不可逆方式包含在产品之中。如同罗伯特·U·艾瑞斯(Robert U. Ayres)所指出的那样,这就是目前工业代谢与生物代谢最根本的区别所在。

在近亿年的演化过程中,生物圈产生了一个三级生态系统运行所需的一切要素。而我们的工业体系正艰难地和部分地从一级生态系统向二级生态系统过渡,只是半循环的,而这还是由于一些资源的稀少(主要是一些可以更新的资源,如水、土地),由于各种各样的污染和立法的或经济的因素(比如贵金属的回收利用)所促成的。

工业生态学思想的主旨是促使现代工业体系向三级生态系统的转换,转换战略的实施包括四个方面:将废料作资源重新利用;封闭物质循环系统和尽量减少消耗性材料的使用;工业产品与经济活动的非物质化;能源的脱碳。

将生态学概念运用到工业体系最重要的贡献在于工业生态学所提倡的全面的、一体化的观念,它比上述观念更为重要。而特别重要的是,从对生态运行与调节机制的认识中获得知识,即从近 50 年来由理论生态学发展起来的充满了控制论的学问中获得知识。从长远来说,对生物和工业生态系统的调节机制的知识可能演化成一种像长期以来用于优化工业生产体系各个不同组成部分的科技知识一样的战略理论。

2.3   工业生态学主要研究内容及方法

2.3.1   实现工业生态化的手段及途径

工业生态化的主要目标是提高生态效率,而非传统含义上的单纯提高生产效率。其主要特点表现为:企业内部生产过程循环,即在组织内部各生产部门之间充分利用上一部门的废弃物、副产品和产出;企业之间生产过程循环,也就是在企业之间建立一种类似于生态链的网络关系,在网络内的各企业相互利用各自的废弃物、副产品和产出,以减少能源、资源的消耗,降低污染。

工业生态化不仅影响产品的设计,而且影响企业的组织结构。在企业内部,由于需要组织内所有部门、成员共同承担环境责任,因此需要部门间更紧密的协作、交流,组织结构将更为柔性与灵活。在企业外部,厂商与用户及供应商的关系,不再是单纯的产品供应与消费的关系,而是需要合作交流,共享一种价值观——持续发展的价值观。这种共享在需求导向上表现为用户、厂商与供应商都重视产品的环境绩效;在产品使用过程中表现为双方协作减少对环境的污染;在产品使用后的回收方面表现为双方合作,建立废弃物的回收网络。这将使企业的边界扩展,合作创新也将比以往任何时候都显得更为重要和频繁。由于形式多样的合作研究与创新,研究开发型的组织变得更为柔性。所有这些都将促使企业由传统的管理型、控制型组织向学习型组织转变。

生态工业是依据生态经济学原理,以节约资源、清洁生产和废弃物多层次循环利用等为特征,以现代科学技术为依托,运用生态规律、经济规律和系统工程的方法经营和管理的一种综合工业发展模式。它要求综合运用生态规律、经济规律和一切有利于工业生态经济协调发展的现代科学技术,在宏观上使工业经济系统和生态系统耦合,协调工业的生态、经济和技术关系,促进工业生态经济系统的人流、物质流、能量流、信息流和价值流的合理运转和系统的稳定、有序、协调发展,建立宏观的工业生态系统的动态平衡;在微观上做到工业生态资源的多层次物质循环和综合利用,提高工业生态经济及系统的能量转换和物质循环效率,建立微观的工业生态经济平衡。通过这些实现工业的经济效益、社会效益和生态效益的进一步提高,走可持续发展的工业发展道路。

工业生态学及生态经济学观点认为,各种资源的开采和利用之间存在着链状或网状的关系,而且长链结构与短链结构相比,其循环转化环节增多,有利于工业系统的稳定和物质的多层次利用,可以提高系统的生产力。如农作物的秸秆,直接用于肥田或作为燃料,物质利用率仅为 10% ~ 30%,如果将其加工成饲料供动物食用,再将动物排泄物投入沼气池,转化为沼气能,残渣还可以用作肥料,则物质利用率可以达到 60% 左右。显然,资源加工链的延伸,可以实现物质的充分利用和价值增值。因此,在资源的开发和利用过程中,我们可以充分挖掘各资源之间和各产业之间的类似于自然界中的生物食物营养关系的相互依存、相互制约关系,尽量延伸资源加工链,达到资源的合理、充分运用和价值增值。

在工业系统中,应用生态学的原理和方法,通过生态重组等手段,可加速工业转型,实现工业生态化,进而获得经济、社会和生态多重效益,最终实现人类社会的可持续发展。

2.3.1.1 生态重组

A 基本含义

Suren Erkman 指出,工业生态学不仅仅是一个新的知识领域,也是一个工程,即工业系统向一种能使其与其他生态系统相容的运行模式转变。从某种意义上来说,生态重组过程是运用已经成熟的自然生态系统作为模型对工业生态系统的物质和能量流动进行重新组织。

Faye Duchin 认为**生态重组**是一种通过按照尽可能对地球的生物－地球化学系统干扰最少的方式进行技术设计和实施,从而推动社会财富的目的实现。

生态重组本质上就是按照自然生态学原理和自然生态系统运行方式来调整人类的活动,在工业生态学中强调以工业活动为主的工业系统的重组,是人类与整个地球可持续发展的关键。

B 生态重组的生态学解释

生态重组的生态学解释可以从以下两点理解。

(1) 生态系统的各种组成部分,各种生物的种类、数量和空间配置,在一定时期均处于相对稳定状态,使生态系统能够各自保持一个相对稳定的结构。对生态系统结构特征,传统生态学从形态和营养关系两个角度进行研究。

生态系统的生物种类、种群数量、空间配置、随时间的变化等构成了生态系统的形态结构,它是生态系统中能量流动和物质循环的基础。

(2) 狭义地讲,生态重组主要是针对工业系统,包括各种不同数量和类型工厂企业的组合、企业的地理布局、相互间的物质、能量和信息的流动、交流和层叠。广义而言,对于现有经济体系的重组,经济结构的调整,包括能源结构、产业结构、交通和基础设施、商业流通以及消费结构等。

前者从微观和中观层次上推动工业企业和社区实施工业生态学,而后者从宏观层次上为实现可持续发展奠定基础。

2.3.1.2 企业内部的工业转型

工业转型(industrial transformation)是近些年来在可持续发展和工业生态学等相关文献中出现的新名词。工业转型内容广泛,包括产品和服务的生产和消费的技术、组织和形式(空间和时间)、原材料和能源的转变以及所产生的环境影响及这些影响对生命质量产生的后果等。

工业转型实际上是生态重组实施过程及结果在公司层面上的体现,转型的目的旨在提高特定公司工业生产的生态效益。工业生态学与工业转型和协作环境管理的比较见表2-2。

表 2-2 工业生态学与工业转型和协作环境管理的比较

研 究 领 域	目　　　标	核　　　心	工业生态学的作用	工业生态学涉及对象
工业转型	理解人在工业系统向可持续性转型中的驱动力和机制;保障环境和社会发展统一	转型/变化	进行旨在增强特定公司工业生产生态效益的研究	公司
协作环境管理	研究企业对环境的影响和环境对企业的影响;最终目标是实现可持续工业过程	公司	从产品竞争能力和环境作用两个角度进行与设计生产工艺和产品相关的研究	产品系统设计
工业生态学	通过生态重组等方法实现工业生态系统的进化和全球的可持续发展	工业系统与自然生态系统(地方/全球)的类比和相互作用	形成可持续发展理论中的科学与技术组成	所有部门

2.3.2 实现工业转型(生态化)的主要方法及内容

2.3.2.1 工业代谢分析(Analysis of Industrial Metabolism)

工业代谢分析是建立生态工业的一种行之有效的分析方法。它是基于模拟生物和自然界新陈代谢功能的一种系统分析方法。与自然生态系统相似,工业生态系统同样包括四个基本组分:生产者、消费者、分解者和外部环境。工业代谢分析通过分析系统结构进行功能模拟和输入输出信息流分析来研究生态工业的代谢机理。工业代谢分析方法是以环境为最终的考察目标,对环境资源追踪其从提炼、工业加工和生产、直至消费体系后变成废物的整个过程中物质和能量的流向,给出工业系统造成污染的总体评价,并力求找出造成污染的原因。

2.3.2.2 生命周期评价(Life Cycle Assessment)

生命周期评价是对一种产品及其包装物、生产工艺、原材料、能源或其他某种人类活动行为的全过程,包括原材料的采集、加工、生产、包装、运输、消费和回用以及最终处理等,进行资源和环境影响的分析与评价。生命周期评价是与整个产品系统原材料的采集、加工、生产、包装、运输、消费和回用以及最终处理生命周期有关的环境负荷的分析过程。生命周期评价以系统的思维方式去研究产品或行为在整个生命周期中每一个环节中的所有资源消耗、废弃物的产生情况及其对环境的影响,定量来评价这些能量和物质的使用以及所释放废物对环境的影响,辨识和评价改善环境影响的机会。生命周期评价强调分析产品或行为在生命周期各阶段对环境的影响,包括能源利用、土地占用及排放污染物等,最后以总量形式反映产品或行为的环境影响程度。生命周期评价注重研究系统在生态健康、人类健康和资源消耗领域内的环境影响。

2.3.2.3 工业生态设计(Design for IE)

工业生态设计是从产品的孕育阶段就开始遵循污染预防的原则,使改善产品对环境影响的努力凝固在产品设计之中。经过生态设计的产品对生态环境不会产生不良的影响,对能源和自然资源的利用是有效的,同时是可以再循环、再生或安全处置的。它是一种产品设计的新理念,又称**绿色设计**,包括环境设计和生命周期设计,是指产品在原材料获取、生产、运销、使用和处置等整个生命周期中密切考虑到生态、人类健康和安全的产品设计原则和方法。最终目标是建立可持续产品的生产与消费。

2.3.2.4 生态效益(Eco-efficiency)

可持续发展工商理事会于 1993 年 11 月在比利时的安特卫普召开会议,会上通过了对于"生态效益"的正式定义,即:**生态效益的实现,必须在提供具有竞争力价格的产品和服务、满足人们需要和提高生活品质的同时,在产品和服务的整个生命周期内逐步将其对环境的影响及自然资源的消耗减少到地球承载力能符合的程度。**

2.3.2.5 生态工业园区(Eco-industrialparks)

生态工业园区是指企业之间、企业与社区和政府间在副产品交流和管理方面有密切的合作。生态工业园作为以生态循环再生为基础的工业园区,包括产品和服务的交流,更重要的是以最优的空间和时间形式组织在生产和消费过程中产生的副产品的交换,从而使企业付出最小的废物处理成本,提高资源的利用效率,改善参与公司的经济效益,同时最大程度地减少对生态环境的影响。

2.3.2.6 技术变革与环境(Technological Change and the Environment)

技术变革与环境,一方面,是研究促进工业体系进化的科学理论、方法与技术,使工业系统能够像自然生态系统那样维持循环运行;另一方面,则研究创新技术在工业部门应用时遇到的障碍与解决方法。

2.3.3 生态工业发展的具体模式(Developing Model of IE)

2.3.3.1 工业理论生态化(Ecologizing of Industrial Theories)

在生物环境系统中,生产者、消费者、还原者三者间存在相互联系,相互运动中进行着物质与能量的变换与循环,绿色植物、草食动物、肉食动物、食腐动物、腐生物(如微生物)构成一个完整的循环过程。在生态系统中,"废物"是不存在的。据此,我们认为,工业生产活动也是生态系统运动的一个有机过程,生态环境中的物质元素以资源的形式进入工业生产过程,经过各种类型的加工转换,再以生产过程中的"废弃物"和消费后的"剩余物"等形式重返生态系统,加入生态循环。因此,工业生产的持续正常运行是以不破坏生态系统为前提的。

2.3.3.2 工业结构生态化(Ecologizing of Industrial Structure)

工业结构生态化,即通过法律、行政、经济的手段,把整个工业系统的结构,规划组织成"资源生产"、"加工生产"、"还原生产"三大工业部门构成的工业生态链。**资源生产部门**相当于生态系统的初级生产者,主要承担不可更新资源、可更新资源的生产和永续资源开发利用,并以可更新的永续资源逐渐取代不可更新资源为目标,为工业生产提供初级原材料和能源;**加工生产部门**相当于生态系统的消费者,以生产过程无浪费、无污染为目标,将资源生产部门提供的初级资源加工转换成满足人类生产生活需要的工业品;**还原生产部门**则将各种副产品再资源化,或做无害化处理,或加工转化为新的工业品。

2.3.3.3 工业小区生态化(Ecologizing of Industrial Parks)

受生态学思想启发,我们认为工业企业之间也存在"工业共生"现象,各企业之间可以通过循环链接的办法,尽力按"生态经济链"的关系把工厂配置成首尾相接的"废料"——"原料"互利网络,形成无废或少废的生态工业区。丹麦的卡伦堡是一个典型的采用循环链接技术的海滨小镇。它的一座燃煤发电厂把热蒸气输往炼油厂、制药厂、居民家庭,额外回收的热能输往养鱼厂;发电厂洗涤产生的石膏做石膏灰泥板厂的原料;炼油厂排出的废气作为石膏灰泥板厂烘干炉的燃料;炼油厂的冷却水输往发电厂做清洗和锅炉用水;养鱼厂和制药厂的有机淤泥做农田肥料等。

2.3.3.4 工业设计生态化(Ecologizing of Industrial Design)

设计时改进产品和包装的结构、体积、形状、成分,可以使产品和包装材料在生产过程中节约资源,用可更新资源或可降解材料,在使用和消费过程中能节约能源、减少对环境的危害,在使用和消费后能方便回收利用或能在自然环境中无害分解。无氟绿色冰箱、可降解塑料、太阳能汽车等,都是从设计入手,解决生态问题的典范。1997 年 11 月东京国际汽车展表明,世界汽车工业发展的潮流是安全、小型、节能、低污染。瑞士苏黎世技术公司开发出的取名"微笑"的汽车,3 L汽油可跑 100 km,而二氧化碳排放量却减少一半。

2.3.3.5 工业生产生态化(Ecologizing of Industrial Producing)

从生产工艺角度看,许多废料实质上是没有利用尽的部分原料,甚至是飘飞的产品。随废水排出的许多酸、碱、盐,随废气、烟尘、灰尘,散发到空气中的矿粉、化肥粉末、水泥等,都是非生态化生产过程造成的后果。只要实现生产过程的生态化,它们都可以变"废"为宝。如 20 世纪 90年代中期,哈尔滨制药厂每年随废水向松花江白白排放掉价值 600 万元的烧碱,而菱花(味精)集团仅从废液中回收黄粉一项,价值就达 1152 万元。

2.3.3.6 工业垃圾生态化(Ecologizing of Industrial Waste Materials)

生产、消费后的工业垃圾,实质上大部分是没有充分利用起来的原料,当回收条件和再资源化技术具备时,它们都可以成为另一些产品的原料。德国政府规定,1993 年 1 月后,废纸、铝、纸板、废塑料等包装材料的回收率不得低于 30%,玻璃包装材料的回收率不得低于 60%;1995 年以后,上述包装材料的回收率要全部达到 80%。德国目前已有 300 多家大小企业拥有自己的产品包装回收机构和处理工厂。

2.3.4   建立生态工业的措施(Measures)

2.3.4.1   污染的"零排放"

生态工业的终极目标就是使所有物质都能循环利用,而向环境中排放的污染物极少,甚至为"零排放"。从环境友好的角度,这是生态工业推崇的、理想化的模式。

污染"零排放"模式是 AT&T 公司 Allenby 和 Graedel 提出的三个类型:第一种类型要求企业的能源和物质全部做到物尽其用,几乎不需要资源回收环节;第二种类型要求建立企业内部资源回收环节,以满足资源回收;第三种类型要求对生产过程中产生的所有的产出物进行循环利用,但这要取决于外部的能量投入。

实现"零排放"的难度,第一种类型大于第二种类型,第二种类型大于第三种类型。目前,生态工业实现的"零排放"大多是第三种类型。

2.3.4.2   物质闭路循环的建立

物质的闭路循环是最能体现工业生态自然循环理念的策略。在产品的设计过程中就应该给予考虑。但从技术经济合理的角度,物质的闭路循环应该是有限度的。

第一,过高的闭路循环会显著增加企业的生产成本,降低企业产品的市场竞争力;

第二,与自然生态系统的闭路循环相反,生态工业系统的闭路循环会降低产品的质量。实际上工业闭路循环的物质性能呈螺旋形递减的规律。

这就要求反过来寻找材料高新技术,使物质成分和性能在多次循环利用过程中保持稳定状态。

2.3.4.3   废物资源的重新利用

有步骤地回收利用生产和消费过程中产生的废弃物或副产品是工业生态学得以产生和发展的最直接的动因,也是生态工业的核心措施。

生态工业要求把一些企业产生的副产品作为另一些企业的生产原料或资源加以重新利用,而不是把它作为"废物"废弃掉。这种回收利用过程是一种工业生态链的行为。

相对污染"零排放"和闭路循环利用而言,资源重新利用在技术上比较容易解决。目前在世界各国的生态工业园区中,比较多的形态就是资源回收再生园(RRPs)。

2.3.4.4   消耗性污染的降低

消耗性污染是指产品在使用消耗过程中产生的污染。大部分产品随着产品最终使用寿命的完成,其污染也就终止。而有些产品(如电池)的污染在产品使用完后还继续污染。基于消耗性污染的严重性和普遍性,生态工业对付它们的主要策略就是预防。

防止消耗性污染主要有三种手段:一是改变产品的生产原料,从源头直接降低污染的潜在机会;二是在技术方法上可实行回收利用,根据"分子租用"的概念,用户只购买产品的功能,而不购买产品的分子本身;三是直接用无害化合物替代有害物质材料,对某些危害或风险极大的污染物质直接禁止使用。

2.3.4.5   产品与服务的非物质化

生态工业中非物质化是指通过小型化、轻型化、使用循环材料和部件及提高产品寿命,在相同甚至更少的物质基础上获取最大的产品和服务,或在获取相同的产品和服务功能时,实现物质和能量的投入最小化。实际上就是资源的产出投入率或生产率最大化。

促进产品和服务非物质化的主要手段有两种:一是通过延长产品的使用寿命降低资源的流动速度,从而达到物质的减量化要求,如加强产品维护保养、产品主要部件升级、功能梯级使用以及产品转卖或旧货交易市场等;二是减少资源的流动规模,达到资源的集约化使用。

产品和服务的非物质化是有限度的,且一般不存在非物质化程度与环境友好性呈正比的关系。

2.3.4.6 工业生态园区的建立

工业生态园区是生态工业发展的最佳模式,就是将现有的或规划建设的工业区按照生态学的原理进行建设和管理。

按照循环经济的原理分三个层次进行建设,即:(1)企业层面上的小循环;(2)企业之间的中循环;(3)社会层面上的大循环。

2.3.4.7 管理制度的完善

建立企业生产环保法规,并逐步建立发放环保证书,绿色产品证书等管理制度,通过制度的约束来保证工业生态化的实施。

本章小结

工业生态学是一门新兴的综合型交叉学科,是生态、环境、经济、系统工程等多学科的交叉与融合,它研究了工业系统与自然环境之间的相互作用及相互联系,为工业系统与自然环境间的协调发展提供了全新的理论框架及具体的、可供操作的方法。工业生态学追求的是人类社会与自然生态系统的和谐发展,寻求的是经济效益、生态效益和社会效益的统一,最终要实现的是现代工业的生态化转向与人类社会的可持续发展。

工业生态化就是在人的辅助下模拟自然生态系统的结构与功能,依据生态学、经济学、技术科学以及系统科学的基本原理与方法建立人工复合的工业生态系统来经营和管理工业经济活动,并推行以节约资源、保护生态环境和提高物质综合利用为特征的现代工业发展模式。构建人工复合的工业生态系统可大幅度削减对环境污染和对原燃料的需求,是解决当今环境污染、资源枯竭以及能源短缺问题的有效方法。因此,在现代工业发展过程中,应用生态学的原理和方法,通过生态重组等手段,加速工业转型,走适合中国国情的现代化工业发展道路,实现现代工业的生态化转向,是保持经济高速发展,获得经济、社会和生态多重效益,最终实现人类社会的可持续发展的必要途径。

思考复习题

1. 什么是工业生态学,它的特点是什么?
2. 工业生态学的理论基础有哪些?
3. 试比较工业生态系统与自然生态系统的异同。
4. 试描述工业生态系统的进化情况,并指出现代工业的发展方向。
5. 什么是生态重组?
6. 实现工业生态化的方法和途径主要有哪些?

3 物质与能量的流动——工业代谢分析

内容要点
    (1) 生态系统中物质与能量的流动分析方法;
    (2) 工业代谢分析的概念、模型及其应用。

讨 论
    如何用工业代谢分析的方法来提高工业系统中物质与能量的利用率,减少物质与能量流动过程中对环境的影响?

3.1 物质与能量的流动

在经济部门,对经济系统中原料与能量流动的分析研究关注的是原料与能源的投入与产出之间的关系。长时间以来,有关这种流动对人类生存的基础——自然环境有何影响、如何量化等问题,并未受到人们足够的重视。20 世纪 80 年代后,人们认识到经济活动特别是工业活动中的原料与能量流动,不仅对经济有较大的影响,而且与自然环境存在复杂的相互作用。工业系统中的原料与能量流动对物质的全球循环有很大的影响,如碳的全球循环。从污染的角度来看,这种流动所产生的不仅是点源污染问题,还有分散、复杂的非点源污染问题。其次,工业活动对自然生态系统的影响也并非仅仅是污染问题,它还涉及其原料与能量的消耗所产生的其他问题。随着可持续发展研究的不断深入,在经济系统特别是工业系统与自然环境相互作用的研究中,逐步形成了原料与能量流动分析(Materials and Energy Flows Analysis)这一研究方向。它分析在工业系统中原料与能源的流动,包括从原料的提取一直到生产、消耗和最终处置等运行过程如何影响社会、经济和环境以及如何减少这些影响等问题,它是工业生态学研究的一个重要领域。

3.1.1 自然生态系统中物质与能量的流动

工业系统中的原料与能量流动对物质的全球循环有很大的影响,对自然生态系统产生一定的扰动,工业生态学研究的目的是在保持经济高速增长的同时让物质与能量的流动纳入自然生态系统全球大循环中,不会导致生态破坏。因此,有必要首先对自然生态系统中物质与能量的流动进行分析与研究。

3.1.1.1 自然生态系统中的物质流动

自然生态系统中的物质流动有以下几种形式。

(1) **生物地球化学循环**:在自然生态系统中物质的流动,采用生物学模型——生物地球化学循环。各种化学元素在不同层次、不同大小的生态系统内乃至生物圈里,沿着特定的途径从环境到生物体,又从生物体再回归到环境,不断地进行着流动和循环的过程。

(2) **地质大循环**:物质或元素经生物体的吸收作用,从环境进入生物有机体内,然后生物体以死体、残体或排泄物形式将物质或元素返回环境,进入**五大自然圈**(气圈、水圈、岩石圈、土壤圈、生物圈)的循环的过程,这是一种闭合式循环。

(3) **生物小循环**:环境中元素经生物吸收,在生态系统中被相继利用,然后经过分解者的作用再为生产者吸收、利用,这是一种开放式循环。

自然生态系统中的物质流动涉及以下两个基本概念。

物质循环的流:物质在库与库之间的转移运动状态称为流。

循环效率:生态系统中某一组分的贮存物质,一部分或全部流出该组分,但未离开系统,并最终返回该组分时,系统内发生了物质循环。循环物质(F_c)占总输入物质(F_i)的比例,称为物质的循环效率(E_c),用公式 $E_c = F_c/F_i$ 表示。

3.1.1.2　几种重要物质的循环流动

A　碳循环

碳是生命骨架元素。环境中的二氧化碳(CO_2)通过光合作用被固定在有机物质中,然后通过食物链的传递,在生态系统中进行循环,见图 3-1。

碳循环途径有以下三种:

(1) 在光合作用和呼吸作用间的细胞水平上的循环;

(2) 大气 CO_2 和植物体之间的个体水平上的循环;

(3) 大气 CO_2—植物—动物—微生物之间的食物链水平上的循环(均属于生物小循环)。

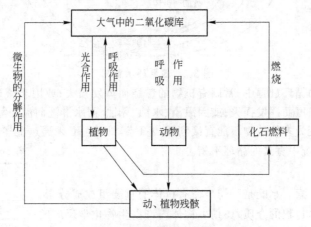

图 3-1　碳循环示意图

此外,碳以动植物有机体的形式深埋地下,在还原条件下,形成化石燃料,于是碳便进入了地质大循环。当人们开采利用这些化石燃料时,CO_2 被再次释放进入大气。

二氧化碳(carbon dioxide)是大气、海洋和生物区系中碳循环的主要载体。存在于岩石圈的化石燃料(煤、石油和天然气)直到最近几个世纪才被挖掘出来。第二次工业革命以来,大量化石燃料的燃烧,改变了原有的碳素平衡状态。大气中二氧化碳的浓度从 1750 年的 280×10^{-4}%(280 ppm)上升到 1990 年约 350×10^{-4}%(350 ppm),而且仍在增长。虽然对于未来二氧化碳的释放量和大气中二氧化碳的估计浓度尚有不同,但是到 2050 年,二氧化碳浓度很可能上升到平均大约为 550×10^{-4}%(550 ppm)。

在温室效应当中,二氧化碳起到了举足轻重的作用。化石燃料在燃烧过程中释放出大量的二氧化碳,增加了大气中二氧化碳的浓度,使温室效应加剧。二氧化碳浓度的升高还是由于人类缺乏生态环境知识,为追求短期利益,大量地砍伐森林,毁林造田造成的。森林是人类的好朋友,有"空气净化器"、"大自然的总调度室"之称它通过呼吸作用把二氧化碳以有机碳的形式储藏起来。当森林被破坏以后,原来以有机形式储藏起来的二氧化碳便被氧化,从而释放到大气当中,使大气中二氧化碳的浓度大大增加。

　　B　氮循环

　　氮是生命代谢元素。大气中氮的含量为 79%，总量约 $3.85 \times 10^{15} t$，但它是一种很不活泼的气体，不能为大多数生物直接利用。只有通过固氮菌的生物固氮、闪电等的大气固氮、火山爆发时的岩浆固氮以及工业固氮等途径，转为硝酸盐或氨的形态，才能为生物吸收利用。在生态系统中，植物从土壤中吸收硝酸盐，氨基酸彼此联结构成蛋白质分子，再与其他化合物一起建造了植物有机体，于是氮元素进入生态系统的生产者有机体，进一步为动物取食，转变为含氮的动物蛋白质。动植物排泄物或残体等含氮的有机物经微生物分解为 CO_2、H_2O 和 NH_3 返回环境，NH_3 可被植物再次利用，进入新的循环，见图3-2。

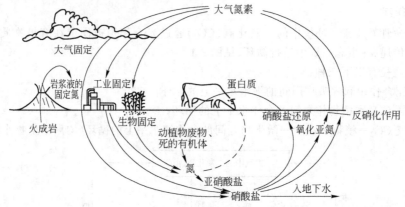

图 3-2　氮循环示意图

　　氮在生态系统的循环过程中，常因有机物的燃烧而挥发损失；或因土壤通气不良，硝态氮经反硝化作用变为游离氮而挥发损失；或因灌溉、水蚀、风蚀、雨水淋洗而流失等。损失的氮或进入大气，或进入水体，变为多数植物不能直接利用的氮素。因此，必须通过上述各种固氮途径来补充，从而保持生态系统中氮素的循环平衡。

　　C　水循环

　　水是生命基础元素。水既是一切生命有机体的重要组成成分，又是生物体内各种生命过程的介质，还是生物体内许多生物化学反应的底物。水是生物圈中最丰富的物质，水可以以固、液、气三态存在。环境水分对生物的生命活动也有着重要的生态作用，见表3-1和图3-3。

表 3-1　水的循环周转期

水的存在形式	周转期
冰川	8600 年
地下水	5000 年
江河水	11.4 天
植物体内水分	2～3 天

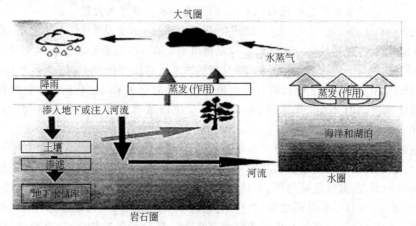

图 3-3　水循环示意图

地球的海洋、冰川、湖泊、河流、土壤和大气中含有大量的水。海洋咸水约占总水量的97%。陆地、大气和海洋中的水，形成了一个水循环系统。水在生物圈的循环，可以看作是从水域开始，再回到水域而终止。水域中，水受到太阳辐射而蒸发进入大气中，水汽随气压变化而流动，并聚集为云、雨、雪、雾等形态，其中一部分降至地表。到达地表的水，一部分直接形成地表径流进入江河，汇入海洋；一部分渗入土壤内部，其中少部分可为植物吸收利用，大部分通过地下径流进入海洋。植物吸收的水分中，大部分用于蒸腾，只有很小部分为光合作用形成同化产物，并进入生态系统，然后经过生物呼吸与排泄返回环境。植物体含水量虽小，但流经植物体的水分数量却是巨大的。例如，水稻在生长盛期，每天每公顷大约吸收 70 t 水，其中大约 5% 用于维持原生质的功能和光合作用，95% 以水蒸气和水珠的形式，从叶片的气孔中排出。H. L. Penman 估计，参与光合作用的水要比参与蒸腾作用的水少得多，如生产 20 t 鲜重的植物物质，在生长期间要从土壤中吸收 2000 t 的水，20 t 鲜重中有 5 t 干物质，余 15 t 为可蒸发水分。5 t 干物质中有结合水 3 t，仅相当于自土壤中吸收水分的 0.15%。丰茂的森林可截留夏季降水量的 20%～30%，草地可截留降水量的 5%～13%。树冠的强大蒸腾作用，可使林区比无林区、少林区降水量增多 30% 左右。坡地上，森林可减轻水对土壤的侵蚀作用；林地内，地表径流量比无林地少 10% 左右。

生物圈中水的循环平衡是靠世界范围的蒸发与降水来调节的。由于地球表面的差异和距太阳远近的不同，水的分布不仅存在着地域上的差异，还存在着季节上的差异。一个区域的水分平衡受降水量、径流量、蒸发量和植被截留量以及自然蓄水量的影响。降水量、蒸发量的大小又受地形、太阳辐射和大气环流的影响。地面的蒸发和植物的蒸腾与农作制度有关。土地裸露不仅土壤蒸发量增大，并由于缺少植被的截留，使地面径流量增大。因此，保护森林和草地植被，在调节水分平衡上有着重要作用。人类对水循环的影响是多方面的，如修筑水库、塘堰可扩大自然蓄水量；而围湖造田又使自然蓄水容积减小；地下水的过度开采利用，使某些人口集中的地区出现了地下水位和水质量的下降，如目前我国许多北方大城市的地下水分布出现"漏斗"。

D　磷循环

磷是生命信息元素，属典型的沉积循环（如图 3-4 所示）。磷以不活跃的地壳作为主要贮存库。岩石经土壤风化释放的磷酸盐和农田中施用的磷肥，被植物吸收进入植物体内，含磷有机物沿两条循环支路循环：一是沿食物链传递，并以粪便、残体归还土壤；另一是以枯枝落叶、秸秆归还土壤。各种含磷有机化合物经土壤微生物的分解，转变为可溶性的磷酸盐，可再次供给植物吸收利用，这是磷的生物小循环。在这一循环过程中，一部分磷脱离生物小循环进入地质大循环，其支路也有两条：一是动植物遗体在陆地表面的磷矿化；另一条是磷受水的冲蚀进入江河，流入海洋。

农业生产上大量施用磷肥不仅使有限的磷资源面临枯竭的威胁，而且磷矿石、磷肥中含有重金属和放射性物质，长期大量施用，会污染土壤；磷元素随水土流失进入水域或水体的富营养化，殃及鱼类等水生生物。磷含量的增加会导致红色浮游生物爆发性繁殖而引发的近海海水出现的"赤潮"及城市水系中出现的水生植物"疯长"的"浮华"现象。生活中使用的含磷洗衣粉以磷酸盐作为主要助剂，这种助剂同时也是藻类的助长剂，水中磷含量升高，水质趋向富营养化，会导致各种藻类、水草大量滋生，导致水体缺氧使鱼类死亡。因含磷过多，使我国湖泊及城市水系几乎都处于富营养化状态，水质恶化严重，许多地方的水根本不能饮用。

E　硫循环

硫是原生质体的重要组分，它的主要蓄库是岩石圈。硫循环包括长期的沉积阶段（有机或无机沉积物中）和短期的气体阶段，如图 3-5 所示。

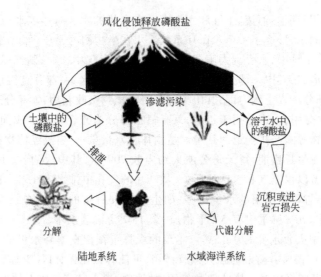

图 3-4 磷循环示意图

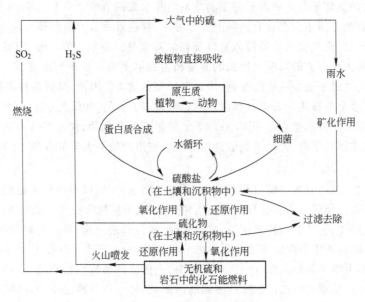

图 3-5 硫循环示意图

岩石库中的硫酸盐主要通过生物的分解和自然分化作用进入生态系统:

(1) 生物的分解:硫化物在化能合成细菌的作用下变为硫酸盐。

(2) 自然分化作用:无机硫在细菌作用下成为硫化物,然后又转为硫酸盐。

(3) 火山爆发:硫转化为硫化氢,硫化氢释放到大气中。

(4) 化石燃料燃烧:硫氧化为二氧化硫,二氧化硫释放到大气中。

人类对硫循环的影响很大,通过燃烧化石燃料,人类每年向大气中输入的二氧化硫(SO_2)已达 1.47×10^8 t,其中 70% 来源于燃烧煤。二氧化硫在大气中遇到水蒸气反应形成硫酸,硫酸对于环境有许多负面影响,对人类及动物的呼吸道产生刺激作用,如果是细雾状的微小颗粒,还能进入肺,刺激敏感组织。若二氧化硫浓度过高,就会成为灾害性的空气污染,例如伦敦 1952 年、纽约和东京 1960 年的二氧化硫灾害,造成支气管性哮喘大增,死亡率上升。空气中的污染物的种类很多,现在往往将硫的浓度作为空气污染严重程度的指标,空气中硫含量与人的健康关系最为密切。

F 有毒物质的循环

某种物质进入生态系统后在一定时间内直接或间接地有害于人或生物时,就称为有毒物质或污染物。有毒物质种类繁多,包括有机的,如酚类和有机氯农药等;无机的,如重金属、氟化物和氰化物等。它们进入生态系统的途径也是多种多样的,有些被人们直接抛弃到环境中,有的通过冶炼、加工制造、化学品的贮存与运输以及日常生活、农事操作等过程而进入生态系统,如图3-6 所示。

有毒物质进入生态系统后,就会沿着食物链在生物体内富集浓缩,营养级越高,生物体内有毒物质的残留浓度愈高。水体中的原有 DTT 浓度约为 0.00005×10^{-4}%(0.00005 ppm),沿食物链在生物体内聚集后,到银鸥体内积可达到 75.5×10^{-4}%(75.5 ppm)。

G 放射性元素的循环

天然放射性元素在自然界是很普遍的。由于地层中放射性物质含量不同,不同地区地层辐射的 γ 外照射剂量率可能有较大的变化。放射性元素可在多种介质中循环,并能被生物富集。不论裂变还是不裂变,通过核试验或核作用物放射性元素都进入大气层。然后,通过降水、尘埃和其他物质以原子状态回到地球上。人和生物既可直接受到环境放射源危害,也可因食物链带来的放射性污染而间接受害。放射性物质由食物链进入人体,随血液遍布全身,有的放射性物质在体内可存留 14 年之久。

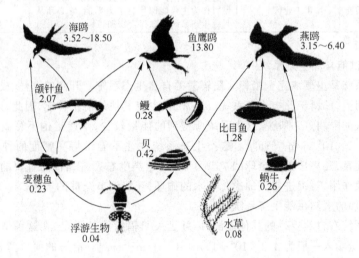

图 3-6 从浮游生物到水鸟的食物链中 DDT 质量分数($\times 10^{-6}$)的增加

3.1.1.3 生态系统中的能量流动

生态系统中生物与环境之间、生物与生物之间的能量传递和转化过程即生态系统的**能量流动过程**,简称能量流。它发源于太阳,从生产者把太阳能固定在体内后开始,一个生态系统的全部生产者所固定下来的太阳能,就是流经这个生态系统的总能量。进入生态系统中的能量,通过生物成分之间的食物关系,从一个营养级到下一个营养级不断地逐级向前流动。最后,由分解者把复杂的动植物残体分解为简单的化合物,并在分解过程中释放能量,最终将能量归还于环境之中。

生态系统中能量的流动是沿着生产者和消费者的顺序,即按营养级逐级减少的。**生态系统**

中的能量流动是一个能量不断消耗的过程,这是生态系统中能流的特点之一。在能流过程中,大部分能量用于维持生命活动而被消耗,只有一小部用于合成新的组织或作为势能贮藏起来。**生态系统中能量流动的另一个显著特点是能量流动的单方向性。**当太阳的光能进入生态系统后,一部分以热能的形式逸散到环境中,它不会再返回太阳,而被绿色植物固定的太阳光也因转变为化学能也不会再返回太阳。动物从植物获得能量同样不再回到植物,动植物呼吸时放出的能量散发到外界环境中也不能重新利用。因此,生态系统的能量流动是单方向的,是不可逆的。

A　生态系统的分类

生态系统按能源来分类。根据能量的来源、水平和数量,生态系统可被分为四种主要类型,见表3-2。

表 3-2　一个以能量为基础的生态系统分类

类　型	实　例	特　征	能流/kJ·(m²·a)⁻¹
无补加的太阳供能生态系统	开阔的大洋森林、草地	该生态系统为地球这只宇宙飞船提供了维持生命的基本物质	$4.2\times10^3 \sim 4.2\times10^4$ (4.2×2000)[①]
自然补加的太阳供能生态系统	潮间带、河口雨林	该生态系统不仅具有高的维持生命的能力,而且能够生产剩余的有机物质,可输送给别的系统或贮存起来	$4.2\times10^4 \sim 1.7\times10^5$ (4.2×20000)[①]
人类补加的太阳供能生态系统	农业生产水产养殖	这是有辅助燃料或由人类提供其他能所支持的食物和纤维生态系统	$4.2\times10^3 \sim 1.7\times10^5$ (4.2×20000)[①]
燃料供能生态系统	城市工业区	这是人类生产财富的地方和系统,污染重,燃料作为主要能源代替了太阳能,它必须从其他生态系统中取得食物和燃料	$4.2\times10^5 \sim 1.3\times10^7$ (4.2×2000000)[①]

①为大概的平均数字。

a　纯太阳供能自然生态系统

这类生态系统是主要或完全依赖太阳辐射的自然生态系统。开阔的海洋、成片的森林、草地以及大而深的湖泊,都属于此类生态系统。通常,很少有其他的能量补充,因此,这类系统常受到养分或水分短缺的限制。一般说,这类系统所得到的能量较少,生产量也不算高,能量输入一般为 $4.2\times10^3 \sim 4.2\times10^4$ kJ·m⁻²·a⁻¹。这类生态系统往往不能维持高密度的种群,但其面积巨大。单以海洋而言,几乎覆盖了全球的70%。所以,这类生态系统是极为重要的,特别是对地球的稳定性有很大作用,可促进空气的净化和水的循环,还可调节全球的气候。

b　自然补加的太阳供能生态系统

这类生态系统有自然提供的其他能源,以补足太阳辐射能的不足,在这种情况下,生产量可大大提高,其能量输入一般为 $4.2\times10^4 \sim 1.7\times10^5$ kJ·m⁻²·a⁻¹。沿海的河口湾和某些热带雨林是这一类生态系统的典型代表,它们是天然的高产系统,不仅具有很高的生命支持能力,而且所生产的大量有机物质还可输入到其他生态系统或者贮存起来。

沿海的河口湾是个自然生态系统,潮汐、海浪和海流为它补充了新的能量。水的循环流动帮助矿物质养分进行循环,运走了废物,送来了食物。这就是为什么河口湾比邻近的陆地或池塘更为肥沃的缘故。后者虽然接受了同样的太阳能输入,但却没有潮汐和其他水流的能量补充。当然,能量的补充也可有其他的形式,如热带雨林接受大量降雨带来的能量,以及河流、湖泊从其流域接受流水和各种营养物质的输入等。

c　人类补加的太阳供能生态系统

人类为了自己的利益很早就学会了改变和补给生态系统的能量。人类不仅通过这种补给,大大提高了自然生产力,而且还善于把生产力引导到人类所最需要的食物和纤维物质方面,农作物种植和水产养殖就是这方面突出的实例。

食物的高产是由大量输入补助能量来维持的。其主要内容是耕种、施肥、灌溉、作物遗传选种和防治病虫害等。实际上，人、畜力及拖拉机、燃料对农业生态系统的能量输入几乎和太阳能一样多，它们也可以用焦耳(J)或瓦特(W)来度量。也就是说，人的食物、面包、稻米、玉米和土豆是"部分由石油制造的"。这就表明，燃料或一些附加的能量实质上被转化成了食物。

这种人类补加的太阳供能生态系统的能量总输入大约为 $4.2 \times 10^3 \sim 1.7 \times 10^5 \, kJ \cdot m^{-2} \cdot a^{-1}$，和自然补加的生态系统大致相等。

d 燃料供能生态系统

燃料供能生态系统又称城市工业系统，能量来自化石燃料或其他有机燃料，也可来自核燃料。作为太阳能供能系统的产品——食物在这里成了外来物，因为，它是从城市以外的地方输入的。由于燃料消耗量巨大，城市生态系统也可能对利用太阳能有兴趣，并可能出现太阳补加的燃料供应新系统。在人口稠密的城市和工矿区等，往往对能量有巨大需求，其功率水平比自然或半自然太阳供能生态系统至少大 $2 \sim 3$ 个数量级，其能量输入约为 $4.2 \times 10^5 \sim 1.3 \times 10^7 \, kJ \cdot m^{-2} \cdot a^{-1}$。

一个工业化城市每年流经 $1 \, m^2$ 的能量焦耳数是以百万计而不是以千计，这就是为什么大量人群能集中居住在一个小空间的原因。这种燃料供能系统和自然太阳供能系统不同，这是一种不完全的或者是一种依赖系统，系统中一般不生产食物——粮食。它运转的能量大部分来自外界，常从很远的地方运来，需要前三类生态系统为它提供食物和燃料。

B 生态系统的能量结构

a 食物链

食物链是能量转换的途径，或能量流动的渠道。生产者所固定的能量和物质，通过一系列取食和被食的关系在生态系统中传递。食物链类型包括以下几种：

(1) **捕食食物链**，指一种活的生物取食另一种活的生物所构成的食物链。捕食食物链都以生产者为食物链的起点，如植物—植食性动物—肉食性动物。这种食物链既存在于水域，也存在于陆地环境。如在草原上，青草—野兔—狐狸—狼；在湖泊中，藻类—甲壳类—小鱼—大鱼。

(2) **碎食食物链**，指以碎食(植物的枯枝落叶等)为食物链的起点的食物链。碎食被别的生物所利用，分解成碎屑，然后再为多种动物所食构成。其构成方式：碎食物—碎食物消费者—小型肉食性动物—大型肉食性动物。在森林中，有 90 % 的净生产是以食物碎食方式被消耗的。

(3) **寄生性食物链**，由宿主和寄生物构成。它以大型动物为食物链的起点，继之以小型动物、微型动物、细菌和病毒。后者与前者是寄生性关系，如哺乳动物或鸟类—跳蚤—原生动物—细菌—病毒。

(4) **腐生食物链**，以动、植物的遗体为食物链的起点，腐烂的动、植物遗体被土壤或水体中的微生物分解利用，后者与前者是腐生性关系。

生态系统中的食物链不是固定不变的，它不仅在进化历史上有改变，在短时间内也有改变。动物在个体发育的不同阶段里，食物的改变(如蛙)就会引起食物链的改变。动物食性的季节特点、杂食性动物，或在不同年份中，由于自然界食物条件改变而引起主要食物组成变化等，都能使食物网的结构有所变化。因此，食物链往往具有暂时的性质，只有在生物群落组成中成为核心的、数量上占优势的种类，食物联系才是比较稳定的。

b 食物网

生物之间的捕食和被食的关系不是简单的一条链，而是错综复杂的相互依赖的网状结构，即**食物网**。食物网不仅维持着生态系统的相对平衡，并推动着生物的进化，成为自然界发展演变的动力。这种以营养为纽带,把生物与环境、生物与生物紧密联系起来的结构,称为生态系统的营养结构。

一般地说,具有复杂食物网的生态系统,一种生物的消失不致引起整个生态系统的失调,但食物网简单的系统,尤其是在生态系统功能上起关键作用的种,一旦消失或受严重破坏,就可能引起这个系统的剧烈波动。

c　生态金字塔

生态金字塔是指由于能量每经过一个营养级时被净同化的部分要大大少于前一营养级,当营养级由低到高,其生物个体数目、生物量和所含能量就呈塔形分布。生态金字塔可分为**数量金字塔**、**生物量金字塔**和**能量金字塔**。生物量金字塔和数量金字塔有时会出现倒置的塔形。由于个体大小悬殊,一棵桑树可供上万只蚕取食,数量金字塔就会倒置。在海洋生态系统中,由于生产者(浮游植物)的个体小,寿命短,又会不断地被浮游动物吃掉,所以某一时刻调查到的浮游动物和生物量可能高于浮游植物的生物量。但如用能量表示,还是呈正金字塔。

C　生态系统的能量流

推动生物圈和各级生态系统物质循环的动力,是能量在食物链中的传递,即**能量流**。与物质的循环运动不同的是,能量流是单向的,它从植物吸收太阳能开始,通过食物链逐级传递,直至食物链的最后一环。在每一环的能量转移过程中都有一部分能量被有机体用来推动自身的生命活动(新陈代谢),随后变为热能耗散在物理环境中。

为了反映一个生态系统利用太阳能的情况,我们使用生态系统总产量这一概念。**一个生态系统的总产量是指该系统内食物链各个环节在一年时间里合成的有机物质的总量。**它可以用能量、生物量表示。生态系统中的生产者在一年里合成的有机物质的量称为该生态系统的**初级总产量**。在有利的物理环境条件下,绿色植物对太阳能的利用率一般在1%左右。生物圈的初级生产总量约 4.24×10^{21} J/a,其中海洋生产者的总产量约 1.83×10^{21} J/a,陆地的约为 2.41×10^{21} J/a。总产量的一半以上被植物的呼吸作用所耗用,剩下的称为净初级产量。各级消费者之间的能量利用率也不高,平均约为10%,即每经过食物链的一个环节,能链的净转移率平均只有十分之一左右。因此,生态系统中各种生物量按照能量流的方向沿食物链递减,处在最基层的绿色植物的量最多,其次是草食动物,再次为各级肉食动物,处在顶级的生物的量最少,形成一个生态金字塔。只有当生态系统生产的能量与消耗的能量大致相等时,生态系统的结构才能维持相对稳定状态,否则生态系统的结构就会发生剧烈变化。

从能量流动过程看,流经生态系统的总能量,就是绿色植物所固定的全部太阳能。可见,生产者是消费者和分解者获得能量的源泉,是生态系统存在和发展的基础。能量沿着食物链和食物网的各个营养级传递,在传递过程中,因生产者和各级消费者都因呼吸消耗了相当大的一部分能量,并且各营养级总有一部分生物未被下一个营养级所利用,所以,能量在传递中必然是逐级递减的。

3.1.2　工业生态系统内物质与能量的流动

在工业生态系统内,大量的原料与能源被使用,通过不同的企业,生产五花八门的产品,物质在不同的工业部门快进快出,经济子系统内原料与能量的流动相当快速。传统工业系统各企业和部门之间物质供应多为线性开放系统,"食物链"多呈线性状态,各企业或工业部门之间的相互作用和联系很小,由原材料制成的产品,一般不参与再循环,物质循环再利用效率低下。这些特点必然对自然生态系统的生物地球化学循环产生重要的影响,从而产生对全球生态系统的扰动。

原料与能源流动分析的主要观点是:人类的经济系统仅仅是自然生态系统的一个子系统(见图3-7)。它的物质和能量的流动与生态系统的原料与能量流动相类似,是一个将原料、能源转化为产品和废物的流动过程,有研究者称之为工业代谢(industrial metabolism),这一过程对自然环境必然产生影响,影响的强度取决于原料、能量使用的强度。原料与能源流动分析就是研究在全球和区域范围内工业系统中产品在生产过程中原料与能量流动量化的理论与方法以及流动对经济和自然生态系统的影响,研究减少这些影响的理论、方法与技术。

人类只是全球生态系统中的一员,人类构筑的工业系统只是全球生态系统内的一个子系统。在分析工业系统内物质与能量流动这一问题时,应该把在这一系统内原料与能量的流动纳入全球生态系统的原料与能量流动来考虑。

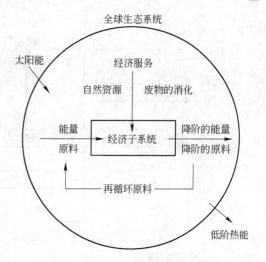

图 3-7　全球生态系统中的经济子系统[1]

3.1.3　原料与能量流动分析的基本方法

许多环境问题与经济系统的物质、原料和产品的流动有着直接的关系,原料与能量流动分析是了解原料提取、使用和其最终不管作为废物还是作为再度使用的资源的系统方法,这些方法试图超越描述性的分析而进行较为严格的量化,以便找出在经济系统原料与能量流动和环境问题之间的量化关系,从而为解决这些问题提供依据。因此,这些方法已经成为环境管理的重要工具。

目前,研究所采用的方法也比较多,这些不同的方法可以帮助我们了解原料在整个生命周期中经济和环境的关系。

3.1.3.1　质量平衡法(Mass Balance)

质量平衡法是原料流动研究的方法之一,这种方法叙述某种特殊要素在不同时间与地点的流动,包括向环境的散失(如图3-8所示)。通过估计在原料流动系统的每一阶段的输入和输出,质量平衡研究能够提出与原料相连的全部途径的分析观点。20世纪90年代,美国矿产局(U.S.Bureau of Mines,US-BM)采用质量平衡方法完成了包括砷、镉、铅、汞、钨、锌等金属或矿物研究,这些研究预先寻找每一种产品原料流动的途径,鉴别减小废物的机会,以便更有效地利用资源,并且评价和量化在产品的使用、再循环和散失方面的数据。

3.1.3.2　输入－输出分析法(Input-output Analysis,IOA)

输入－输出分析的思想由法国经济学院 Quesnay 在18世纪首先提出。20世纪30年代,为研究美国的经济,Leontief 应用该方法首先发展了经验性的 I/O 表。此后,输入－输出分析为标准的经济工具,它描述了部门间按照货币或商品量的相互交付,它通常被用于分析国家水平的结构图和经济部门之间的相互交付关系,并鉴别经济和商品在经济系统内的主要流动。从20世纪60年代末以来,输入－输出分析方法经许多研究者发展,已用于分析经济与环境问题。

1998年,Lenzen 采用输入－输出分析方法分析了在澳大利亚最终消费中的初级能源和温室气体。在70年代和最近,I/O 方法和数据已经被用于评估产品和使用的环境影响。

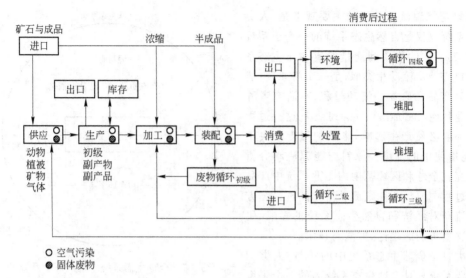

图 3-8　典型的原料质量平衡

3.1.3.3　生命周期分析与评价法（Life-cycle Analysis and Assessment）

生命周期分析与评价是一种对产品、工艺或活动所产生的环境问题的评估，从原料采集，到产品生产、运输、销售、使用、回用、维护和最终处置整个生命周期阶段有关环境负荷的过程。它首先辨识和量化产品整个生命周期中原料与能量的消耗以及环境释放，然后评价这些消耗和释放对环境的影响，最后辨识和评价减少这些影响的机会。

3.1.3.4　工业代谢分析法（Industrial Metabolism Analysis）

工业代谢是把原料和能源以及劳动在一种（或多或少）稳态条件下转化为最终产品和废物的所有物理过程完整的集合。工业代谢认为经济系统是一些公司（企业）的集合，它们通过管理制度、工人、消费者以及货币和普通的政策控制而结合在一起。一个企业（不是个体）通常被认为是经济分析的一个标准单元，一个从事加工制造的企业就是把原材料（包括燃料或电能）转变成产品和废物的单位。因此，整个经济系统的运行，就涉及在自然生态系统内物质和能量的大流动。工业代谢的研究旨在揭示经济活动纯物质的数量与质量规模，展示构成工业活动全部物质的与能量的流动与储存及其对环境的影响。

本章主要介绍工业代谢分析方法，生命周期影响评价方法将在第 5 章介绍。

3.2　工业代谢及其分析方法

3.2.1　工业代谢（Industrial Metabolism）

工业代谢是 20 世纪 80 年代中期由 Ayres 和 Simonis 等提出的。它通过研究物质、元素和能量代谢关系，分析经济运行中物流、能流和环境影响，有助于把握工业系统的整体运行机制，识别其中存在的主要问题和优先解决的目标；有助于人们采取有效措施控制和预防环境污染。要针对不同的研究范围（工业系统、区域、流域或整个国家）以及不同的研究对象（如污染物、污染元素、资源、产品等）研究工业代谢的基本原理、分析方法，以及研究如何通过有效的技术途径和政策途径来减少环境影响。工业代谢是把原料和能源以及劳动在一种（或多或少）稳态条件下转化为最终产品和废物的所有物理过程完整的集合,如图 3-9 所示。工业代谢分析旨在揭示经济活动纯物质的数量与质量规模,展示构成工业活动全部物质与能量的流动与储存及其对环境的影响。

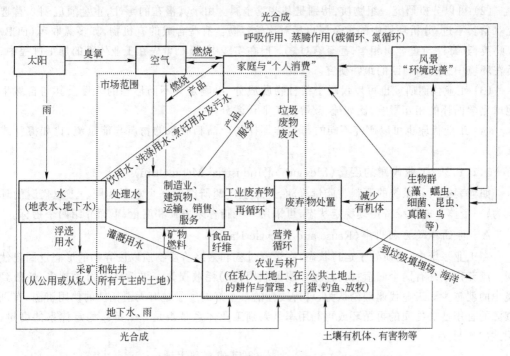

图 3-9　工业代谢分析示意图

3.2.1.1　工业代谢分析(Analysis of Industrial Metabolism)

工业代谢分析方法(industrial metabolism,IM)是建立生态工业的一种行之有效的分析方法,它是基于模拟生物和自然界新陈代谢功能的一种系统分析方法。与自然生态系统相似,生态工业系统同样应包括 4 个基本组分,即生产者、消费者、分解者和外部环境。工业代谢分析通过分析系统结构,进行功能模拟和输入输出信息流分析来研究生态工业系统的代谢机理。工业代谢分析法与以往系统分析方法的不同之处在于它以环境为最终的考察目标,追踪资源在从提炼到经过工业生产和消费体系后变成废物的整个过程中物质和能量的流向,给出系统造成污染的总体评价,并力求找出造成污染的主要原因。工业代谢方法可以适用于不同层次的分析要求,既可以是全球性、国家性或是地区性的工业生产分析,也可以是对某一个具体行业、公司或是特定场所的调查分析。通过这种分析,可以为公众或是企业的决策者提供一幅详细的物流图,并从中可以看出某一地区或企业所有的可持续发展的潜力。

工业代谢分析研究方法的根据是质量守恒定理。一定数量的物质因人类活动而消失在生物圈之中,但其质量却是守恒的。确实,与正统的经济学家的观念相反,**物质没有或者不再有价格,但并不从地球上消失!** 相反,工业代谢研究方法旨在揭示经济活动纯物质的数量与质量规模,展示构成工业活动全部物质(不仅仅是能量的)流动与储存。因此,工业代谢研究的方法论就在于建立物质结算表,估算物质流动与储存的数量,描绘其行进的路线和复杂的动力学机制,同时也指出它们的物理的和化学的状态。

3.2.1.2　工业代谢研究形式(Form of Industrial Metabolism)

工业代谢研究可以有以下多种研究形式:

（1）可以在有限的区域内追踪某些污染物。基于方法论的原因，但也出于紧迫性的原因，江河流域特别适合于这类研究。江河流域地区往往工业集中，人口密度也高。在莱茵河、多瑙河之后，恒河、湄公河和其他特别是中国南方地区的大江大河，应尽快进行工业代谢分析研究。

（2）可以分析研究一组物质，特别是某些重金属。由于其潜在的毒性，重金属应列入首选研究对象。不过，分析环境中的重金属也相对比较容易。有些合成的有机物，如多氯联苯（PCB）或二噁英，其毒性与重金属相当，甚至有过之。但在实践中，极难事先在工业体系的加工过程中、而后在环境中进行不间断的跟踪研究。

（3）工业代谢研究也可以仅限于某种物质成分，以确定其不同形态的特性及其与自然生物地球化学循环的相互影响，比如硫、碳等的工业代谢分析。

（4）工业代谢也可以研究不同的与这样那样的产品相联系的物质与能量流，比如橙汁或电子芯片。

3.2.1.3　工业代谢的度量（Measure of Industrial Metabolism）

如何表征工业系统的原料与能量流动，是工业代谢研究的一个重要问题。工业代谢的理论认为，一个体系能否维持持续稳定状态，可采用一些指标来表征和度量，下面介绍两个指标。

A　再循环或再利用率（Reuse and Recycle Ratio ）

在工业系统中，物质处于运行状态，在运行过程和最终阶段物质以废弃物的形态返回自然环境。废弃物最终有两个归宿：（1）再循环或再利用；（2）耗散损失。再循环的物质越多，耗散到环境中的就越少。工业代谢理论认为，可持续性的一个好的度量是有无消耗性的使用资源，有别于资源的有用性。物质的再循环或再利用率是判别工业体系是否是一个持续稳定体系的度量，可用式（3-1）表示：

$$\text{再循环或再利用率} = \frac{\text{再循环或再利用量}}{\text{资源消耗总量}} \times 100\% \tag{3-1}$$

以前大部分经济学家着重强调原料的可用性。但是，现在大家都已认识到这样的数据掩盖了矿藏的真正价值。对于一个能持续稳定的状态来说，正如上面所讨论的，重要的是在循环和再利用率而不是资源的有用性。

B　原料生产力（Materials Productivity）

原料生产力是用来度量工业代谢效率的，即每单位原料输入的经济输出。它可量度一个经济整体，也可以量度一个部门，同样也可对营养元素进行量度，如碳、氮、硫、氨、磷等。

3.2.2　物质与能量流动（Material and Energy Flows）

3.2.2.1　物质与能量流动模型

工业代谢首先关注工业系统中的原料流动与全球物质循环的关系，尤其关注与生命关系密切的碳、氮、磷、硫等生命营养元素的生物地球化学循环。

在自然生态系统中，物质的流动采用生物学模型——生物地球化学循环，如图 3-10 所示。

在全球生物地化循环中，陆地植物利用空气中 CO_2 作为光合作用的碳源，而水生植物使用溶解的碳酸化合物（水圈的碳）。呼吸作用把固定在光合产物中的碳，再释放到气圈和水圈的碳圈层中。在全球氮循环中，气相是占优势的，其中，氮的固定和微生物的脱氮作用特别重要。磷主要储存在土壤水、河流、湖泊、岩石和海洋沉淀物中，而硫储存在大气和岩石的组分中。

对在工业系统中物质的流动，采用物质流动的工业模型——工业原料的循环，如图 3-11 所示。

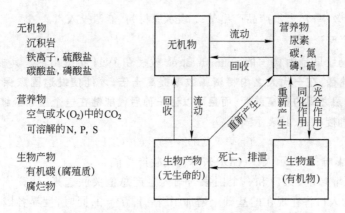

图 3-10 物质流动的生物学模型——生物地球化学循环方框图

通过比较分析可知,在自然生态系统中,碳、氮、磷、硫等生命营养元素的自然循环是封闭的。在这样的循环中,生物学过程起着主要的作用。而在工业系统中,一般的营养物质不能参与再循环,是一开放循环系统。

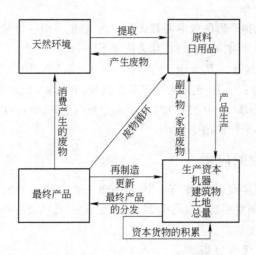

图 3-11 物质流动的工业模型——工业原料循环方框图

3.2.2.2 物流分析理论

A 四倍因子理论

四倍因子理论是德国 Von Weizsaecker 教授在 20 世纪 90 年代初提出来的。其计算的依据是:按 1995 年的数据,占全世界总人数 20% 的富人(指发达国家的人口),每年消耗全世界82.7% 的能源和资源,而其他 80% 的人每年消耗的能源和资源占全世界总消耗的 17.3%。为了能够保持发达国家的已有的高质量生活方式,同时又消除贫富差异,必须采取技术措施,将现有的资源和能源效率提高四倍。Weizsaecker 教授提出四倍因子理论的初衷是消除社会的贫富悬殊现象,实现各国间健康、和平的发展。在《四倍因子:半份消耗 倍数产出》一书中,他进一步阐明四倍因子理论的科学含义:**在经济活动和生产过程中,通过采取各种技术措施,将能源消耗、资源消耗降低一半,同时将生产效率提高 1 倍**。这样,在同样能源消耗和资源消耗的水平上,得到了四倍的产出,用公式可以表示为:

$$R = P/I = 2/0.5 = 4 \tag{3-2}$$

式中，R 表示资源效率；P 表示产品产出量；I 表示原材料、能源投入量。

B 十倍因子理论

十倍因子理论最早是由德国的 Schmidt-Bleek 教授在 1994 年提出的。其核心是：**必须继续减小全球的材料流量，在一代人之内将资源效率提高十倍，才能使发达国家保持现有的生活质量，逐步缩小国与国之间的贫富差距，而且可以让子孙后代能够在这个星球继续生存。**十倍因子理论与环境保护直接相关，其表示式为：

$$I = P \times (GDP/P) \times (I/GDP) \tag{3-3}$$

式中，I 表示环境影响；P 表示人口；GDP 表示国内生产总值。

式（3-3）将环境影响、人口和一个国家的国内生产总值关联起来，计算依据是：据估计，到 2050 年，地球上的人口将在现在的基础上增加 10 倍，即 $P=2$；同时，世界各国的国内生产总值将增长 3~6 倍，即平均值为 5，则二者乘积等于 10，这种增长将导致人类活动对环境的影响增长 10 倍。为了保持现有的生态环境水平，必须通过提高资源效率来平衡和补偿对环境的破坏，根据上面的计算结果，只有将资源效率和能源效率提高 10 倍，才可能真正实现社会、经济的可持续发展。

C 极值理论

极值理论是针对投入和产出的效率问题而提出的，目的是对一定量的材料投入，求得最大的有效产品产出率和最小的废物排放率。计算方法如下：

$$I = (P_1 + P_2 + \cdots) + (W_1 + W_2 + \cdots) = \sum P + \sum W \tag{3-4}$$

式中，I 表示物质总投入量；P_1，P_2 表示有用产品产出量；W_1，W_2 表示废物产出量。定义资源效率 $R = (\sum P)/I$，废物产出率 $O = (\sum W)/I$。求 $R_{max} = \partial(\sum P)/\partial I$，$O_{min} = \partial(\sum W)/\partial I$，即可以获得最大资源效率和最小废物产出率。

3.2.3 工业代谢研究的应用

工业生态学在应用与实践中，主要有 3 个层次：单个企业的清洁生产（绿色制造）；企业间共生形成的工业生态园区；消费后的资源再生回收，由此形成"自然资源—产品—再生资源"的整个社会循环，完成物质闭环流动。

3.2.3.1 钢铁工业代谢分析

A 我国钢铁工业代谢现状分析

工业化进程的加快，国民经济的稳步快速增长，为钢铁工业提供了良好的机遇及外部条件，但同时不容忽视，伴随而来的原燃料、电力、运输及生态环境等问题越来越突出。与发达国家相比，中国发动工业化时间晚、起点低，又面临赶超发达国家的繁重任务，往往以资本高投入支持经济高速增长，以资源高消费、环境高代价换取经济繁荣，重视近利，失之远谋；重视经济，忽视生态，短期性经济行为为中国生态环境带来长期性、积累性后果。现有钢铁产品工业代谢途径及能量代谢分析如图 3-12、图 3-13 所示❶。

我国钢铁工业发展存在的主要问题有以下几点。

（1）焦炭特别是主焦煤和肥煤资源不足。焦煤储量 400 亿 t，其中主焦煤 84 亿 t，肥煤 51 亿 t，资源有限。全世界年焦炭产量 3.4 亿 t，我国占 1/3，在世界上占举足轻重的位置，出口机遇和与国外企业争夺焦炭的挑战并存。

---

❶ 资料源于《某钢集团循环经济发展规划》。

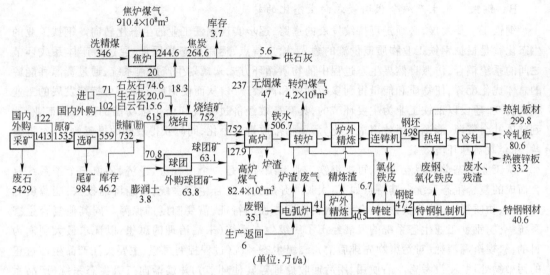

图 3-12 现有钢铁产品工业代谢途径

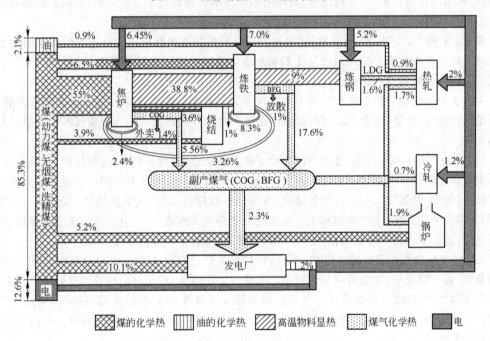

图 3-13 现有钢铁企业能量代谢分析图

（2）废钢资源不足。国内废钢供应量 2300 万 t，主要来源自产、加工废钢和城市废钢，不能满足 3 亿多 t 钢的需求，进口量增加。

（3）水资源短缺形势严峻。总用水量约占全国工业用水的 2.1%，吨钢平均排水量 10.79 m³，总排水量约占全国工业废水量 4.3%。总体废水重复利用率，吨钢耗水指标与发达国家相比仍有较大差距。

（4）主要辅料中锰矿、铬矿、镍矿资源不足。

（5）电力供应紧张。

（6）严格的环境要求等。

　　B　钢铁工业生产综合代谢模式向生态化的转变

　　钢铁工业要发展,必须走可持续发展的道路,逐步实现钢铁工业的生态化转向。钢铁工业的生态化就是根据钢铁工业物质能量流的输入/输出特点,运用生态学原理,通过生产体系或环节之间的系统耦合,仿照自然界生态过程中的物质循环方式来规划生产过程系统,通过资源和能源的总体优化配置,使物质和能量得到多级利用和高效产出,从而使钢铁工业向可持续发展的工业模式转变,建设以钢铁工业为主要环节的,具有高效经济过程及和谐生态功能的网络型工业,达到整体社会资源、能源使用效率最大化,污染物排放量最小化,同时获得最好的投资效益、经济效益、社会效益和环境效益。

　　从工业生态学的观点来看,可把钢铁工业系统看做是一个由社会、经济、环境三个子系统复合而成的复合生态系统。其特点如下:人工的开放式的复合生态系统;有经济的投入;能源资源耗量大、物质循环、转化快;兼社会、自然属性两方面的特征;需要制度的保障。同其他复合生态系统一样,钢铁工业生态系统的发展经历了一级生态系统(末端治理的思想:以谋求最大利润为目的,忽视资源消耗、对污染物先排后治),二级生态系统(过程控制思想:主要关注产品生产过程的污染物处理,而没考虑产品使用、用后回收处理等其他环节),并逐渐向三级生态系统(产品系统管理:包括原材料开采、产品制造、产品使用和产品用后处理等全过程管理)发展。实现钢铁工业生态化转向的措施有以下几点:

　　第一,采用"加环"技术,重新利用"废物"资源,形成物质闭路循环。有步骤地回收利用生产和消费过程中产生的废弃物或副产品是工业生态学得以产生和发展的最直接的动因,是钢铁工业实现生态化转向的核心措施。

　　生态工业要求把一些企业产生的副产品作为另一些企业的生产原料或资源加以重新利用,而不是把它作为"废物"废弃掉。这种回收利用过程是循环经济工业生态链接技术的体现。具体措施如下:

　　(1) 执行 ISO 14000 标准,推行清洁生产工艺。严格遵循"源头削减,过程控制,末端消灭,实现污染资源化治理"的清洁生产方针,在生产的全过程和各个环节开发应用一批关键的清洁生产工艺技术,比如:开发应用新一代炉料结构、高品位矿石应用、微波烘干和焙烧、高炉煤气干法除尘、转炉煤气干法除尘、生产少用水或不用水新工艺等一系列新工艺,进一步实现节能降耗、减轻环境污染,进而提高全工序的清洁生产水平,全面提升钢铁生产的清洁度。

　　(2) 煤气回收利用产业链。焦炉、高炉、转炉再生产过程中都产生大量的废气,其中包括可利用物质,如一氧化碳、甲烷等可燃性物质。可通过二次燃烧、并网发电等技术充分回收利用。

　　1) 转炉煤气回收量和热值技术开发。通过炼钢强化操作和吸附浓缩等措施,提高煤气中CO 含量,改善煤气回收质量,提高煤气回收能力,实现多炉、同时、连续回收利用。可内部使用,也可用于并网发电。

　　2) 高炉煤气回收利用。高炉煤气采用干法除尘可显著提高煤气质量,扩大高炉煤气应用范围、提高发电量,具有节能、节水、环保和降低生产成本等显著的多重效益。可直接用于燃烧 – 热补偿,还可用于发电。配合 TRT 发电,吨铁发电量可达 50 kW·h,降低工序能耗 18 kgce/t。

　　3) 焦炉煤气的回收利用。焦炉煤气热值很高,可直接用于加热炉等回收利用,也可用于并网发电。

　　(3) 废渣回收利用产业链。充分开发高炉渣、转炉渣的潜在使用性能和价值,由目前的低附加值简单利用转变为高附加值升值利用。通过开发、应用现代粉体加工技术和新型建材生产技术,生产微晶玻璃、矿渣微粉、矿棉及矿棉制品等高价值清洁产品,实现矿渣的零排放和高水平的资源综合利用。

（4）钢铁厂用耐火材料闭路循环利用。高温窑炉产生的大量废弃耐火材料,如镁碳砖、刚玉砖、高铝砖、黏土砖及滑板、座砖、塞棒、水口、钢包浇注料等,回收破碎后可重新循环利用,以降低生产成本。

（5）工业用水的闭路循环。按照"减量化、资源化、生态化"的节水新理念,实现工业用水的减量化排放。开发和实施高炉及转炉煤气干法除尘、干熄焦、转鼓渣粒化法、低水分烧结等技术实现源头治理。生产过程中采用节约用水和水资源循环再利用技术,"源头削减、过程控制、末端治理"相结合的方法,实现工业用水减量化排放。

（6）余热回用。包括对冲渣热水进行闪蒸产生低压蒸汽进行发电;电厂蒸汽回收利用(服装厂或发电);炉渣余热回收利用等。

第二,发展企业间的横向共生关系,形成共生、共荣的工业园区。以钢铁企业为龙头企业,以生态链接的形式使各相关企业形成共生共荣的工业园区。原燃料供应以煤炭加工供给、焦化、保温及耐材厂、建材、铁合金、矿业、电厂等为主线;副产品的再加工利用可包括以钢渣、铁渣、粉煤灰加工为主的水泥厂,高附加值玻璃厂,优质矿棉生产厂,利用废气及余热余压的发电厂,回收炼焦副产品(苯、酚、焦油、沥青)的化工厂,水处理厂、垃圾处理厂等;相应的社会服务性企业,如信息、餐饮、社会保障等企事业单位。建立钢铁绿色产业链和高效产业体系,实现经济、社会与生态环境的协调发展。

第三,建立与社会的协调发展关系。

（1）向社会提供多品种、高质量产品,实现产品的非物质化、同时向社会及环境造成的污染物排放最小。

（2）消纳社会废弃物,主要是废钢、废塑料和橡胶。通过回收利用,可消纳社会废弃物,实现节能、增效,减少环境污染。

一般废钢回收后经过简单的切割、打包加工处理后即可用于炼钢再生利用;对于残余有害元素(铅、锡、砷、锑、铋等)富集的废钢要经过冷冻、硫化床法、自动破碎识别及稀释法、钢液脱除等方法处理后方可利用。废塑料破碎加工后可直接替代煤向高炉内喷吹进行热补偿;经过预处理破碎、去除杂质和压缩成型后与煤混合入焦炉,可产生 20% 的焦炭、40% 的焦油和轻油、40% 的富氢煤气。

第四,污染物的"零排放"。生态工业的最高目标就是使所有物质都能循环利用,而向环境中排放的污染物极小,甚至为"零排放"。从环境友好的角度,这是生态工业推崇的、理想化的模式。但是,从生态工程学的观点来分析,"零排放"并不总是最佳选择,有时不仅不能达到经济效益的最大化,也不能达到生态效益的最大化。要经过生命周期影响评价或生态工程的能值分析方可定论。

第五,数字化信息管理技术。发达国家钢铁生产基本上实现了数字化管理,根据原料及炉况的变化可自动跟踪调整,而在我国凭经验炼钢还占有一定的比例。自动监测和控制系统不完善,有的企业水、气等动力甚至没有准确的计量,这样不利于准确控制,也就不利于生态效益最大化的视线,必须引起重视,逐步分批地加以完善。

第六,完善管理制度。建立企业生产环保法规,并逐步建立发放环保证书,绿色产品证书等管理制度,通过制度的约束来保证实施钢铁工业生态化。

改进后的钢铁工业代谢分析(部分副产业链)及能量代谢分析如图 3-14、图 3-15 所示。

目前,国内建立了以清洁生产为核心的韩城龙门钢厂省级工业园区,园区包含了韩城市百分之九十以上的重点工业企业,形成了以龙钢集团为龙头企业,以煤炭、焦化、建材、矿业、冶金等生产为主的工业园区。其中包括钢铁企业 2 家,焦化企业 20 家,焦化副产品深加工企业 4 家,水泥企业 6 家,工业总产值达 12.4 亿元。

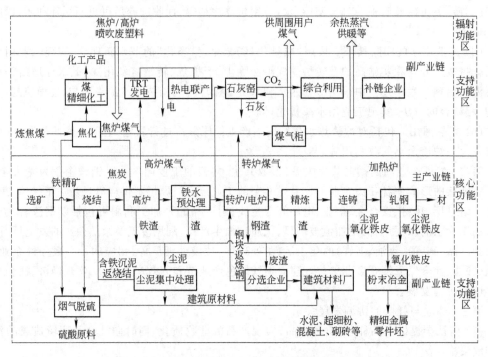

图 3-14　改进后的钢铁工业代谢分析图

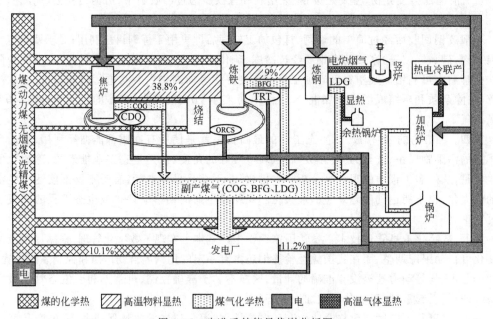

图 3-15　改进后的能量代谢分析图

以钢铁和稀土产业为主的中国第一个钢铁工业生态园区即将在包头诞生。园区以循环经济为理念,以生态链连接的包钢上游产品(电、焦、铁等)和以包钢下游产品(钢渣、铁渣、粉煤灰等)形成的配套工业园区。通过包钢的核心作用和包钢对周边地区的辐射作用,建立钢铁绿色产业链和高效产业体系,配套相关产业,旨在促进包钢工业做大做强,从而拉动整个包钢周边地区的经济发展和环境治理,实现钢铁工业、人与自然的和谐共生。

3.2.3.2 煤的工业代谢

我国的煤炭主要用于能源生产和化工生产,其中能源生产主要是利用煤炭的直接燃烧产生能量来进行发电,供热,提供动力等。在化工生产中,煤主要是作为基础原料使用。由于煤炭使用非常广泛,而且形式多样,这里只是从整体对煤炭工业的代谢过程做出说明。

A 煤的传统工业代谢模式

煤炭资源基本上是一种单向流动,即人们从自然界中索取大量煤炭资源,在满足人们生产生活需求后,又将大量的废弃物和污染物排放到环境中。虽然在化工生产中存在部分物质的循环利用,但毕竟比例相对很小。煤的这两条代谢途径造成的污染是非常严重的。主要是大量直接燃煤产生的烟尘和造成的大气污染(SO_2)及 CO_2 产生的温室效应气体排放,如图 3-16 所示。

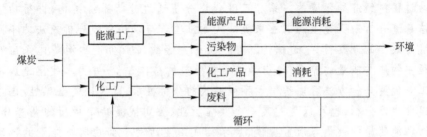

图 3-16 煤的工业代谢途径

B 煤炭资源的能源化工生产综合代谢模型

能源生产与化工产品的生产在工艺上有众多相通之处,而且新兴的洁净煤技术提出了许多新的煤炭利用技术和方法,为两者的结合创造了一些煤能源化工联合生产的实例和规划,如图 3-17 所示。

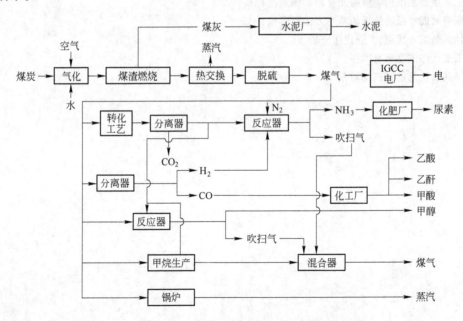

图 3-17 煤炭资源综合利用代谢分析

本章小结

    工业系统中的原料与能量流动对物质的全球循环有很大的影响。从污染的角度来看，这种流动所产生的是分散、复杂的非点源污染问题。工业活动对自然生态系统的影响不仅是污染问题，还涉及其原料与能量的消耗所产生的其他问题。随着可持续发展研究的不断深入，在经济系统特别是工业系统与自然环境相互作用的研究中，逐步形成了原料与能量流动分析这一研究方向。它分析在工业系统中原料与能源的流动，包括从原料的提取一直到生产、消耗和最终处置等运行过程如何影响社会、经济和环境以及如何减少这些影响等问题。原料与能量流动分析是工业生态学研究的一个重要领域。

    原料与能量流动分析方法较多，借助这些分析方法可以帮助我们了解原燃料在整个生命周期流动过程中经济和环境的关系。工业代谢分析通过分析系统结构，进行功能模拟和输入输出信息流分析来研究生态工业系统的代谢机理。与以往系统分析方法的不同之处在于它以环境为最终的考察目标，追踪资源在从提炼到经过工业生产和消费体系后变成废物的整个过程中物质和能量的流向，给出系统造成污染的总体评价，并力求找出造成污染的主要原因。工业代谢分析方法可以适用于不同层次的分析要求，既可以是全球性、国家性或是地区性的工业生产分析，也可以是对某一个具体行业、公司或是特定场所的调查分析，旨在揭示经济活动纯物质的数量与质量规模，展示构成工业活动全部物质与能量的流动与储存及其对环境的影响。通过这种分析，可以为公众或是企业的决策者提供一幅详细的物流图，并从中可以看出某一地区或企业所有的可持续发展的潜力。

思考复习题

    1. 工业生态系统内物质与能量流动特点是什么？

    2. 原料与能量流动分析的基本方法有哪些？

    3. 什么是工业代谢，工业代谢分析方法？

    4. 工业代谢的度量有哪些？

    5. 简述物质与能量流动的模型。

4 物质减量化与脱碳

内容要点

(1) 物质减量化的概念及其内涵；
(2) 物质减量化的评估方法；
(3) 能源脱碳的概念及其实施途径。

讨 论

能源脱碳的重要性以及其主要实施途径。

4.1 概　　述

4.1.1 前言(Preface)

工业发展(industrial development)带来了物质上的富足、人们生活水平的提高,但同时也对人类健康和生态环境构成威胁。目前,世界人口增长迅速,如果我们既想在这样的条件下享有高水准的生活,又想把对环境的影响降低到最低限度,那我们只有在同样多的、甚至更少的物质基础上获得更多的产品与服务才有可能。物质减量化(或非物质化)就是为解决这些矛盾而产生的一个概念,其宗旨,确切地说就是提高资源利用率。

物质减量化是工业生态学研究的一个重要领域,是在最大程度上循环利用材料和能源的同时,对工业和生态体系产生最小的破坏,即以最少的消耗换取最大的价值,这也是生态学原理在工业生态系统中应用的重要方面。

4.1.2 物质减量化概念(Concept of Dematerialization)

"dematerialization"这个术语于 20 世纪 80 年代就被提出,意为非物质化、去物质化和物质减量化等,不同的人有不同的看法,在此认为译为"物质减量化"为宜。

物质减量化是指在生产过程中单位经济产出所消耗的物质材料或产生的废弃物量的绝对(或相对)减少。

人们对物质减量化的定义多种多样,其基本思想是**以最小的资源投入产出最大量的产品同时产生最小量的废品**,即在消耗同样多的、甚至更少的物质的基础上获得更多的产品和服务。

4.1.3 物质减量化的重要性(Importance of Dematerialization)

物质减量化的重要性如下所述:

(1) 物质减量化是实现经济可持续发展的需要。可持续发展更具有理念性意义,而不具备现实的可操作性。而物质减量化的基本思想明确,就是在满足消费者需求的前提下,尽可能减少产品单位功能所消耗的能量和物质原料,以减少进入自然生态系统中人类所产生的物质流量。

相对于"可持续发展"的概念,物质减量化可以落实到不同层次的各个经济活动中去。

（2）物质减量化是工业生态学的重要组成部分。工业生态学的一个重要理念就是把人类所产生的物质流量作为整个自然系统物质循环的一部分,并将它限制到一个合理的比例。目前普遍采用的终端控制的环保策略时机效果并不好,没有解决根本性问题。因此,减少人类产生的物质流在自然体系中的循环速度和规模被视为一种具有预防性的关键措施。而物质减量化正是基于这一思路,成为工业生态学中不可或缺的重要组成部分。

（3）物质减量化有助于实现全球公平。只占全球人口 1/5 的工业发达国家消耗了全球 4/5 的资源,这是不公平的。如果发展中国家也要达到这些工业发达国家的生活水平,则对自然资源的需求要增加 5 倍。若考虑人口增长的因素,到 2040 年,全球物质流量要扩大 8 倍。而靠大自然的资源维持这样庞大的消耗是极为困难的。解决这个问题的有效措施之一就是提高自然资源的利用率,而实现物质减量化的一个重要途径,就是提高物质利用率和生产效率,从而有助于全球经济的平衡发展。

（4）物质减量化是实现生态效益和经济效益的调节剂 。"eco-efficiency"包含两层含义,即经济和生态效益(economic and ecological efficiency)。目前普遍采用的污染终端控制之所以效果不佳,一个重要原因在于其增加了企业的负担和生产成本。因此,仅顾及生态效益而忽视经济效益的政策不可能得到企业的大力支持。"eco-efficiency"的理念,有助于实现生态效益和经济效益双丰收。物质减量化以最小资源量获得最大的价值,生态效益和经济效益会得以显现。

4.1.4　物质减量化的意义(Significance of Dematerialization)

物质减量化(或非物质化)是工业生态学的一个重要内容,它主张以最小的资源量获得最大的价值,包括经济价值和环境价值,对实现可持续发展具有重大意义。

人类社会要发展就离不开工业生产,**生产是一种物质转化过程**,即投入某种实物资源(包括人力资源和信息资源),经过生产过程,产出能够满足人们需要的、具有高附加值的产品。在传统的工业生产中,实物资源的消耗是工业活动的前提,也是生产发展的基础,其中实物资源有可再生资源和非再生资源。非再生资源如能源资源、矿物资源等,是工业化最需要的资源。目前,我国工业生产过程中现有的科技水平对资源利用率水平较低,非再生资源日益走向衰竭,这必将制约经济的发展。即使资源利用率大幅提高,在如此巨大的人口需求的压力下,这种趋势也难以避免。因此,资源的再生循环就显得非常重要,但循环再生也需要一定的条件,同时在生产和产品消费过程中,产生的各种废弃物也对人类赖以生存的环境构成威胁,资源和环境问题已经成为制约人类发展的重要因素,而人类的发展又要求经济的增长,这必然又会对资源和环境造成压力,物质减量化正是解决这一矛盾的有利途径。

物质减量化可实现以最小的资源投入产出最大量的产品,同时产生最小量的废品,不仅可获得一定的经济效益,还可获得一定的生态效益和社会效益,对实现工业的生态化转向,实现人类社会的可持续发展意义重大,物质减量化已势在必行。

4.2　产品物质减量化

4.2.1　能量再利用(Energy Reuse)

能量再利用是物质减量化的措施之一,在产品生产中可通过以下思路实现。

（1）能量的损失使我们不得不使用越来越多的原料来弥补能源利用效率的不足,所以应将这些损失的能量作为一种可收集的有价值的能源,供给其他生产生活使用。

(2) 能量串级(energy cascading)就是尽可能充分利用这些能量,减少产能材料的利用。

(3) 通过合作生产过程(co-generation processes)将原本损耗的能量充分利用起来。如 Gillette 公司通过一系列措施,节能达到了 50%。

4.2.2　提高产品质量及使用寿命(Improve Quality and Service Life of Production)

在产品生产中,提高产品质量及使用寿命也是物质减量化的有效措施,可通过下述途径实现:

(1) 对产品进行耐用设计(design for durability)或再设计(redesign)。从环境保护角度,耐用的设计具有很大好处。同传统设计相比,耐用设计可以使得用于生产、运输和废物处理等方面的能量消耗大大减少,也有利于物质减量化的实现。再设计也是减少物质利用强度的好办法。其方法就是改进原有的不利于环境保护和不利于物质再循环的一些产品设计。

(2) 产品的修理、再利用和再制造。产品设计中,必须考虑到产品的易修理性,即产品功能的易替换能力。当一个用品完成了其使用功能之后,首要问题是设法再利用这个产品或它的附件。对某些用户来说毫无意义的东西,对另一个用户却可能是有用的,这就是一种再利用的形式。再利用的另一个方面是利用零部件。再制造是通过更换磨损部件或低功能部件,使得耐用产品继续发挥功能。需要特别注意,再制造的概念并非指产品的二手性或换手率,而是指产品获得"第二次革命"。

(3) 产品的分解、拆散和再循环。当物品或装置不能以别的方式加以重新利用时,就可以考虑利用它的组成部分。为了在产品用完之后便于拆解利用,在产品设计过程中,要有预见性。产品部件要能设计得便于再利用。另外,产品再循环也是物质减量化的一种途径。自然界通过碳、氮、水等的循环,无时无刻不在进行着物质循环。人类要有意识地寻求物质循环最安全、效益佳的有效途径。循环利用的首要任务是能经济地回收足够量的材料和物资,但回收利用并非总是可行的。它取决于两方面的因素:收集和运输。与循环运输有关的能源消耗和成本要比较合理,否则就无法实现循环利用的过程。

(4) 智能材料的研发。从理论上,智能材料或装置能够监督自身或环境的变化,并能对状况的变化有所响应。智能材料可以自行修复或对温度、电压、压力、pH 值、光、磁场和化学品等外部刺激有响应,并可以调整自己的组成和功能或发出信号。此外,智能材料在一定范围内有相当的适应性。目前,智能材料研发还远未达到实用的程度,但随着科技的进步,将使得这些智能材料的循环利用成为可能,最终实现一种全新意义上的物质减量化。

(5) 分子重构和纳米化学。

4.2.3　产品物质减量化的影响因素及采取措施(Effect Factors and Measures)

影响非物质化的因素有产品质量、产品尺寸、复杂程度和加工修配的容易程度,废物的生成和循环利用,生产成本,社会生活形态等。

(1) 产品质量。提高产品质量有助于加速物质减量化的进程。高质量的产品能够提供高质量的服务,从使用价值上讲,减少了相对的资源消耗量,达到了物质减量化的目的。

(2) 废物的产生和利用。废物的产生和利用对非物质化的影响也很大。从工业生态学角度出发,从产品生产的原材料开采到最终消费都要考虑产生废弃物的问题,尽量使其最小化,而对于不可避免的产生的废弃物则要考虑综合利用。废弃物可再利用在同一种产品的生产中,也可在其他产品的生产中再利用,无论哪一种再利用都要符合非物质化的思想,要实现非物质化思想,不仅要从清洁生产出发,更要考虑废弃物的回收利用,生态工业园区正是依据这种思想建立的。在具体应用这种思想的过程中要考虑整体利益,讲究"4 E",即 economy(经济)、effective(效益)、efficiency(效率)和 environmental(环境)。

(3) 高技术产品。非物质化离不开高技术,体现高技术产品对非物质化的积极作用的最典型例子莫过于计算机,计算机的尺寸越来越小,而其功能和容量却越来越大,也就是其耗材越来越少,而提供的服务却越来越多。这是因为其中融入了脑力劳动即技术成分。可见,非物质化离不开高新技术的开发和应用。

(4) 先进材料替代。许多行业都应用先进材料替代来降低资源消耗。例如在汽车尾气处理中的催化剂组分,考虑用含量丰富的稀土金属来代替昂贵的铑;而在建筑行业中用质量小、强度高的合金来代替性质相反的材料,如轻质的玻璃、金属代替笨重的砖石。

(5) 产品尺寸、复杂程度和加工修配的容易程度。通过对产品及其零部件的标准化、简化、精心设计和生产,使它们易加工、装配和拆卸,容易修理或部分置换,从而达到非物质化的目的。

(6) 一次性产品的使用。近些年来,人们热衷于使用一次性产品,例如一次性饭盒、筷子、注射器等,这些产品确实给人们带了卫生、方便,但一次性产品的大量使用浪费了大量的资源,并且对环境造成了很大的危害。因此,为了达到非物质化的目的必须减少一次性产品的使用。

(7) 信息与服务。信息科学技术已经成为现代先进科学技术体系中的前导因素。在信息时代,资源不仅仅局限于实物资源,信息更能促进科学进程和产业化,为人类生活和生产服务。信息化建立了一个规模庞大、四通八达的网络通讯系统,从而信息作为最有效、最有价值的资源,改变了传统的生产方式和生活方式,也必然会对社会发展产生多方面的影响。信息可以以其独特的方式提高现有工作效率或产生一种全新的、物质减量化的方式以取代老的方式,例如电子排版和数字印刷,使传统生产和生活方式中实物资源的消耗大大减少,从而使自然界压力大大减轻,促进自然界通过自我修复使自然环境向更好的方向生长。另外,信息化还可以在信息管理及物质和能量流动方面发挥巨大的优势,克服了过去存在的许多障碍。这个作用很明显:信息资源的畅通,使实际生产部门从原材料的准备、生产过程技术的采用、生产过程各环节的协调、产品的营销等都可通过网络进行,这至少节约了在整个过程中过去必不可少的运输环节,而运输环节的减少,一方面大大降低了能源资源的消耗,一方面制造交通工具和交通设施的资源(如钢铁、有色金属和木材)消耗也大幅度减少。这样,既保护了资源,也大大消除了环境污染。在生活方式上也一样,人们购物、会议、娱乐等许多事情都可通过网络进行,这样在客观上都将大大减轻资源和环境的压力。

服务可以通过有组织的市场实现一些密集型产品的共享,使得实际用于服务的产品数量减少。另外,建立在专业技术上的服务更能有效利用资源或实现产品的循环利用,这样相对减少了资源的消耗。

服务还可从经济上刺激商家,使资源得到更有效的利用。目前,商品生产厂家不再像过去那样仅靠尽可能多的产品销售来获取经济利益,还可以提供各种服务如维修、再利用、再生产、产品的分解、拆卸、产品的部件或全部的再循环来获得利益,这些服务显然可以延长产品的生命,减少资源的消耗。

4.2.4　产品物质减量化的推动力(Prompting Force)

减量化的推动力主要包括以下四个方面:

(1) 材料生产成本的持续上升。随着资源短缺程度越来越严重,基本资源及材料的价格越来越高,而且其加工成本和能耗也越来越高,这些因素均造成材料成本的上升。

（2）来自环境影响的巨大压力。水污染、土地酸化、大气污染、温室效应等不良环境的影响使人们越来越意识到环境问题已威胁到人类的健康和发展,而为了生存所必需的经济发展和工业生产几乎在每个环节都产生废弃物,为解决这一矛盾,非物质化势在必行。

（3）替代材料的产生与竞争的加剧。替代材料均有成本低、性能好等优点,替代材料的产生推动了非物质化的进程。

（4）服务业的发展。人们对产品的要求不仅仅满足于产品本身而更倾向于售后服务,随着服务业的发展,产品的生命越来越长,消耗的产品量也越来越少,这必然减少了资源损耗和废弃物量的增加,即促进了非物质化的发展。

4.2.5 评价方法(Assessment Methods)

对物质减量化的科学分析一直是工业生态学领域需要解决的重要问题,也是一个存在诸多困难的问题,以下是关于物质减量化的一些简易评价方法。

4.2.5.1 物质利用强度(IU,Intensity of Use)

物质利用强度用于评估生产和服务过程中所消耗物质的量与经济产出之间的关系,是从会计学中某一具体物质消耗量(X_i)的计算式(4-1)演化而来的:

$$X_i = \left(\frac{X_i}{Y}\right)\left(\frac{Y}{GNP}\right)(GNP) \tag{4-1}$$

式中,Y 为消耗物质 i 的工业产出;GNP 为经济总产出。

物质利用强度 IU 是指物质消耗量与附加值的比值:

$$\text{IU 值} = \left(\frac{X_i}{GNP}\right) = \left(\frac{X_i}{Y}\right)\left(\frac{Y}{GNP}\right) \tag{4-2}$$

在大多数 IU 分析中,X 的单位是质量或体积的单位。

IU 随物质与产品组成的变化而变化,它是由社会、经济、技术、法律制度和环境因素等多方面决定的。

4.2.5.2 IU 的经验分析理论(Experience Analysis Theory of IU)

环境 Kuznets 曲线(EKC,Environmental Kuznets Curve)的理论基础是 20 世纪 70 年代形成的,现已被广泛用于评估可持续发展。其根本观点是发展的初期阶段资源消耗和污染会有所增加,但随着经济收入的提高,资源消耗和污染会逐渐减少,出现倒 U 形变化曲线(如图 4-1 所示)。

大多数经验分析结果支持环境 Kuznets 曲线理论。其标准解释如下:在发展的早期阶段,收入水平较低,由于此时的经济在很大程度上依赖农业,因而对金属和建材的物质需求并不很高,这时的利用强度曲线是缓慢上升的。随着工业化程度的提高,对基础建设的物质材料需求逐渐增加,如

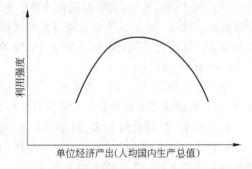

图 4-1 环境 Kuznets 曲线

公路、铁路、桥梁和各种管道等基础设施建设对水泥、钢铁等物质需求会明显增加,这时的利用强度曲线达到了极大值。经济进一步发展,对基础建设的需求不断下降,消费需求逐渐转向服务行业,服务行业的物质消耗强度是比较弱的,这时的利用强度曲线开始下降。这种变化形成了 IU 随收入的增加而下降的变化趋势。

EKC 理论主要用于研究经济结构变化对环境的影响和废弃物产生与收益的关系。

4.2.5.3　物质利用和长波理论（Material Use and Long Waves Theory）

A　长波理论（Long Waves Theory）

长波理论是用于分析物质减量化的另一种方法，它把随时间变化的物质利用方式与技术发展的常规模式联系起来。长波理论与 EKC 理论的主要区别在于：把时间作为独立变量替代收益，并用具体的函数形式反映物质替代和技术变化的方式。在驱动力的假设方面长波理论与EKC 理论并没有什么不同。

长波理论认为，从循环经济角度，技术一般要经历一个生命循环，即早期发展、迅速扩散和广泛采用、最终饱和并衰退。

B　逻辑替代模型（Logic Substitution Model）

1996 年，Grübler 研究认为技术扩散速度和程度等因素随时间而变化，包括技术可行性、成本、流行时尚和熟悉程度。其假设是：时间性和驱动性因素在微观上的变化，会在宏观上产生连续的、有规律的影响。Grübler，Fisher 和 Pry 等研究发现技术扩散常常呈现类似逻辑函数一样的S 形曲线。技术（Z）扩散或增长可以用下式表达：

$$Z = \frac{K}{1 + e^{[-b(t - t_m)]}} \tag{4-3}$$

式中　　Z——技术扩散速度；

　　　　b——Z 的扩散速率；

　　　　K——上渐近线或饱和水平；

　　　　t——时间；

　　　　t_m——曲线拐点。

逻辑替代模型用以描述技术占据市场份额的速率。

C　物质转化理论（Transmaterialization）

当物质被引进后，它们会经历一个由技术替代而导致的 IU 的增长期。在这个阶段，因技术不断推广而使得节源技术减少 IU 的势力受到阻碍。在周期的第二阶段，随着饱和程度的不断加大，IU 的增长势头逐渐放慢，并开始下降。最后，更复杂的产品又发明生产出来，物质利用的附加值进一步提高。技术改进促进了这一过程。

1989 年 Labys 和 Waddell 利用长波经济循环理论和 S 形技术扩散函数对物质减量化的标准解释提出了看法。他们认为物质减量化并非只经历一次全面性结构变化，在这个过程中，与成熟工业有关的低质量资源会逐渐被高质量或技术适应性更高的原材料所替代。他们称之为转物质化（transmaterialization）。

根据这一理论，对于某一物质而言，IU 将呈现出一个长的倒 U 形时间函数。而对于整个经济体而言，转物质化动力学会产生许多相互重叠的倒 U 形变化。

4.2.5.4　物质分解分析（Material Decomposition Analysis）

分解分析是根据会计学原理来区分经济、人口或技术对 IU 的影响的。Considine（1991）将会计学原理应用于式（4-2），并把物质组成按式（4-4）分解：

$$\left(\frac{X_i}{Y}\right) = \left(\frac{X_i}{Q_m}\right)\left(\frac{Q_m}{Y}\right) \tag{4-4}$$

式中，Q_m 为混合物质消耗的 Divisia 指数。

该式反映了资本、劳动力、能源和原材料等因素间的替代。

4.2.5.5　输入－输出分析（Input-output Analysis）

输入－输出分析能够用于检验影响 IU 有关经济和技术方面因素的假设，而分解分析能够评估影响 IU 变化的那些因素的相对贡献。输入－输出分析传统上是根据货币流量(money flows),如果利用混成单位(hybrid units)的方法可把能源和物质流以物理单位的方式补充到金融数据中去。

4.2.5.6 物质利用强度的统计分析(Statistical Analysis of IU)

统计分析是一个有力的数学分析工具,不仅在工程学、地质学和农学,而且在经济学、环境科学等其他领域都得到了广泛的应用。特别是在建立模型较困难或所建模型分析误差大的情况下,利用统计学知识有可能解决一些关键问题。

Ross 和 Purcell 通过统计学方法分析了美国造纸业 IU 的演变。我国彭新育等人应用统计分析方法研究了中国与其他国家的物质消耗和收入关系,作者统计了 1953～1997 年间我国的主要消耗物质:钢材、水泥、能源及货运量和国内生产总值 GDP 等方面的资料,以此为基础分析了物质消耗的时间变化及物质消耗与 GDP 的关系,并与有关国家的指标进行了比较,得出在中国及其他国家物质消耗与 GDP 的关系并没有表现出明显的、一致的强去物质化,但相关曲线的斜率逐渐递减,以及我国未来的一段时间里,经济发展需要更多的物质投入,只是对物质投入的依赖性将下降的结论。

4.3 能源脱碳(Decarbonization)

实现现代工业的生态化转向,催熟工业体系的演进,促使工业系统向三级生态系统转化,需要通过"生态结构重组"来实现,采取的措施主要有:将原来被称为废物的副产品作为资源重新利用;封闭物质循环系统和尽量减少消耗性排放;产品与经济活动的非物质化等。能源脱碳是产品减量化的重要措施之一。

4.3.1 能源脱碳概念(Concept of Decarbonization)

能源脱碳是指采用相应的技术使燃料释放同等能量过程中产生出更少的碳产物。由于能源产品的重要性和特殊性,能源脱碳作为物质减量化的特殊分支已经得到广泛重视。

4.3.2 能源脱碳的重要性及途径(Importance of Decarbonization)

现代工业发展要消耗大量的石油、天然气、煤和木材等能源物质。能源问题在工业生态学方面的重要性可归纳为以下四点:

(1) 有物质流就有能量流。在工业体系中大部分能量流都是由运输和加工活动所产生的。因此,减少能量消耗的最有效办法之一就是物质减量化战略。

(2) 能流反映的是物质流的结构状态。因此,仅仅生产更为轻巧的产品(简单物质减量化)是不够的。重要的是重新组织物质流的路径(制造过程、基础设施管理等),最终使工业体系的运行对能源的需求减少。

(3) 燃烧煤、重油、天然气的热电厂从一开始就将其设计成自成体系的工业生态系统,优化所有物质流,包括燃烧后的灰烬。这一思想超越了炉灰简单再利用和脱硫装置生产石膏的意义。正如本书第 2 章中所指出的那些工业共生体系一样,我们可以架构"能源－生态－工业园区",其中工业生态系统主要合作伙伴之一是能量生产单位。事实上,这种形式在卡伦堡就已经存在了,其共生体系从一开始就是以热电厂和炼油厂为中心组织的,实现了能量的再利用。

(4) 在今后相当长的一段时间,碳将继续在工业代谢过程中起至关重要的作用,必须承认这一现实,然后选择"脱碳"的办法,逐渐地向含有相对少碳的碳氢化合物过渡。

从本质上讲,**能源流也是一种物质流**。研究表明,能源流的循环过程比一般性物质流(如钢铁等)的循环过程对大气环境的影响要大得多。它在消耗碳的同时还消耗空气中的大量氧,在燃烧过程中所产生的副产物(byproduct)会对大气环境造成破坏（如图 4-2 所示）。

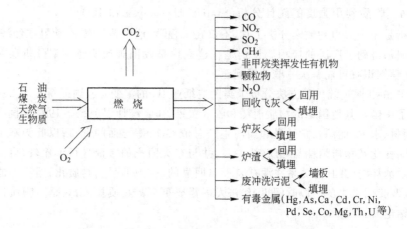

图 4-2　石油、煤等燃料能源燃烧过程中物质转化示意图

自工业革命开始以来,源自矿物以碳氢化合物形态出现的煤炭一直是最主要的能量供给元素,是滋养以西方模式发展的所有经济的最基本的物质。碳氢化合物(煤炭、石油、天然气)占我们地球开采物质的 70% 以上。然而,煤炭矿藏也是许许多多问题的源头,如温室效应、烟雾、赤潮、酸雨等。

过多二氧化碳排放所造成的温室效应是全球各国政府共同面临的世界性难题。能源脱碳是解决温室效应这一世界性难题的重要措施之一。

最近几十年来,由开采矿石产生的碳消耗与日俱增,而且,主要在发展中国家,由于经济增长和人口增加,将继续呈上升趋势。一些学者,如杰西·奥素贝尔和恺撒·马尔切蒂预言,在 21 世纪,我们将消耗近 5000 亿 t 煤炭,也就是超过自工业革命以来的消耗量的两倍以上。据估计,自 20 世纪初以来,我们从地下一共开采了 1000 亿 t 的石油,预计自现在起到 2100 年,将开采的石油数量为 3000 亿 t。

可以肯定,可再生能源将会发展。但所有迹象表明,基于技术的、经济的以及结构性的原因,相对而言,它们只能起到辅助作用,只是为一些特殊部门所利用。事实上,城市电厂需要优质能源,因此,热电厂的能源生产设施的规模与城市规模同样增长,这就不利于利用诸如太阳能那样的漫射能源。不管怎么样,就世界能源消耗而言,看起来碳氢化合物还将长期、广泛地占据主导地位。

因此,能源脱碳战略是一种劣取其轻的策略。具体地说,在于鼓励以石油替代煤炭,然后以天然气替代石油。同样,我们也可以实施一种相对脱碳的办法,即从单位燃料中汲取更多的能量,比如通过提高涡轮的转速。最好的能源脱碳办法,当然是少用能源。不幸的是,旨在提高能源使用效率的政策的具体化总是慢于提高矿物能源使用量的政策落实。当然,人们还可以通过各种办法,转换矿物燃料,如将碳(用于长期地下或海底储存)和氢(用于能量载体)分开使用。

现有工业体系向相对较少的矿物炭的能源结构转换将对基础设施产生重要影响,特别就天然气而言,从现在起的 50 年当中,其消耗量将增加 10 倍,这就需要铺设输气能力大为增加的管道体系。天然气,除了其含碳较少外,还有极为丰富的储量优势。已探明可开采天然气储量将近 100 万亿 m^3,相当于石油储量的 6 倍。

从长期来看,人们的意见将趋于一致,使用氢燃料,这是理想的能量载体,从环保的角度看有可能是无害的。使用氢作燃料的不良后果很小,但也不是完全没有:燃烧氢产生蒸汽。大量地产生蒸汽,在一定的气候和地理条件下也会是问题。高温情况下燃烧氢也会产生少量的氮氧化物。此外,燃氢技术还远没有完善,特别是金属的氢腐蚀致脆问题和运输与储存的安全问题。

另外,应明确的是,**氢本身并不是能源,只是能量的载体**。必须完全氧化才能产生热力或发电。因此,很显然最理想的能源是太阳能,其次是水力发电和核能。事实上,氢可以成为可控制的、可运输的和可储存的能量载体,当以电缆为基础的电力运输网达到饱和状态时,再难以扩大能力,要扩大能力则成本极高。大规模地使用氢还会产生从物质化意义上不可忽视的后果,那就是需要建设一个国际的、甚至洲际的输送管道网。

对于矿物能源,必须注意其物质量的外观规模。能源产品是人类在地球表面运输量最大的物质。在散装货物的世界贸易量中占据主要地位,在各国国内贸易中亦如此。因此,理想的是缩短能源介质运输的距离,应该努力使之"减量化",即借助于使用数量/能量比优越的介质,尽量减少运输所必需的基础设施。

关于能源,主要问题不在于哪一天枯竭,而在于无节制的能源耗用所引起的对环境的影响。可以想象,如果突然哪天我们拥有了一种新的假设能源,不仅在开采与分运过程中清洁无比,而且取之不尽,用之不竭,价格低廉,消费者将因为物质的极大充裕而不加节制,那么这对生物圈造成的后果肯定是灾难性的。

碳水化合物替代是碳氢化合物脱碳的一个有效的替代方法,换句话说,就是生物质能的利用。部分专家始终深信源于植物的糖及其他物质中存在大量的势能,即大量的能源介质。碳水化合物尽管仍然不是"脱碳的",但除了对环境的毒性很小以外,其优越性还在于,它们不是取自矿物,从而不会产生温室效应。

生物质能要达到工业生产的规模,就需要大规模种植,而这又导致了对生态,特别是对生物多样性方面影响的论战。就目前而言,"绿色碳氢燃料"受到广泛的扶持,与矿物能源的价格相比,生产成本要高得多。在欧洲,这一类尝试事实上主要由共同农业政策扶持,其目的是帮助农业耕作者进行结构调整。

这一类能源的支持者指出,绿色燃料同样具有真正的工业化生产的可能性:用枝叶及其他桔梗,可以实实在在地发展一系列工业,从用于高炉的植物(替代矿物煤炭)直到特别是由呋喃派生出来的制药精细化工,其间还可以有生物降解聚合物等。在欧洲,一些农业耕作者已经自认为是未来的"分子耕作者"了。

生物能量的开发还可以创造更多的地方就业机会,这是华盛顿地方自力更生研究所(Institute of Local Self-Reliance)所持的政策观念:使用生物质能和有机废料需要邻近的就业者,因此促使当地和社区的生活更具活力。

生物质能,一般地讲,碳水化合物的工业运用,肯定会得到发展。但是,我们可以想象,由于目前能源供应机制的惰性,在可以预见的未来,其运用只会集中于比较有限的部门。

降低能源消耗,开发太阳能、风能、生物质能、氢能源等新型能源替代技术是解决能源脱碳问题的最有效途径。

4.3.3 现代新能源技术(Modern New Energy Technologies)

现代新型能源主要有:

(1) **太阳能**(solar energy)。太阳能是指地球上能够直接接受并利用的太阳辐射能。每秒钟能够达到地球表面的太阳能量为 8.0×10^{13} kW,约相当于目前全世界能源总消耗量的数万倍。

太阳辐射能是取之不尽、用之不竭的安全洁净的可再生能源。

（2）**风能**（wind energy）。风能是指太阳辐射造成各部分受热不均匀而引起的空气运动产生的能量。近地层风能总储量约为 1.3×10^{12} kW，能够有效利用的风速范围为 $3 \sim 20$ m/s。20 世纪 70 年代的石油危机和化石能源的短缺及化石能源引起的环境问题促使人们对风能进行利用和开发。利用风能可以发电、提水、助航、制冷和制热等，以风能发电为主要应用途径。中小型风力发电机的实用技术日臻成熟，400 kW 左右的中型风力发电机已投入商业运行，而 500 kW 以上的大型风力发电机也已进入开发试运行阶段。美国加州风电场每千瓦小时的发电成本已具有与常规能源发电竞争的潜力，美国风力发电 2005 年达到 7×10^7 kW；欧洲到 2030 年时将达到 1×10^8 kW；我国主要在内蒙古、新疆等地推广 $0.1 \sim 0.2$ kW 的小型风力发电机，总装机容量约为 1.0×10^6 kW。

（3）**生物质能**（biomaterial energy）。生物质能是指来自动植物的能源。据推测，全球蕴藏的生物质达 1.8×10^{12} t，其中植物每年产生生物质约 $1.4 \times 10^{11} \sim 1.8 \times 10^{11}$ t，并且制沼气和酒精燃料已达实用阶段。美国利用生物质能发电已达全国能源需求量的 3.5% 以上。

（4）**氢能**（hydrogen energy）。氢能的开发利用目前主要有直接用作火箭、飞机等的燃料和用作燃料电池的燃料两个方面。镍氢电池现已进入实际应用阶段。

（5）**核能**（nuclear energy）。核能又称原子能，是原子核结构发生变化时释放出来的能量。从 1954 年苏联建成世界上第一座商用核电站以来，全世界已有 420 多座核电站在 30 多个国家安全运行，这些核电站提供的电能占全世界总电力的 17%。

核能可以通过重原子核裂变或氢原子核聚变方式取得。目前比较成熟的技术是利用铀、钍等物质作核裂变燃料，进行核裂变反应并连续释放能量，对外输出电能与热能。世界上，第一座快中子增殖堆由美国在 1951 年建成，20 世纪 70 年代末进入实用阶段。至今，此类反应堆已有 20 多座投入商用发电。

（6）**地热能**（terrestrial heat energy）。我国地热水直接利用总量已跃居世界之首，主要包括取暖供热和地热发电。至 1996 年，包括台湾省在内，全国地热总装机容量为 3.2×10^4 kW，其中西藏羊八井地热电站的装机容量为 2.5×10^4 kW。

（7）**燃料电池**（fuel battery）。燃料电池主要有锂离子电池、镍氢电池等。

此外，还可以开发利用地球以外天体的能量，如月球上的氦 3 等。

4.3.3.1 太阳能的开发与利用技术

目前，太阳能的利用主要有光 - 热转换、光 - 电转换和光 - 化学转换等三种直接利用太阳辐射能量的方式。

A 光 - 热转换

光 - 热转换是把太阳辐射能通过各种集热器转变为热能，再进行热利用。例如：(1)太阳能热发电。20 世纪 90 年代发明的柱面集热式太阳能发电站已投入运营。(2)利用太阳能使海水淡化。巴基斯坦的一座太阳能海水淡化厂日产淡水 68 t，这对于干旱缺水地区具有重要意义。(3)太阳池——盐湖水太阳能发电技术，把热能转换成电能。20 世纪 60 年代，以色列建立了世界上第一个太阳池装置。此外，太阳房、太阳能高温炉、太阳能热水器、太阳能温室等均已投入了实际使用之中。

B 光 - 电转换

光 - 电转换是指通过太阳能电池将太阳辐射能直接转变成电能。太阳能电池也称光电池、光伏电池。太阳能电池按电池基本材料的化学组成、基本材料的结构形式、基本材料的掺杂物成分、电池的厚度、电池的外形和内部阻挡层性质分类。例如单晶硅电池、多晶硅电池、非晶硅电池、

N型电池、N/P电池、薄膜电池、矩形电池、单结砷化镓电池。还可以按化学组成及产生电力方式把太阳电池分为无机太阳电池、有机太阳电池和光化学电池三大类。太阳电池的应用领域极为广泛,主要用于电源或作光电元件。例如太阳能电站,人造卫星与空间站的电源,用于驱动太阳能汽车、太阳能飞机、太阳能船、太阳能自行车等交通工具,或用作光电开关等。我国建成的第一座太阳能电站于1985年10月7日正式投入运行,功率为10 kW,此电站坐落于甘肃省榆中县园子乡。

C 光-化学转换

光-化学转换是指用光和物质相互作用引起化学变化的过程,在此过程中光能转变为化学能。绿色植物的光合作用是光-化学转变过程,但是这种转换至今仍未达到商业应用水平。

4.3.3.2 生物质能的开发与利用技术

以生命体在生命运动中产生的或以无生命的残骸形式储存的能量称为**生物源能**,也称**生物质能**。生命体包括动、植物及原生生物。**生物质**是指由植物或动物生命体衍生得到的物质的总称。狭义的生物质主要由非矿化的有机物组成,如树木、庄稼等,不包括煤、石油等化石燃料。

生物质能是可再生能源的一种,是太阳能通过植物在生长过程中的光合作用转换成化学能以碳水化合物的形式凝固储存起来的能量形式。

生物质能技术就是采用高新能量转化技术把存储于生物质的太阳能转化为可以直接利用的燃料、电能、热能等物质能源形式。转化过程中基本不会引起环境污染或破坏。

生物质能利用技术包括生物质气化制燃气、生物质气化发电、沼气发酵技术制沼气、生物质发酵制醇类燃料、"石油"植物生产燃料油等。

A 生物质气化制燃气

生物质气化制燃气是热化学转换的一种方式。生物质气化技术就是指在生物质原料于无氧或缺氧条件下受热分解的过程中所采用的技术,在这个过程中,构成生物质的大分子的部分化学键断裂,最后生成甲烷、一氧化碳、氢气等可燃气体小分子,生物质中大部分能量都转移到气体中。

生物质气化反应装置是气化炉,它是气化过程发生的必要设备。在气化炉中,生物质燃料一般发生氧化反应、还原反应及裂解反应,这些反应在气化炉的不同炉段中进行。气化装置分为固定床、流化床和旋转床气化炉三种类型。

自20世纪90年代,我国就对生物质气化技术进行了研究开发,为农村用上管道燃气、为乡村能源革命奠定了技术基础,解决了提高能量转化效率和环境污染问题,而且经济上也是可行的。已建的试点工程的经验和投资核算表明,使用这种燃器平均每户年支出不超过200元。

B 生物质气化发电

生物质循环流化床发电(BGPG)的流程以处理稻壳为主,也可以木屑、秸秆为燃料。最大发电容量1000 kW,发电效率17%。如能把余热加以利用,则生物质的能量利用率会有较大的提高。

BGPG的发电成本随所采用的原料和发电量不同而有差异,当以稻壳为原料、发电量为1000 kW时,发电成本约0.3元/(kW·h);当功率小于100 kW时,发电成本将接近大型柴油发电水平而失去竞争优势。

生物质发电的研究开发方向是开发4~10 MW规模的气化、裂解、燃气内燃发电与汽轮机发电相结合、余热充分利用的联合循环工艺,并尽可能提高系统发电效率(达到小型燃煤发电水平),采用技术成熟、投资少、安全可靠的绿色工艺。

C 沼气发酵技术制沼气

以生物质为原料在一定装置内通过发酵细菌的作用生产沼气的技术,称为沼气发酵技术。沼气发酵是由多种微生物在无氧条件下分解有机物来完成的。沼气是由微生物发酵产生的一种可燃性混合气体,其中甲烷约占 60%,二氧化碳约占 35%,其余为水蒸气、硫化氢、氮气和一氧化碳等。沼气发酵过程中除了产生气体外,还产生其他物质,可用作农业肥料或饲料。

人工制取沼气可采用的原料主要有人、畜、禽的粪便污水,食品加工业、制药和部分化工、生活垃圾和人类的生活污水,污水处理厂的污泥以及农作物秸秆等,可以实现废物利用。在农村中推广沼气发酵技术无论在保护环境、解决清洁能源、提高农村的环境卫生、提高村民的健康水平和生活质量,还是在充分利用自然资源等方面都具有重要意义。沼气发酵投资小,因此对我国广大贫困地区具有更大的意义。

D 生物质发酵制醇类燃料

(1) 发展历程。自 20 世纪 70 年代石油危机时起,巴西和美国开始研究用酒精代替汽油作汽车燃料。1975 年,巴西正式推行乙醇汽油使用计划,至 2000 年燃料乙醇总产量已达 7.93×10^6 t,占该国汽车消耗量的三分之一。美国于 2000 年的燃料乙醇消耗量已达 5.59×10^6 t,年均增长率为 20%。我国河南、吉林、黑龙江是国家确定的生产变性燃料乙醇和应用车用乙醇的 3 个试点省份。2001 年 6 月 20 日上午,河南省郑州在全国率先试用车用乙醇汽油。

(2) 生产技术。可用农作物的秸秆、蔓、谷壳等生物质作原料制乙醇,因为这些生物质富含木质纤维,无法用普通酵母菌使它们像淀粉那样发酵转化为乙醇。采用无机酸和真菌酶混合糖化法发酵木质纤维素来生产乙醇现已备受关注。

(3) 存在问题。以木质纤维为主的生物质作原料制取乙醇的工艺方法尚不完善,例如,产率问题、生产中的工艺条件问题、成本问题、产乙醇的速率问题、适宜微生物的选择问题等,还有待于进一步探讨开发。

E "石油"植物生产燃料油

石油植物是指可直接或间接加工成燃料油的植物,包括树木、草类和藻类等。

目前可用于生产燃料油的树木有绿玉树、苦配巴树、香蕉树、三角戟、续随子、汉加树、霍霍巴、油楠等。其中香蕉树割开树皮可流出一种液体物质,这种液体的化学成分与柴油极其相似,能直接代替柴油使用。还有一些草本植物也含有"燃料油",美国的黄鼠草就是这样一种草本植物。每公顷野生的黄鼠草可以提取 1 t"燃料油"。人工种植的杂交黄鼠草的产量每公顷可以达到 6 t。

美国科学家认为,海藻中也含有丰富的油类。如将海藻加温,可以得到石油那样的物质。据估算,一个规模为 4×10^4 公顷的海藻种植场所产生的能量可供 5 万人口的城市使用。

目前,主要任务是继续寻找那些"燃料油"产率高、产量大的植物,尤其是那些对生存条件要求不高,能在滩涂、荒地等生长的植物种类,研究这些植物的人工培植方法,并采用基因工程等生物技术进行改良。

4.3.3.3 氢能源技术

氢能源具有如下特点:

(1) 来源广泛,储量丰富,仅仅海洋水中就含有 1.5×10^{10} t,地核中、宇宙空间都含有大量的氢。

(2) 氢与氧反应产生水,而水又能用太阳能电池等方法分解,产生氢气与氧气,因而可重复利用,相当于太阳能的储存剂或储存器。

(3) 氢燃料的热值高,每千克氢气在氧气中燃烧可产生 120802 kJ 热量。所有化石、生物和化工燃料中(核燃料除外),氢热值最高。

(4) 氢气燃烧产物是清洁的,对环境无污染,因而除热的作用外,对地球的生态平衡没有破坏作用,这是其他燃料所不具有的。

(5)氢作为能源,其利用和输送有多种多样的方式,如直接用作发射火箭、汽车等发动机燃料,用作燃料电池的燃料,用作镍氢二次电池的原料和能源转换、贮存介质。

氢能源开发高新技术主要有高温电解水蒸气制氢、热化学分解水制氢、微生物法制氢、化学模拟微生物产氢等。

A　高温电解水蒸气制氢

1976年德国开始高温电解制氢研究,现已基本成熟。这种方法比常温电解水可省电能20%。其原理是:用固体电解质(多孔烧结二氧化锆)制成的空心管子做电极,管子的内外侧均镀有适当的导电金属膜,内侧为阴极,外侧为阳极。水蒸气由管子内侧进入,从阴极流经固体电解质而流向阳极。氢气由内侧放出,氧气由外侧放出。氢气与氧气分别输入氢气储罐和氧气储罐作为气源。总体电解槽电压最高可达到1200 V。200℃的过热水蒸气温度升至900℃后进入电解槽,在温度高达1000℃的电极室内,经电极反应被分解为氢气和氧气。

B　热化学循环分解水制氢

纯水热分解需要4000℃以上的高温。为降低水的分解温度,自20世纪60年代起,人们试图在水的热分解过程中引入一些热力学循环来达到这一目的。鉴于高温石墨核反应堆的温度已高于900℃,而已发明的太阳炉的温度可达到1200℃,因此所采用的热力学循环的最高温度应低于核反应堆或太阳炉的最佳温度才有潜在的使用价值。

C　微生物法制氢

这种方法的特点是:微生物制氢的原料(基质)主要来源于生物质、各种工业、生活有机废水或可生化处理的固体废弃物,原料来源广泛,易得,易于再生,且环保;微生物生命力、繁殖能力极强,能适应极为恶劣的生存环境;可采用生物工程法对菌种进行改造,培养产氢率高的菌种(须慎重)等。下面简述几种方法:

(1)化能营养微生物产氢。属于化能营养微生物的是某些发酵类型的严格厌氧菌和兼性厌氧菌。

(2)发酵型微生物放氢。原始基质是各种碳水化合物、蛋白质、某些醇类以及有机酸等。

(3)光合产氢。光合细菌在黑暗厌氧条件下可分解有机物放出少量氢气,光照会明显增加产氢量。与光合作用相关的产氢过程称为光和产氢。可以各种工业、生活有机废水和农副产品废弃物为基质,进行光合细菌连续培养。利用光合细菌产氢比其他生物制氢法更有优越性,如光合细菌的放氢速率比蓝细菌高两个数量级,比异氧菌产氢的能量转化率高,且氢气纯度高。光合细胞产氢已进入应用开发阶段,对其的探索主要集中于寻找产氢量高、产氢速率大的光合细菌菌种以及产氢工艺条件。

(4)固定化细胞技术制氢。仿照固定化酶技术而产生的固定化细胞技术为连续生物制氢提供了可能。有人最先把一株芽孢杆菌属(Bacillus.sp.)制成固定化细胞在滴滤床反应器中试验,结果表明,反应可在4~5 min内完成,二氧化碳转化率达86%,产氢率高达3.96 mmol/(L·min)。

D　化学模拟微生物产氢

微生物产生分子氢的机理是酶催化反应,这种酶是一类氢化酶或是固氮酶。模拟酶催化实际就是模拟微生物的作用。模拟酶催化一直是化学家关注的重要领域,若该项技术成功可实现工业化生产。

4.3.3.4　燃料电池技术

燃料电池是一种电化学的发电装置,它能够等温、持续地按电化学方式直接将化学能转化为电能。燃料电池与普通原电池一样,也是由正极、负极和电解质构成。氧气作为氧化剂连续地吹到阴极(正极)上,而作为还原剂的氢气(即燃料气的一种)连续地吹到阳极(负极)上,在工作状态下,阴阳两电极同时发生电极反应,产生电流。

A 燃料电池的分类

按所用电解质类型燃料电池可分为:(1)碱性燃料电池;(2)磷酸型燃料电池;(3)质子交换膜燃料电池,即以全氟或部分氟化的磺酸型质子交换膜为电解质;(4)熔融碳酸盐型燃料电池,如从锂-钠碳酸盐为电解质;(5)固体氧化物燃料电池,如以氧化钇稳定的氧化锆膜为电解质。

按工作温度燃料电池可分为:(1)低温燃料电池,温度低于100℃,如碱性燃料电池与质子燃料电池;(2)中温燃料电池,温度介于100～300℃之间,如培根型碱性电池和磷酸型电池;(3)工作温度600～1000℃的高温燃料电池,包括熔融碳酸盐和固体氧化物燃料电池。

按应用形式燃料电池可分为:(1)直接型燃料电池,这种电池的反应物被排放掉;(2)间接型燃料电池,对有机燃料或生物物质进行加工使其转化为氢,用作燃料电池的燃料,这类电池为间接型燃料电池;(3)再生型燃料电池,反应产物可以加热或充电再生。

B 燃料电池的优点

燃料电池有如下优点:

(1)高的转化效率。理论上,燃料电池中化学能转变为可利用的电能和热的效率可达85%～90%。

(2)燃料电池的效率与其规模大小无关。

(3)燃料电池发电厂站可设在用户附近,因而电的传输损失小,在经济上比较合理。

(4)与内燃机等相比,系统更为安全可靠。

(5)启动和停止方便,可作为应急电源和不间断电源。

(6)具有良好的部分载荷性能,有利于节约能源,且能减少储备电量及电容、变压器等辅助设备,从而节省投资。

(7)燃料电池发电与其他发电形式相比,与环境更为友好。二氧化碳、氮氧化物和热量的排放量少,噪声小。

(8)燃料电池既可作为公用电源和交通工具的动力源,又可以作为便携式电源。可按串联、并联、混联等方式供电。

C 燃料电池的应用

燃料电池既适用于集中供电,用作公共电源,又可用作各种规格的分散电源,直接建造于用户附近,还可以用作移动电源。

可以用作人造航天站的电源,与光伏电池配合使用,如氢氧碱性燃料电池曾用作阿波罗登月飞船的主电源等。

可以用作电动车、潜艇的动力源和各种可移动电源,最佳候选者是质子交换膜燃料电池。

以甲醇为燃料的直接甲醇型燃料电池可以用作手机、电脑等小型、微型便携式电源。

4.3.4 能源脱碳技术前景分析(Foreground Analysis of Decarbonization)

能源脱碳是缓解温室效应的重要措施之一。主要通过提高化石能源利用效率和新能源技术的高新替代来实现。开发新型可再生清洁能源,提高可再生能源在现代能源结构中的比例,可缓解当前能源短缺的严峻形势,减少温室气体的排放,以少量的清洁能源,获取更大的经济效益及生态效益。

我国政府已制定政策鼓励新型可再生能源的开发利用。可以预见,能源脱碳技术将具有广阔的应用与发展前景。

本章小结

物质减量化是指在生产过程中单位经济产出所消耗的物质材料或产生的废弃物量的绝对(或相对)减少。其基本思想是以最小的资源投入产出最大量的产品同时产生最小量的废品,即在消耗同样多的、甚至更少的物质的基础上获得更多的产品和服务。

物质减量化是工业生态学的一个重要内容,它主张以最小的资源量获得最大的价值,包括经济价值和环境价值,对实现可持续发展具有重大意义。

物质减量化的推动力包括:(1)材料生产成本的持续上升;(2)来自环境影响的巨大压力;(3)替代材料的产生与竞争的加剧;(4)服务业的发展。实现物质减量化的措施主要包括能量的循环利用(包括可再生能源的开发利用)、提高产品质量及使用寿命等。

能源脱碳是指采用相应的技术使燃料释放同等能量过程中产生更少的碳产物。是物质减量化的一个特殊分支。开发太阳能、风能、生物质能、氢能源等新型可再生清洁能源,提高可再生能源在现代能源结构中的比例,可缓解当前能源短缺的严峻形势,减少温室气体的排放,获取更大的经济效益及生态效益,具有广阔的应用与发展前景。

思考复习题

1. 什么是物质减量化,它具有什么样的重要性及意义?
2. 产品物质减量化的措施有哪些,具体措施都如何运行?
3. 目前物质减量化的评价方法有哪些,这些方法都是如何进行评价的?
4. 什么是能源脱碳,为什么要进行能源脱碳?
5. 现代新能源技术都有哪些?

5　生命周期影响评价

内容要点

(1) 生命周期评价的基本原理与框架；

(2) 生命周期清单分析及影响评价；

(3) 产品生命周期影响评价工具及其应用。

讨　论

生命周期影响评价的目的、方法及其应用。

5.1　生命周期评价的产生

5.1.1　概述

工业生态系统的发展经历了一级生态系统,已进入二级生态系统,并逐步向三级生态系统转化。**一级生态系统**其产品是为了满足用户对性能、质量和价格要求,企业则以谋求最大利润为目的,追求产品的功能性和经济性的平衡、最大的性能价格比,以占有更大的市场份额,忽视资源的成本,对污染物采用末端治理的思想,由此客观上造成了全球性生态恶化和资源耗竭,构成了对人类生存与发展的空前挑战。**二级生态系统**采取的是过程控制思想,即实施清洁生产计划是环境管理方式的一大进步,已经从被动的末端治理,转向为积极的污染预防,是20世纪80年代以来全球环境污染物排放量增速减缓的重要手段,但过程控制主要关注产品的生产过程,而没有考虑与产品相关的其他环节,如产品的使用、用后回收处理等,这种管理手段也无法满足可持续发展模式的要求,必须重新界定产品的环境管理对象。**三级生态系统**采取的是产品系统管理,是指与产品生产、使用和用后处理相关的全过程,即包括原材料的开采、生产、产品制造、产品使用和产品用后处理。整个系统的物质和能源、产品和副产品的交换加入大的循环中,对生态环境不构成威胁,可实现工业生态化,实现可持续发展目标。产品系统管理,即三级生态系统采取的管理方式,是现代工业发展的"最新"管理模式。

从产品系统角度看,以往的环境管理焦点常常局限于"原材料生产"、"产品制造"和"废物处理"三个环节,而忽视了"原材料采掘"和"产品使用"阶段。一些综合性的环境影响评价结果表明,重大环境压力往往与产品的使用阶段有密切关系。仅仅控制某种生产过程中的排放物,已很难减少产品所带来的实际环境影响,从末端治理与过程控制转向于以产品为核心、评价整个"产品系统"总的环境影响的全过程管理是可持续发展的必然要求。在产品系统中,系统的投入(资源与能源),造成生态破坏与资源耗竭,系统输出的"三废"排放造成了环境污染。因此,所有生态环境问题无一不与产品系统密切相关。

在全球追求可持续发展的呼声愈来愈高的背景下,提供环境友好的产品成为消费者对产业界的必然要求,这就迫使产业界在其产品开发、设计阶段就开始考虑环境问题,将生态环境问题与整个产品系统联系起来,寻求解决的途径与方法。同时,环境管理部门和政府也积极开发一种基于全过程、全功能、全方位角度的综合环境管理工具,从而彻底摆脱传统“解决问题”的思路,转向“预防问题发生”的管理新模式。在工业界、政府与消费者三种驱动力的共同作用下,面向产品系统的环境管理工具——生命周期评价(life-cycle assessment,LCA)应运而生。

生命周期评价以全新的角度,从产品的全过程考察其对环境的影响,是一种更为科学的新理念和新方法,已成为近年来环境科学研究的热点,并正以极快的速度拓展到社会生活的多个方面。

5.1.2　生命周期评价的起源和发展

生命周期评价的基本思想始于 20 世纪 60 年代。最早的生命周期评价由美国可口可乐公司发起,1969 年,由该公司中西部资源研究所开展的针对可口可乐公司饮料包装瓶进行评价的研究,是公认的生命周期评价研究开始的标志,为目前的生命周期清单分析方法确定了基础。这项研究试图从原材料的采掘到最终的废弃物处理,进行全过程(从摇篮到坟墓)的跟踪与定量分析,对不同的饮料瓶进行比较来决定哪种包装瓶对环境的影响最小,对资源使用的压力最小。该项研究量化了原料、原油的使用和每种瓶子在生产过程中对环境产生的压力。

在 20 世纪 70 年代早期,美国和欧洲的其他一些公司也完成了类似的生命周期清单分析。资源使用和产品的环境释放的量化方法被称为**资源和环境的轮廓分析**(resource and environmental profile analysis,REPA),在美国得以实践,在欧洲被称为**生态平衡**(ecobalance)。1970 年~1975 年期间,大约有 15 项资源与环境轮廓分析(REPA)被完成。

1975 年东京野村研究所为日本的利乐公司进行了首次包装生命周期评价研究,通过不同的销售方案对纸盒与玻璃瓶进行比较,后来利乐包装公司委托伦德霍尔姆和桑德斯特龙完成了研究报告《利乐砖纸盒及多次使用和非多次使用玻璃瓶对资源和环境的影响》。随后美国 Franklin 协会也通过研究提出了《15 种一次性饮料瓶的能量比较》的报告,这些都可被视为生命周期评价的早期研究成果。

1984 年,美国 Little 公司受美国钢铁协会的委托提出了《容器中含有的生命周期能源》的研究报告,其后,苏黎世大学冷冻工程研究所利用荷兰 Leiden 大学环境科学中心和瑞士联邦森林景观厅的数据库,从生态平衡和环境评价等角度出发,对生命周期评价进行了较为系统的研究,对开创 LCA 这一新领域起到了决定性的作用。在早期的生命周期评价研究中,就研究对象而言,45% 是针对包装,9% 是针对化工产品,8% 是针对建筑材料,7% 是针对婴儿尿布,3% 是针对餐具;就组织者而言,70% 由企业自己组织,20% 由行业协会组织,只有 10% 由联邦政府组织开展。

欧洲经济合作委员会(EEC)也开始关注生命周期评价的应用,于 1985 年公布了“液体食品容器指南”,要求工业企业对其产品生产过程中的能源、资源以及固体废弃物排放进行全面的监测与分析。由于全球能源危机的出现,很多研究工作又从污染物排放转向能源分析与规划。欧洲和美国的一些研究和咨询机构依据资源与环境状况的思想相应发展了有关废弃物管理的一系列方法论,深入地研究环境排放和资源消耗的潜在影响。

1989 年荷兰国家居住、规划与环境部针对传统的末端控制环境政策,首次提出了制定面向产品的环境政策。这种面向产品的环境政策涉及产品的生产、消费到最终废弃物处理的所有环节,即所谓的产品生命周期。该研究提出要对产品整个生命周期内的所有环境影响进行评价,同时也提出了要对生命周期评价的基本方法和数据进行标准化。

1990 年由国际环境毒理学与化学学会(SETAC)首次主持召开了有关生命周期评价的国际研讨会,在该会议上首次提出了“生命周期评价”(life-cycle assessment,LCA)的概念。

1992 年以后,以美国环境毒性和化学学会为主,组织西方几个国家的有关科研机构成立了五个研究工作组,对 LCA 开展了全面深入的研究工作,五个小组于 1993 年开始各自的研究,协调统一有关概念、定义及具体操作处理方法等,使 LCA 有了长足的发展。

1993 年 SETAC 出版了一本纲领性报告《生命周期评价纲要——实用指南》。该报告为生命周期评价方法提供了一个基本技术框架,成为生命周期评价方法论研究起步的一个里程碑。同年美国国家环境保护局(EPA)委托风险降低工程实验室进行了生命周期清单分析的研究,出版了《生命周期评价——清单分析的原则与指南》。

1995 年 EPA 出版了《生命周期分析质量评价指南》,比较系统地规范了生命周期清单分析的基本框架。《生命周期影响评价:概念框架、关键问题和方法简介》使生命周期评价的方法有了一定的依据,使生命周期评价进入实质性的推广阶段。

5.1.3　生命周期评价的基本概念及其特点

5.1.3.1　基本概念

(1) **生命周期**。一种产品从原料开采开始,经过原料加工、产品制造、产品包装、运输和销售,然后由消费者使用、回用和维修,最终再循环或作为废弃物处理和处置,这一整个过程称为产品的生命周期。资源消耗和环境污染物的排放在每个阶段都可能发生,因此,污染预防和资源控制也应贯穿于产品生命周期的各个阶段(如图 5-1 所示)。

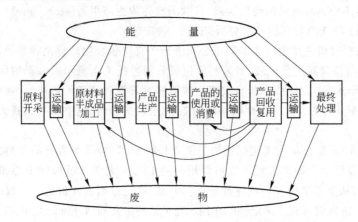

图 5-1　生命周期的主要阶段

(2) **生命周期评价方法**。对某种产品或某项生产活动从原料开采、加工到最终处置的一种评价方法称为生命周期评价方法。

(3) **生命周期评价**。关于生命周期评价的概念,有如下几种:

1) 美国环保局 EPA 的定义:对自最初从地球中获得原材料开始,到最终所有的残留物质返归地球结束的任何一种产品或人类活动所带来的污染物排放及其环境影响进行估测的方法;

2) SETAC 的定义:全面地审视与一种工艺或产品"从摇篮到坟墓"的整个生命周期有关的环境后果;

3) 美国 3M 公司的定义:在从制造到加工、处理乃至最终作为残留有害废物处置的全过程中,检查如何减少或消除废物的方法;

4) P&G 公司的定义:显示产品制造商对其产品从设计到处置全过程中所造成的环境负荷承担责任的态度,是保证环境确定而不是虚假地得到改善的定量方法;

5) 国标 GB/T 24040—1999(ISO 14040—1997)定义:对在一个产品系统的生命中输入、输出及其潜在环境影响的汇编和评价。

综上所述,对生命周期评价的定义如下:对一种产品及其包装物、生产工艺、原材料、能源或其他某种人类活动行为的全过程,包括原材料的采集、加工、生产、包装、运输、消费和回用以及最终处理等,进行资源和环境影响的分析与评价。

5.1.3.2 主要特点

生命周期评价的主要特点有:

(1) 全过程评价。生命周期评价是与整个产品系统原材料的采集、加工、生产、包装、运输、消费和回用以及最终处理生命周期有关的环境负荷的分析过程。

(2) 系统性与量化。生命周期评价以系统的思维方式去研究产品或行为在整个生命周期中每一个环节中的所有资源消耗、废弃物的产生情况及其对环境的影响,定量来评价这些能量和物质的使用以及所释放废物对环境的影响,辨识和评价改善环境影响的机会。

(3) 注重产品的环境影响。生命周期评价强调分析产品或行为在生命周期各阶段对环境的影响,包括能源利用、土地占用及排放污染物等,最后以总量形式反映产品或行为的环境影响程度。生命周期评价注重研究系统在生态健康、人类健康和资源消耗领域内的环境影响。

5.1.3.3 生命周期评价的意义

生命周期评价的意义有:

(1) 可以对某一给定产品分析其生命周期内的环境影响并进行不同产品的比较分析,给出综合环境影响评价,用于帮助识别、改进产品生命周期各个阶段中环境因素的机会。

(2) 可以为授予"绿色"标签的产品提供量化依据;对给定经济单位或行为计算能源和原材料使用效率,据此测算可提高、改善的领域,对指定产品进行工艺流程有效性评估,选择有关的环境表现(行为)参数,包括测量技术。

(3) 可以针对同一确定的经济单位,比较不同国家间环境行为的效果。

(4) 可以评估和比较不同地区、不同国家的工业效率,寻求能源、资源的最低消耗,为国际环境政策协商提供技术支撑。

(5) 可以通过分析不同情况下可能的替换政策的环境影响,评估政策变动所降低的环境影响效果,从中找到最佳政策方针,如战略规划、确定优先项、对产品或过程的设计或再设计。

5.1.3.4 生命周期评价的基本方法

生命周期评价目前采用两种方法:SETAC-EPA LCA 分析方法(SETAC-EPA analysis,通常称为生命周期评价 LCA 方法)和经济输入–输出生命周期评价模式(economic input-output life-cycle assessment model,EIO-LCA)。

SETAC-EPA 的 LCA 分析方法是经环境毒理学与化学学会(society of environmental toxicology and chemistry,SETAC)和美国环保局发展的方法,现已被纳入 ISO14000 体系。我国于 1999 年和 2000 年先后推出了 GB/T 24040—1999 及 GB/T 24041—2000 等国家标准。下面简述几种典型的生命周期评价方法。

A 贝尔实验室的定性法

该法将产品生命周期分为 5 个阶段:原材料加工、产品生产制作、包装运销、产品使用以及再生处置。相关环境问题归为 5 类:原材料选择、能源消耗、固体废料、废液排放和废气排放,由此构成一个 5×5 的矩阵。其中的元素评分为 $0 \sim 4$,0 表示影响极为严重,4 表示影响微弱,全部元素之和在 0 至 100 之间。评分由专家进行,最终指标称为产品的环境责任率 R,则有

$$R = \sum_{j=0}^{5} \sum_{i=0}^{5} m_{i,j}/100 \qquad (5\text{-}1)$$

式中，$m_{i,j}$ 为矩阵元素值，其中 i 为产品的生命周期阶段数，j 为产品的环境问题数。R 以百分数表示，其值越大表明产品的环境性能越好。

B　柏林工业大学的半定量法

柏林工业大学的 Fleisher 教授等在 2000 年研究的 LCIA 方法，是通过综合污染物对环境的影响程度和污染物的排放量，对产品的生命周期进行半定量的评价方法。该方法首先要确定排放特性的 ABC 评价等级和排放量的 XYZ 评价等级，其影响程度中，A 为严重，如致畸、致癌、致突的"三致"物质及毒性强的各类物质；B 为中等，如碳氧化物、硫氧化物等污染物；C 为影响较小，可忽略的污染物。排放量的 XYZ 分级根据是：排放量低于总排放量的 25％，定义为 Z；位于 25％ 和 75％ 之间，定义为 Y；大于 75％，则定义为 X。

每种排放物质都赋予其对大气、水体及土壤三种环境介质的 ABC/XYZ 值。如果无法获得某种环境介质的排放数据，则其 ABC/XYZ 值由专家确定。对每种环境介质分别确定最严重的 ABC/XYZ 值（潜在环境影响最大的排放物质），其程度呈递减：$AX > AY = BX > AZ = BY > BZ > CX = CY = CZ$。根据生命周期的每个过程排放到大气、水体及土壤中 ABC/XYZ 值最高的物质进行分类，所有类别的值都通过表 5-1 的加权矩阵集中，得到最后的结论——名为 AX_{air} 当量的单值指标。在此矩阵中，大气污染物的权重值较高，由于污染物经常沉积到水体和土壤中，可能对其产生影响。

表 5-1　ABC/XYZ 值的加权矩阵

等　级	排放到大气中的物质			排放到水体和土壤中的物质		
	$X_{气}$	$Y_{气}$	$Z_{气}$	X	Y	Z
A	3	1	1/3	1	1/3	1/9
B	1	1/3	1/9	1/3	1/9	0
C	0	0	0	0	0	0

例如，我国早点市场使用的餐具通常有 4 种：(1)聚苯乙烯发泡餐具；(2)高密度聚乙烯塑料餐具；(3)纸餐具；(4)集中式热力消毒餐具。这 4 种餐具全生命周期过程中排放到大气中的污染物质有碳氧化物、硫氧化物、氮氧化物及碳氢化合物等；水污染物有生化需氧量、化学耗氧量、悬浮物及磷酸盐类等；土壤污染物有淤渣及灰等。根据前述分类及加权方法，这 4 种餐具的 ABC/XYZ 赋值及最终当量指标如表 5-2 所示。

表 5-2　四种餐具 Fleisher LCIA 评价明细表

餐　具	排放到大气中的物质	排放到水体中的物质	排放到土壤中的物质	最终指标 AX_{air}	评　价
(1)	$BXBX$ $BZBZ$	$BZBY$ BY	$BZBX$	17/9	一般
(2)	$BZBX$ $BZBZ$	$BZBZ$ BX	$BZBX$	18/9	较差
(3)	$BXBZ$ BZ	$BZBY$ BZ	$BZBX$	15/9	较好
(4)	$BZBZ$ $BZBY$	$BZBZ$ $BZBY$	BX	10/9	最好

此方法已并入到 Fleisher 等人研制的 Euromat 软件中,并用于环境设计实例研究(航空用轻质容器材料的比较:铝与炭纤维增强环氧树脂)。

C 荷兰的"环境效应"法

该法认为评价产品的环境问题应从原燃料消耗和污染物排放对环境产生的影响入手,将其与伴随人类活动的各种环境影响因素联系起来,根据两者的关系来客观地判断产品的环境性能,该法是迄今为止定量分析方法中最完整的一种方法。

这种方法将影响分析分为"分类"和"评价"两步,分类指归纳出产品生命周期涉及的所有环境问题,已确认了 3 类 18 种环境问题明细表。这 3 类环境问题是:消耗型,包括从环境中摄取某种物质资源的所有问题;污染型,包括向环境排放污染物的所有问题;破坏型,包括所有引起环境结构变化的问题。在定量评价 3 类 18 种环境效应时,引用了分类系数的概念,**分类系数**是指假设环境效应与环境干预之间存在线性关系的系数。目前,对这 18 种环境效应大部分都有了计算分类系数的方法。通过分类,产品的生命周期对环境的影响可用 10～20 个效应评分来表示,并进一步进行综合性的评价。目前有两类评价方法:定性多准则评价和定量多准则评价。定性评价通常由专家进行,并对产品进行排序,确定对环境的相对影响。定量评价通过专家评分对各项效应加权,得到环境评价指数 M,即

$$M = \sum_{i=1}^{m} u_i r_i \tag{5-2}$$

式中,u_i 为各效应评分;r_i 为相应的加权系数。

D 日本的生态管理 NETS 法

瑞典环境研究所于 1992 年在环境优先战略 EPS 法(environment priority strategy)中提出了环境负荷值(ELV,environment load value)的概念。根据为保持当前生活水平而必需征收的税率,EPS 规定标准值为 100(ELV/人),此值可用于计算化石燃料消耗引起的环境负荷。日本的 Seizo Kato 等人在瑞典 EPS 法的基础上发展了 NETS 法,主要用于自然资源消耗和全球变暖的影响评价,可给出环境负荷的精确数值公式:

$$EcL = \sum_{i=1}^{n} (Lf_i \times X_i) \qquad (\text{NETS}) \tag{5-3}$$

$$Lf_i = \frac{AL_i \times \gamma_i}{P_i} \tag{5-4}$$

式中,EcL 为环境负荷值或任意工业过程的全生命周期造成的环境总负荷值;Lf_i 为基本的环境负荷因子;X_i 为整个过程的第 i 个子过程中输入原料或输出污染物的数量;P_i 为考虑了地球承载力的与输入、输出有关的测定量,如化石燃料储备及二氧化碳排放等。AL_i 为地球可承受的绝对负荷值;γ_i 为第 i 种过程的权重因子。

EcL 用量化的环境负荷标准 NETS 表示,其值规定为一个人生存时所能承受的最大负荷,即为 100NETS。根据这些 NETS 值,就可从全球角度来量化评估任何工业活动造成的负荷,总生态负荷值为生命周期中所有过程的基本负荷值的总和。

Seizo Kato 等人用此方法做了发电厂的化石燃料消耗和全球变暖的 NETS 评价。进行化石燃料消耗的 NETS 评价时,假设以当前速度消耗原油、天然气等不可再生资源至其可采储量消耗完毕,则可将地球最大承载力的绝对负荷值视为 5.9×10^{11} NETS,即前述规定的 100 NETS/人与全球人口 5.9×10^9 人的乘积。例如,原油的 Lf_i 值就是用原油的可采储量来估计的,$P_{\text{oil}} = 1.4 \times 10^{11}$ t,则

$$Lf_{oil} = \frac{5.9 \times 10^{11} (\text{NETS})}{1.4 \times 10^{11} (\text{t})} = 4.2 \, (\text{NETS/t})$$

此结果意为,如消耗 1 t 原油,则此工业活动在原油消耗方面带来的环境负荷值为 $Lf_{oil} =$ 4.2 NETS/t。

关于二氧化碳排放导致全球变暖的 NETS 值,可以认为:如果在 1997 年京都会议规定的标准上继续排放 2.1×10^{10} t CO_2,则 100 年内全球温度就会在 1997 年的基础上升高 2~3℃。在此基础上,评估环境负荷的方法为

$$Lf_{CO_2} = \frac{5.9 \times 10^{11} (\text{NETS})}{2.1 \times 10^{10} (\text{t/y}) \times 100 (\text{y})} = 2.8 \times 10^{-1} (\text{NETS/t})$$

根据以上方法,可计算出各种资源消耗和温室气体的 NETS 值。由于其单位统一,可以很方便地加和,对每一生产过程或产品,都能得到最终的 NETS 值。此值越小,生产过程或产品对产品的影响就越小。Seizo Kato 用此方法对日本某企业购买商业用电和自行发电做了对比评价,取得了较好的效果。

以上四种影响评价的方法中,贝尔实验室的方法较为简单,但结果完全根据专家评价的结论得出,主观性太强,不具有广泛的适用性。柏林工业大学的 ABC/XYZ 方法对数据的精度和一致性要求不高,适应面较广,且最后可得出一个单值评价指标,在综合考虑各方面的影响时,使用此方法较为方便。荷兰的"环境效应法"较为系统、完整,但对清单数据要求较高,需要大量全面、准确的排放数据。日本的 NETS 法较为简便,评价效果也很直观,但适用面较窄,一般来说只适用于化石燃料消耗较高、温室气体排放较多的生产过程或产品,如果用于其他类型产品,还需进一步完善。

不论使用哪种方法,都必须要有明细的清单分析表。以上方法的清单分析都是在工业部门详细的污染排放数据库的基础上建立起来的,与我国目前实际的污染排放水平差距较大。因此,在我国当务之急是组织各工业部门对具体产品或生产过程进行调查和分析,建立完整的 LCA 数据库,为下一步进行影响评价打下坚实的基础。

5.1.4　生命周期评价的基本原则与框架

5.1.4.1　基本原则

为保证评价结果科学、可靠,应遵循以下 7 个基本原则:

(1) **系统性**:应系统、充分地考虑产品系统从原料获取至最终处置全过程即产品生命周期中的环境因素;

(2) **时间性**:生命周期评价研究目的和范围在很大程度上决定了研究的时间跨度和深度;

(3) **透明性**:生命周期评价研究的范围、假定、数据质量描述、方法和结果应具有透明性;

(4) **准确性**:准确记载数据及来源,并给以明确、适当的交流;

(5) **知识产权**:应针对生命周期研究的应用意图规定保密和保护产权;

(6) **灵活性**:LCA 研究具有灵活性,没有统一模式,用户可按照生命周期评价的原则与框架,根据具体的应用意图实际地予以实施;

(7) **可比性**:只有当假定和背景条件相同时,才能对其结果进行比较。

5.1.4.2　生命周期评价的总体框架

生命周期评价实施主要包括目的与范围的确定、清单分析、影响评价和结果解释 4 个部分如图 5-2 所示。

(1) **研究目的与范围的确定**:生命周期评价的目的应根据具体的研究对象来确定,明确阐述

其应用意图、开展研究的理由及其交流的对象。在确定研究范围时，应对基本的产品系统的功能、功能单位、系统边界、分配方法、影响类型和影响评价方法及随后所做的解释、数据质量、假设条件、局限性、鉴定性评审类型进行设定，以保证研究的广度、深度和详尽程度与之相符，以适应所确定的研究目的。

（2）**生命周期清单分析（LCI）**：生命周期清单分析包括数据的收集和计算程序，其目的是对产品系统的有关输入和输出进行量化。输入和输出可包括与该系统有关的对资源的使用和向空气、水体和土地的排放，进行清单分

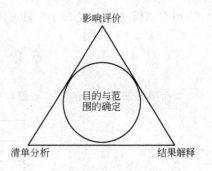

图 5-2　生命周期评价的总体框架

析是一个反复的过程，当取得了一批数据，并对系统有进一步的认识后，可能会对数据收集程序做出修改，以适应研究目的，有时也会要求对研究目的或范围加以修改。清单分析应收集系统边界内每一单元过程中要纳入清单中的数据，数据含定性和定量数据两类。收集数据的程序可因不同的单元过程、研究范围和应用目的而异。

（3）**生命周期影响评价**：目的是根据生命周期清单分析的结果对潜在环境影响的程度进行评价。是将清单数据和具体的环境影响相联系，并认识这些影响。评价哪些影响、评价的详尽程度和采用的方法是由研究目的和范围决定的。生命周期影响评价环节可包含下列三要素：1）将清单数据纳入影响类型；2）按照影响类型建立清单数据模型；3）在特定情况下，且仅当有意义时将结果进行合并。

（4）**生命周期解释**：生命周期解释是根据规定的目的和范围，综合考虑清单分析和影响评价的发现，从而形成结论并提出建议。如果仅仅是生命周期清单研究，则只考虑清单分析的结果。

解释"发现"可根据研究目的和范围，采取向决策者提交结论和建议的形式。解释环节中可包含一个根据研究目的对 LCA 的范围，以及所收集数据的性质和质量进行评审与修订的反复过程。解释"发现"应能反映所做的所有敏感性分析的结果，作为后续的决策与措施制订依据。

5.1.5　生命周期评价报告

生命周期评价报告包括以下几个部分：

（1）基本情况：含委托方、编制单位、报告日期、研究依据；

（2）所确定的目的和范围；

（3）为判定物流和能流是否包括在系统边界内所做的分析；

（4）生命周期清单分析：含数据的收集和计算程序；

（5）生命周期影响评价：含影响评价方法及其结果；

（6）生命周期解释：含结果、结果解释中与方法学和数据的准确性、完整性、代表性和局限性的评估；

（7）对所比较的系统等价性的描述；

（8）对鉴定性评审过程的描述：含评审人员的姓名和单位、鉴定性评审报告、对建议的答复。

5.1.6　生命周期评价的局限性

生命周期评价是风险评价、环境行为评价、环境审核、环境影响评价等环境管理技术中的一种，它并不是万能的。一般说来，从生命周期研究所取得的信息只能作为一个比它远为全面的决策过程中的一部分加以应用，或是用来理解广泛存在的或一般性的权衡与折中。对于不同的

LCA 研究,只有当它们的假定背景条件相同时,才有可能对其结果进行比较。

5.2　生命周期清单分析

生命周期清单分析的基本步骤和方法如下所述(见图 5-3)。

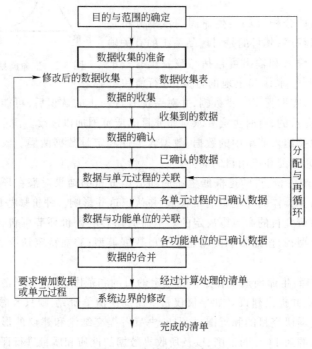

图 5-3　清单分析程序图

(1) 数据收集的准备。1)绘制具体的过程流程图,描绘所有需要建立模型的单元过程和它们之间的相互关系;2)详细表述每个单元过程并列出与之相关的数据类型;3)编制计量单位清单;4)针对每种数据类型,进行数据收集技术和计算技术的表述,使报送地点的人员能理解该项LCA 研究需要哪些信息;5)对报送地点发布指令,要求将涉及所报送数据的特殊情况、异常点和其他问题以明确的文件记录下来。

(2) 数据的收集。数据收集程序会因不同系统模型中的各单元过程而变,同时也可能因参与研究人员的组成和资格,以及满足产权和保密要求的需要而有所不同。数据收集程序和采用该程序的理由应在文件中给予表述。数据收集需要透彻了解每个单元过程。为避免重复计算或断档,必须对每个单元过程的表述予以记录。

(3) 计算程序。1)数据的确认:在数据收集过程中必须检查数据的有效性。有效性的确认可包括建立物质和能量平衡和(或)进行排放因子的比较分析。2)数据与单元过程的关联:数据计算时必须对每一单元过程确定适宜的基准流(如 1 kg 材料或 1 MJ 能量),并据此计算出单元过程的定量输入和输出数据。3)数据与功能单位的关联。4)系统边界的修改。

(4) 分配。清单是建立在输入与输出的物质平衡的基础上,因而分配程序应尽可能反映这种输入与输出的基本关系与特性,必须将每个要进行输入输出分配的单元过程所采用的分配程序形成文件并加以论证。共生产品、内部能量分配、服务(例如运输、废物处理)以及开环或闭环的再循环分配适用原则为:1)研究中必须识别与其他产品系统公用的过程,并按要求的程序加以处理;2)单元过程中分配前与分配后的输入、输出的总和必须相等;3)如果存在若干个可采用的分配程序,必须进行敏感性分析,以说明在结果上的差别。

(5) 再使用和再循环的分配程序。对于再使用和再循环,上述分配原则与程序同样适用,同时对下列情况须做进一步考虑:在再使用和再循环中,有关原材料获取和加工或产品最终处置的单元过程的输入输出可能为多个产品系统所共有;再使用和再循环可能在后续使用中改变材料的固有特性;应特别注意对回收过程系统边界的确定;必须考虑材料的固有特性的变化,如物理特性、经济价值、再循环材料后续的用途;闭环、开环分配程序上是有区别的,闭环分配程序适用于闭环产品系统,也适用于再循环材料中固有特性不发生变化的开环系统,在这种情况下,由于是用次级材料取代初级材料,故不必进行分配。

(6) 对LCI结果的解释。对LCI的结果必须根据研究目的与范围加以解释,解释中必须包含数据质量评价和对重要输入输出及方法选用的敏感性分析,以认识结果的不确定性。对清单分析进行解释时还必须结合研究目的对下列情况加以考虑:系统功能和功能单位的规定是否恰当;系统边界的确定性是否恰当;通过数据质量评价和敏感性分析所发现的局限。对结果的解释应当慎重,因为它们是针对输入输出数据而不是环境影响,尤其在进行比较时,不能以LCI研究作为唯一的基础。

用于LCI的不确定性分析是一门处于发展早期的技术,但利用它所提供的区间和(或)概率分布有助于判定LCI结果和结论中的不确定性。只要可行就应进行这一分析,以便更好地解释和支持LCI结论。

(7) 清单分析研究报告。在研究报告中必须将LCI研究的结果公正、完整、准确地报告沟通对象。主要包括:研究目的、研究范围、功能单位、系统边界、数据类型、输入输出选择准则、数据质量要求、清单分析的过程(包含数据收集程序、单元过程的定性和定量表述、公开出版的文献来源、计算程序、数据的确认、为修改系统边界所做的敏感性分析、分配原则和程序)、LCI的局限性(数据质量评价和敏感性分析、系统功能和功能单位、系统边界、不确定性分析、通过数据质量评价和敏感性分析所发现的局限)、结论和建议。

5.3 生命周期影响评价

5.3.1 生命周期影响评价的框架

ISO、SETAC 和美国 EPA 都倾向于采用影响评价的"三阶段概念框架"(three-phase conceptual framework),即分类、表征和量化(如图 5-4 所示)。

(1) 分类:将清单分析中的输入和输出数据归到不同的环境影响类型。

1) 拓展影响网络:影响网络说明清单项目与潜在影响之间的定性联系,确定与清单项目有关的各种潜在环境影响,既有简单的直线型联系,又有多因素和多结果的非线型联系。从不同的方向、不同的途径建立影响网络十分必要。

2) 依据影响类别对清单项目进行分类:影响评价中主要有生态系统、人类健康和自然资源三大影响类型。可根据实际情况进行归类。例如,清单分析中空气释放物如 CO_2、甲烷、氯氟烃和臭氧对温室效应有作用,可被归类到生态系统影响类型中的温室效应这一类中。

(2) 表征:生命周期影响评价的表征是定量分析中非常重要的一步,是按照影响类型建立清单数据模型过程。完整的表征过程包括三个步骤:1)确定评价端点;2)选择度量端点;3)应用表征转换模型来发展影响描述符。

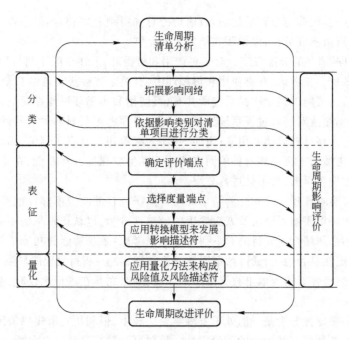

图 5-4　生命周期影响评价框架

（3）影响评价的量化：量化是确定不同环境影响类型的相对贡献大小或权重，以期得到总的环境影响水平的过程。影响评价的量化包括确定产品的环境属性、确定环境影响或环境影响类型的权重值和将权重值应用到环境影响描述符中这几方面的工作。

5.3.2　步骤

（1）分类：将清单分析得到的环境干扰因子(如二氧化硫、氮氧化物的排放，金属离子的排放，固体废弃物的排放，资源能源消耗等)综合为一系列的环境影响类型。具体的影响类型要根据所研究对象及目标来确定。

（2）特征描述：针对所确定的环境影响类型对数据进行分析和量化。常见方法是将清单分析所得数据与环境标准或无环境影响值进行对比分析。目前研究较多的是不同影响类型的当量因子。

（3）比较评估：针对所确定的环境影响类型的贡献进行赋权，从而对不同的潜在环境影响进行比较，目的是进一步对环境影响评价的数据进行解释和综合。

（4）改善分析：系统地评估在产品、工艺或活动的整个生命周期内的能源消耗、原材料使用以及环境释放的需求与机会。这种分析包括定量和定性的改进措施，例如，改进产品结构、重新选择原材料、改变制造工艺和消费方式以及废弃物管理等。

5.3.3　评价方法

评价方法可分为定性法和定量法两类。

定性方法：主要依靠专家评分，其结果有一定的随意性和不可相比性；

定量方法：比较严格，其结果有一定的可比性，但需要详尽的清单数据，而且也受限于人们对环境问题认识的深度和广度，实际操作起来存在不少困难。

影响分析方法一般是将数据聚集起来进行评价，包括：资源消耗、水污染、大气污染、固体废物、土壤污染、环境商值 EQ。

（1）影响分析的单项评价指标。借鉴环境影响评价的单项评价方法,用于产品环境评估的单项指标为:

$$P_i = m_i / M_i \tag{5-5}$$

式中,P_i 为单项指标值;m_i 为污染清单值;M_i 为参比标准值。

污染清单值 m_i 是清单分析中列出的数据,参比标准值 M_i 是体现现阶段人类社会对环境健康要求的基本标准,两者之比即为用于评价的某项指标数据。

各单项指标包括资源消耗指标,水污染、大气污染指标,固体废物和其他污染指标。

（2）环境要素指标。环境要素指标是由各自的单项污染指标分别进行处理后得到的,可从不同方面反映产品的环境性能,体现其全部生命过程中各阶段的资源消耗、水污染、大气污染、固废排放等污染的程度。通过加权处理得到较为简单的数据结果,从而进行产品间或产品本身各阶段间的比较。

环境商值 EQ:综合考虑废物的排放量和废物在环境中的毒性行为,用以评价各种生产方法对环境的影响。EQ 值越大,废物对环境污染越严重。

$$EQ = E \times Q \tag{5-6}$$

式中,EQ 为每生产 1 kg 期望产品的同时产生的废物量;E 为废物量产品质量;Q 为废物在环境中的毒性。

5.3.4 产品生态诊断

通过生命周期影响评价,对产品生产过程中产生的对生态环境影响有了定量及定性的初步结论,接着就必须进行产品生态诊断。

（1）产品生态诊断的目的。产品生态诊断的目的是确定以下几个问题:

1）参照产品最重要的潜在生态环境影响是什么。包括对资源能源的消耗、对环境的影响（如 CO_2 增温、臭氧层破坏及酸雨等）以及职业健康和生态系统监控等方面的一个综合评估。

2）潜在影响的主要来源是什么。根据环境干扰因子与环境影响的因果关系,确定最主要的环境干扰因子。

3）从产品生命阶段看,哪一阶段的环境影响最重要。从产品生产的整个生命周期中的所有环节进行分析。

4）从产品结构上看,哪一部分造成的环境影响最大。根据生态诊断的结果,需要进一步进行替代数据模拟,如改变产品中对环境影响最大的部件的结果或选择新的材料等,然后比较新的替代设计方案与原型方案之间对环境影响的差别,为进一步进行生态产品定义提供科学基础。

（2）产品生态定义。根据生态系统安全与人类健康标准,选择未来生态产品的生态环境特性。确定产品的生态环境属性,使得整个产品的商业价值中能包含生态环境价值。根据生态辨识和生态诊断的结果进行产品生态定义,具体步骤如下:1）确定影响产品竞争能力的生态环境参数。参数的选择需要考虑消费者的环境期望、竞争对手的环境焦点问题、企业的长期环境政策与战略、环境参数与其他参数的权衡等。2）制定产品具体的生态规范。产品的生态规范是产品最终进入市场,体现环境意识的一种具体表现形式。生态规范必须清楚、简明,易于消费者理解和认识,如低能耗无氟冰箱就是一个成功的案例。

（3）生态产品评价。根据生态诊断的结果,参考产品生态指标体系,提出改善现有产品环境特征的具体技术,设计出对环境友好的新产品,对这一生态产品设计方案重新进行生命周期评价和生命工程模拟,并对该方案的生命周期评价结果与参照产品的生命周期评价结果进行对比分析,提出进一步改进的途径与方案。

从产品生态辨识到生态评价是一个多次重复、优化调整的过程,其目的是真正设计出对生态系统友好的生态产品。

5.4　生命周期评价的应用

5.4.1　概述

在企业层次上,以一些国际著名的跨国企业为龙头,一方面开展生命周期评价方法论的研究,另一方面积极开展各种产品,尤其是新、高技术产品的生命周期评价工作 LCA 分析和传统环境评价关系。表 5-3 所示为一些企业所开展的生命周期评价工作。

表 5-3　一些企业所开展的生命周期评价工作

公 司 名 称	国 别	评 价 的 项 目
惠普公司	美 国	有关打印机和微机的能源效率和废弃物研究
美国电报电话公司	美 国	生命周期评价方法论研究,商业电话生命周期评价示范研究
国际商业机器公司	美 国	磁盘驱动器生命周期评价示范研究,微机报废及能源效率
数字设备公司	美 国	生命周期评价方法研究,电子数字设备部件的生命周期评价
施乐公司	美 国	产品部件报废研究
德国西门子公司	德 国	各种产品生命周期结束有关问题研究
奔驰汽车公司	德 国	生命周期评价方法论研究,空气清洁器生命周期评价示范研究
Loc we-opta	德 国	彩色电视机生命周期评价
菲利普有限公司	荷 兰	广泛开展了各种产品的生命周期评价
菲亚特集团	意大利	汽车发动机生命周期评价示范研究
Anu 集团	瑞 典	大规模环境管理系统研究
爱立信公司	瑞 典	无线电系统生命周期评价示范研究
沃尔沃汽车公司	瑞 典	生命周期评价方法论
Bang & 01 ufccn 公司	丹 麦	生命周期评价方法论,机电设备、电冰箱、电视机、清洗器等产品的生命周期评价

LCA 分析与传统环境评价的区别与联系有以下几点:

第一,两者的研究对象不同,前者以产品为考察对象,后者则以建设项目或地区环境质量为评价对象;

第二,两者的研究目的不同,LCA 在于确定产品的环境负荷,比较产品环境性能的优劣或对产品进行重新设计;而环境评价着重于通过调查预测,揭示污染的程度,对环保措施提出改进意见或用于多个厂址的优选。

第三,两者都是对与产品或建设项目相关的环境性能进行评价,在方法上和评价的标准上有许多相通之处。

人们将所熟知的环境评价方法和标准引入 LCA 影响分析之中,不但便于 LCA 的推广应用,也使这两种不同类型的环境影响评价获得基本上统一的基础。

在公共政策支持层次上，很多工业发达国家已经借助于生命周期评价制定出"面向产品的环境政策"，北欧以及欧盟已制定了一些"从摇篮到坟墓"的环境政策。特别是"欧盟产品环境标志计划"，对一些产品颁布了环境标志，如洗碗机、卫生间用纸巾等，且正在准备对更多的产品授予环境标志。

近年来，一些国家相继在环境立法上开始反映产品和与产品系统相关联的环境影响。如1995 年荷兰国家环境部出版了一本有关荷兰产品环境政策的备忘录，1996 年丹麦提出了一份以环境产品为导向的建议书，欧盟也规定必须对包装品进行全过程的环境影响评价。

目前较有影响的环境管理标准有英国的 BS7750，欧盟生态的管理和审计计划（EMAS），特别是国际标准化组织（ISO）制定的 ISO14000 环境管理体系。

对生命周期评价的概念框架进行标准化，以规范企业和社会团体等所有组织的活动、产品和服务的环境行为，支持全球的环境保护工作。

5.4.2　在工艺选择、设计和最优化中的应用

通常 LCA 作为环境管理工具，但近年来生命周期评价在工艺选择、设计和最优化中的应用引起了工业领域的极大兴趣。

5.4.2.1　LCA 在工艺选择中的应用

1997 年，英国环境保护局出版了"最佳可实行环境选择"（Best Practicable Environmental Option，BPEO）工艺的评价指南，描述一套评价环境危害和比较特定工艺的程序，来判定所选择的工艺是否达到 BPEO 要求。

5.4.2.2　LCA 在最佳化中的应用

传统系统最佳化以最大化经济效益为目的，而 LCA 则同时达到环境和经济目标最佳化。将 LCA 纳入到系统最佳化过程包括三个主要的步骤：实施 LCA；根据 LCA 结果，将多目标最佳化问题用公式表示；对多目标最佳化问题求解，寻找最佳解决方案。LCA 多目标最佳化表达式如下：

$$
\begin{aligned}
&M\mathrm{inf}(x,y)=[f_1,f_2,\cdots,f_p]\\
&h(x,y)=0\\
&g(x,y)\leqslant 0\\
&x\in X\subseteq R^n\\
&y\in Y\subseteq Z^q
\end{aligned}
\tag{5-7}
$$

式中，f 函数表示经济和环境目标；h 等式和 g 不等式表示限制条件，h 等式表示能量和物质平衡，g 不等式表示物质可用性、热要求以及生产力等限制条件；x 和 y 是实数和整数变量；整数变量 n 包括物质和能量流、压力、结构、尺寸等；整数变量 q 表示替代物或技术、原材料运输的车辆等。

如果整数即是空集，限制函数和目标函数都是线性的，则整个最佳化问题就变成了一个线性方程（LP）；反之则成为多维非线性方程（MINLP）。

5.4.2.3　工艺设计的 LCA 应用

近年来，LCA 在工艺和产品设计中的应用逐步得到重视，一种新的 LCA 工具——生命周期产品—工艺设计（LCPD）应运而生。

第一，确定系统边界。从原材料的提取到生产，这样便于对生产同一系列原材料进行比较分

析,也使决策者能根据产品质量和环境性能等其他指标识别最佳产品供应者。

第二,可根据 ISO 9000、ISO 14000 标准或者产品的环境标志制订选择供应商指南,把消费者需求信息包括进工艺设计阶段。

第三,工艺的设计必须遵从相关的立法,如健康与安全规章和环境排放物限制规章等。

第四,目标设定后就可列出多目标最佳化模型,其中环境负载或影响和社会经济功能作为目标,物质和能量平衡、生产能力、技术、立法和其他要求为限制条件,然后对此多目标求最佳化解。

通过选择整个生命周期最佳工艺技术和原材料,LCPD 提供了工艺概念和结构技术革新潜力,还提供了一个有效的清洁工艺设计框架,同时兼顾环境和经济利益。

5.4.2.4　应用实例

Kniel 和 Pistikopoulos 等人进行的试验性研究。采用一个称为最小化环境影响的方法,这种方法在工艺最优化框架中嵌入 LCA 原则。这种方法通过详细描述工艺过程中的环境影响而扩充了现存的废物最小化设计技术。Kniel 和 Pistikopoulos 等人通过研究乙烯基氯代乙酸单体工厂设计的例子表明,污染物的零排放并不总是最好的环境政策。研究结果暗示,从环境的观点来看,传统系统最佳化过程所考虑的仅仅是最小化系统输出的排放物,事实上导致非最优解,强调了多目标最佳化的重要性。研究发现,以最小化全球环境影响为目的也导致工厂运行费用的降低。

5.4.3　生命周期评价在环境标志中的应用

环境标志是产品的一种证明性商标,它表明商品不仅质量合格,而且从原材料的开采到最终废弃物的处置的整个生命周期均符合特定的环境保护要求。环境标志引导消费者在进行消费活动时,有目的地在同类商品中选择具有环境标志的商品,从而提高消费者的环境保护意识;另外,消费者有意识地选择和市场的竞争,促使企业自觉调整产业结构,采用清洁生产工艺,生产对环境有益的产品。

产品环境标志通常是具有肯定、中立或否定意义的,标志信息能提高产品的积极环境属性,揭示产品固有的优劣信息,提出关于危险物或产品环境影响的警告。

环境标志制度已经在世界上许多国家得到了广泛的执行。“中国环境标志产品认证委员会”于 1994 年 5 月 17 日正式成立。国际标准化组织(ISO)大力推荐以产品生命周期评价所得到的参数作为认证环境标志产品的依据。

欧共体生态标志计划是通过成员国的官方环境标志机构实施的,使用的方法通过了欧共体的官方政策性机构——欧共体委员会的认可。欧共体指定了一位 LCA 专家给生态标志计划提供建议,将 LCA 应用到生态标志中去。

欧共体生态标志计划主要有:

(1) 英国生态标志计划署的“新型产品生命周期评价法”。从事过 LCA 工作的专家顾问从产品类型中选出代表性产品然后对其生命周期实施评价。评价的目的不是为比较产品的细节或得出所选特殊产品的环境影响的结论,而是鉴定产品生命周期中有重大环境影响的阶段。

(2) 丹麦的“定性和定量”生命周期评价。丹麦被分配的产品类型有绝热材料、纸产品和纺织品。丹麦环保局与咨询专家一起完成了这类产品的环境评价。通过研究得出的标志标准主要是单位产品的化石燃料的使用、回收材料的百分比、单位产品的排放物的全球变暖潜力、单位产品的排放物的臭氧消耗潜力、单位产品的 SO_2 排放物以及单位产品的挥发性有机物的排放。

(3) 法国生态平衡理论。法国起草了油漆和清漆、洗发液和电池产品的环境标志标准。法国在欧共体计划和全国计划中所采用的方法包括使用每个产品类型的生命周期清单分析,并称之为“生态平衡”。生命周期评价包括五个步骤:

1）完成被讨论的产品类型的市场和生产调查。

2）选择能代表市场和与有代表性环境问题相关的产品。

3）对代表性产品进行生命周期清单分析。

4）评价清单分析结果，确定主要环境问题。

5）专家组讨论生命周期清单分析确定的主要环境问题、缓解这些问题可采用的科学技术及符合标准的经济可行性。

Ecobilan 咨询公司，从现有的油漆和清漆制造厂家收集了关于大多数成分的资源数据输入、环境释放和能量使用数据，并加以统计以确保可信性。其生命周期清单分析用于：

1）确定系统不同阶段的输入和输出物质；

2）确定每个阶段的相对环境贡献和每种输入输出物质对不同影响（全球变暖，臭氧消耗，自然资源消耗）的贡献；

3）评价产品体系对所讨论的总影响的贡献（如温室气体总排放量）。

5.4.4　生命周期评价在中国的应用

生命周期评价工具在世界其他国家已广泛应用，但在中国尚处于起步阶段。在国家"863"科技计划资助下，中国成立了材料生命周期评价中心，对钢材、铝材、水泥、陶瓷以及建筑材料等的生产制造技术和工艺进行初步的生命周期评价。

中国在进行环境综合质量和影响评价时，一般的做法是分别对大气、水体等多种环境要素进行评价，然后将各要素单项指标进行综合评价，确定综合评价指数。评价模式多种多样，较常见的有南京模式、混合加权模式、Nemerow 模式、几何指数模式、统计模式等等，基本方法是对各单项指标进行加权和统计处理。如果把生态工程能值分析方法引入，将会得到更为理想的结果。

刘顺妮等运用环境影响指标标准化和 AHP 权重定量法对硅酸盐水泥进行了较为系统的生命周期评价。结果显示，显著环境影响主要来自水泥制造及电力生产阶段，其影响比例分别为 68.06% 和 26.17%。主要环境影响在于能量消耗及 CO_2 排放导致的温室效应。

CO_2 主要来源于石灰石原料分解、电厂燃煤、水泥生产用煤，NO_x、SO_2 等气体排放主要来源于燃料燃烧。因此，降低碳酸质原料的用量和煤耗、提高能效、发展新的燃料技术是改善水泥工业整体环境性能的主要途径。

刘顺妮等运用生命周期评价方法，从考察水泥整体生产行为与环境的相互作用评价，分析和解决环境问题，对水泥工业新品种、新工艺和新设备的研究和开发改善环境等方面均具有十分重要的意义。

徐成、杨建新等以生活垃圾处理为例，通过对卫生填埋、简单填埋、焚烧回收部分热能及综合处理四种处理方案中的物质、能量的输入与输出及污染物排放的环境影响进行评价，研究的功能单位是某市人均年排放的生活垃圾量，评价内容涉及了处理人均年排放生活垃圾的成本，能源消耗，氮气、废水和固体废弃物的排放量。研究范围包括从垃圾产生开始，经收集、运输直至最终处理整个过程。生活垃圾的环境影响类型分为全球变暖、酸化、富营养化三种，并以 CO_2、SO_2 和 NO_3 为参照物。

王力镇对华东电子管厂绿色照明产品的生命周期评价进行探索，对该厂 110 W 直管荧光灯与 100 W U 形荧光灯的生命周期评价表明，由于 U 形管管径变细及使用电子镇流器等，水质污染、固态废气物、资源消费（铁、铜）的环境负载大大降低；而对白炽灯与荧光灯的评价结果表明，原材料、电子部件制造、包装材料因素的环境负载较大。由此可判断，减少原材料使用量或使用废弃物来减少原材料用量、削减使用的包装材料可大大降低照明产品的环境负载。

5.5　生命周期评价工具及其应用

5.5.1　简便矩阵法生命周期影响评价（SLCA）

5.5.1.1　方法介绍

简便矩阵评价方法是美国田纳西大学的 Graedel 等所推荐的核心特征为 5×5 矩阵的生命周期评价方法,也称为**环境责任产品评价矩阵**(如表5-4、表5-5所示)。在使用时,环境评价师研究产品的设计、制造、使用环境和可能的处理方法,然后给矩阵的每个元素划分等级(以数值0,1,2,3,4表示),给予每个元素一个数值,其中对环境影响最大而予以否定的数值取0,对环境影响最小而予以肯定的数值取4。在操作过程中,根据经验,对设计制造方案调查、适当的数据核对表以及其他相关信息进行评定。对矩阵的每个元素都进行了评价后,总的环境责任产品等级由计算矩阵元素值的总和得到: $R = E_i E_j M_{ij}$。因为矩阵共有 25 个元素,因此最大产品等级为 100。这种将加权因数应用于矩阵元素的数值方法,可更科学、更合理地反映环境危害的主要阶段以及各种因素造成的环境影响。

表 5-4　生命周期评价简便矩阵

项　　目	环　境　要　素				
生命周期阶段	材料选择	能源消耗	固体残留物	液体残留物	气体残留物
生产预备					
产品制造					
包装和运输					
产品使用					
回收处理					

表 5-5　产品环境表现评价矩阵

生命周期阶段	环　境　影　响				
	材料选择	能源使用	固体残留物	液体残留物	气体残留物
原料获取	1,1	1,2	1,3	1,4	1,5
产品生产	2,1	2,2	2,3	2,4	2,5
产品运输	3,1	3,2	3,3	3,4	3,5
产品使用	4,1	4,2	4,3	4,4	4,5
翻新、再循环和最终处置	5,1	5,2	5,3	5,4	5,5

注:表中数字代表矩阵元素。

从本质上讲,评估人员是用一个数值评分来估计那些正式 LCA 中的清单分析和影响评价阶段的结果。在进行评估时,将受到自身经验、对产品设计和生产的观察、适当的核查清单以及其他信息的影响。这个过程能为改进环境表现提供量化的目标。

为便于理解,表 5-6 对矩阵中的每个元素进行了举例,针对的是产品从原料加工以及其产品使用、再循环或者最终处置所产生的全部环境影响。

表 5-6　产品环境影响清单举例

产品生命周期	环 境 影 响				
	材料选择	能源使用	固体残留物	理学液体残留物	气体残留物
原料获取	仅使用天然材料	从矿石中提炼	废　渣	矿山废水	冶炼产生的 SO_2
产品生产	纯天然材料的使用	低效电机	熔渣、废物处置	有毒化学品	CFCs 使用
产品运输	有毒印刷油墨	包装能耗	包装用聚合物墨	有毒印刷	CFCs 发泡泡沫
产品再循环最终处置	剧毒有机物使用	再循环中能量的浪费	不可再循环固体	不可再循环液体	焚烧产生的 HCl 气体

5.5.1.2　靶图分析

矩阵法为产品设计提供了一个有效的整体评价方法,而靶图(rargetplot)则可以更简洁地展示其为环境设计(DFE)的特征(如图 5-5 所示)。为绘制目标图,矩阵中每个元素评分被标在一个特定的角度上(对于具有 25 个元素的矩阵,其相隔的角度为 $360°/25 = 14.4°$)。一个环境表现好的产品或者过程显示为一簇指向中心的点束,就像每一枪都经过精确瞄准的枪靶一样。人们能够根据靶图对同一类产品的备选设计方案就环境表现进行快速比较,以便从这些备选方案中进行选择,并通过参考核查清单和评分规则的信息来改进单个矩阵元素的评分。

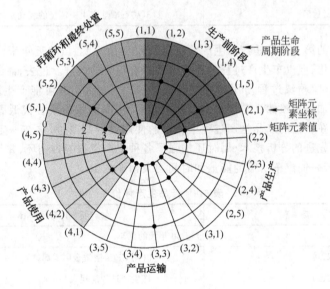

图 5-5　靶图示意图案例

5.5.1.3　简易矩阵工具的使用案例分析

汽车在生产和使用过程中都会对环境产生影响,其中最主要的影响是汽车行驶过程中汽油所产生的尾气排放。汽车在很多方面都会影响环境,比如机油和润滑油的耗散,轮胎和其他零部件的丢弃,以及废汽车的最终处置等。为评价这些影响因素,研究人员对 20 世纪 50 年代和 90 年代普通汽车开展了产品环境表现评价。表 5-7～表 5-11 给出了评价过程。

在产品生命周期第 1 阶段,即生产前阶段,从自然界中获取原料,将其输送到加工厂,采用诸如冶炼煤油和精炼等过程来提纯或分离原料,再将它们运送到生产场所。在由外部厂家供应部件的情况下,这个生命阶段的评价还包括部件生产所产生的影响。表 5-7 分别给出了两种不同年代的普通汽车在生命周期第 1 阶段的评分,括号内的两个数字表示矩阵元素坐标。对于 20 世纪90年代的汽车来说,其评分较高(评分越高表明其环境影响越小),其原因主要在于采矿和冶炼技术在环境方面的改进以及机械、设备生产效率和物质循环使用率的提高等。

表 5-7　生产前评价

评　价　要　素	要素评分和解释
20 世纪 50 年代的汽车	
材料选择(1,1)	2(很少使用有毒物质,但大部分是天然材料)
能源使用(1,2)	2(天然材料运输能耗大)
固体残留物(1,3)	3(铁矿和铜矿开采产生大量固体废物)
液体残留物(1,4)	3(原材料获取产生一定量的液体废物)
气体残留物(1,5)	2(矿石冶炼产生大量废气)
20 世纪 90 年代的汽车	
材料选择(1,1)	3(很少使用剧毒物质,使用较多再生材料)
能源使用(1,2)	3(天然材料运输能耗大)
固体残留物(1,3)	3(金属开采产生固体废物)
液体残留物(1,4)	3(原材料获取产生一定量的液体废物)
气体残留物(1,5)	3(矿石冶炼产生一定量的废气)

　　产品生命周期的第 2 阶段是产品生产阶段(如表 5-8 所示)。虽然近年来汽车生产基本工艺并没有发生大的变化,但汽车生产过程的环境表现却有很大的改进。过去,油漆车间使用多种化学物质来清洗零部件,喷漆过程使用挥发性有机物(VOCs),因而有可能产生严重的环境影响。现在的汽车生产商加强了喷漆工艺废水的处理和回用,用高固相油漆替代低固相油漆可以大大减小污染物排放。在目前的产品生产过程中原料的使用已得到改进,这在一定程度上是由于零部件设计运用了更先进的分析技术,用时还加强了各种生产废物的再循环,并且整个生产过程的效率得到提高,生产一辆汽车所需的能量和时间均大幅度减少。

表 5-8　产品生产评价

评　价　要　素	要素评分和解释
20 世纪 50 年代的汽车	
材料选择(2,1)	0(用 CFCs 清洗金属零部件)
能源使用(2,2)	1(生产过程能耗大)
固体残留物(2,3)	2(产生大量的金属废料和包装废物)
液体残留物(2,4)	2(清洗和喷漆工序生产大量的液体废物)
气体残留物(2,5)	1(喷漆车间排放 VOCs)
20 世纪 90 年代的汽车	
材料选择(2,1)	3(选择恰当的原材料,锡铅焊料除外)
能源使用(2,2)	2(生产过程能耗相当高)
固体残留物(2,3)	3(产生一些金属废料和包装废物)
液体残留物(2,4)	3(清洗和喷漆工艺产生一些液体废物)
气体残留物(2,5)	3(排放少量的 VOCs)

产品生命周期第 3 阶段即产品运输阶段的环境问题包括包装材料生产、包装材料运往生产设施、包装过程产生废料、把包装好的成品运给顾客和(如果需要的话)进行产品安装(如表 5-9 所示)等产生的环境问题。因为汽车运输使用很少的包装材料,所以汽车在这一阶段的环境影响与目前销售的其他大多数产品相比是很轻的。不过,这些大而重的产品在运输过程中仍然造成一定的环境负担。20 世纪 90 年代的汽车评分高一些,主要是因为这类汽车专用运输车辆的设计得到了改进(每次装运的汽车数量增加),且汽车专用运输车辆的燃料效率得到提高。

表 5-9 产品运输评价

评 价 要 素	要素评分和解释
20 世纪 50 年代的汽车	
材料选择(3,1)	3(包装和运输时使用少量的再生材料)
能源使用(3,2)	2(卡车公路运输能耗高)
固体残留物(3,3)	3(运输时产生的少量包装废物可进一步减少)
液体残留物(3,4)	4(包装和运输产生的液体废物可以忽略不计)
气体残留物(3,5)	2(运输过程产生大量的温室气体)
20 世纪 90 年代的汽车	
材料选择(3,1)	3(包装和运输时使用少量的可再生物质)
能源使用(3,2)	3(高能耗的长途陆运和海运)
固体残留物(3,3)	3(运输时包装产生的少量固体废物可进一步减少)
液体残留物(3,4)	4(包装和运输产生的液体废物可以忽略不计)
气体残留物(3,5)	3(运输期间产生较少量的温室气体)

产品生命周期的第 4 阶段是产品使用阶段,包括消费者在产品使用阶段所耗的材料和维修材料的环境影响(如表 5-10 所示)。尽管汽车的性能和可靠性已得到极大的提高,但是汽车的使用仍然对环境产生严重的负面影响。燃料效率的提高和尾气排放的有效控制使 20 世纪 90 年代的汽车评分有所提高,但是改进的余地显然还很大。

表 5-10 消费者使用评价

评 价 要 素	要素评分和解释
20 世纪 50 年代的汽车	
材料选择(5,1)	3(使用的大部分原料可循环)
能源使用(5,2)	2(拆卸和再循环消耗一定的能量)
固体残留物(5,3)	2(很多零部件很难再循环)
液体残留物(5,4)	3(再循环产生极少量液体废物)
气体残留物(5,5)	1(再循环一般包括废物的户外焚烧)
20 世纪 90 年代的汽车	
材料选择(5,1)	3(大多数物质可再循环,但是氮化钠难以再循环)
能源使用(5,2)	2(拆卸和再循环材料需要消耗一定的能量)
固体残留物(5,3)	3(一些零部件难以再循环)
液体残留物(5,4)	3(再循环产生极少量液体废物)
气体残留物(5,5)	2(再循环,包括一些废物的户外焚烧)

多数国家大约95%的报废汽车进入再循环系统,其中占总质量大约75%的废物都被重新使用或是进入二手金属市场。回收利用技术的发展使得将汽车拆散成零部件更加容易,而且也能获得更多的利润。

从环境影响的角度看,现代汽车的设计和结构同20世纪50年代汽车相比,至少在下列两方面变得更差:一是使用材料的种类不断增加,主要使用了更多的塑料;二是生产过程中焊接加工增多。在20世纪50年代的汽车中,使用了车身与底盘分离式(body-on-frame)的结构设计。这种方法后来转化成一体式车身(unibody)结构技术,该结构的车身与底盘边连为一个整体。一体式车身结构焊接所需时间大约是车身与底盘分离式结构的4倍,该技术还要使用大量的黏合剂。这样生产的汽车更加坚固、安全,也减少了结构材料的用量,但却大大增加了拆卸的难度。

表5-11给出了20世纪50年代和90年代普通汽车的完整评价矩阵。首先对20世纪50年代汽车在生命周期不同阶段的评分进行考察。表中最右边的一栏表示原料获取、产品生产、产品运输、产品使用以及再循环和最终处置等各生命阶段相应的评分。生产阶段的评分很差,消费者使用阶段的评分甚至更差。20世纪50年代汽车的整体评分为46,远比期望值小。20世纪90年代汽车整体评分是68,大大好于20世纪50年代汽车的评分,但仍有很大的改进空间。

表 5-11　20世纪50年代和90年代普通汽车环境性评价

生命周期阶段	环 境 影 响					总 分
	材料选择	能源使用	固体残留物	液体残留物	气体残留物	
原料获取						
50年代	2	2	3	3	2	12/20
90年代	3	3	3	3	3	15/20
产品运输						
50年代	0	1	2	2	1	6/20
90年代	3	2	3	3	3	14/20
产品使用						
50年代	1	0	1	1	0	3/20
90年代	1	2	2	3	2	10/20
再循环和最终处置						
50年代	3	2	2	3	1	11/20
90年代	3	2	3	3	2	13/20
总分						
50年代	9/20	7/20	11/20	13/20	6/20	46/100
90年代	13/20	12/20	14/20	16/20	13/20	68/100

图5-6提供了两个更简捷地描绘DFE特征的靶图。

5.5.1.4　简易矩阵工具的优缺点

简易矩阵的优点有:

(1) SLCA具有效率高、成本小的特点,一般只要花费几天,而不是几个月的时间;

(2) SLCA可以通过评价诸如产品易拆卸性等本身属于定性的设计特征来弥补LCA的数据不足问题;

(3) SLCA更容易得到日常应用,而且大量的产品和产业活动都可以开展SLCA。

简易矩阵的缺点有:

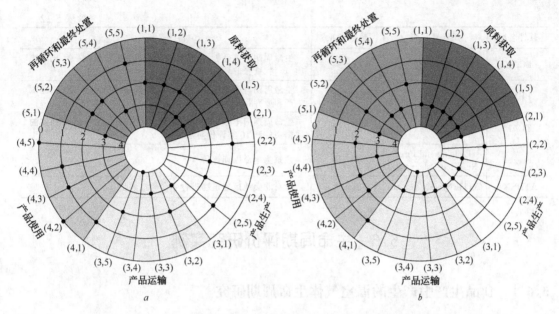

图 5-6　20 世纪 50 年代和 90 年代普通汽车造成环境影响的靶图对比

a—20 世纪 50 年代的汽车；*b*—20 世纪 90 年代的汽车

（1）SLCA 基本不能或完全不能跟踪所有的物流；

（2）SLCA 无法对能够满足某一需要但却完全不同的备选方法进行比较；

（3）SLCA 无法追踪产品环境表现随时间的变化，例如可靠地确定某种产品是否比它所替代的产品具有更好的环境表现。

产品 SLCA 方法可以直接用来评价多个产品的生产。当一个企业的产品成为另一个企业的原料时，能够同时对相关的多个企业开展 SLCA。

与经典的清单分析和影响评价不同，相比之下 SLCA 既不够定量，也不够综合，但却更加实用和有效。开展多个 SLCA 比进行一两个综合 LCA 的成效要大。建议由一个客观的或跨学科的专家小组开展深度适中的 SLCA。这样做可以在产品的早期设计阶段就能发现大约 80% ～ 90% 的有价值的设计改进措施，而且只需消耗较少的时间和经费。因此，SLCA 较容易实施，相应的改进建设也更可能被采纳。

5.5.2　生命周期评价数据库和软件

欧美国家目前研究开发的生命周期评价工具，应用电子技术进行了自动化的软件开发，使得生命周期评价具有很强的可操作性，但是每种软件都是各开发者从自身的角度进行思考的，其应用范围和特点都有其具体的要求，如表 5-12 所示。

表 5-12　生命周期影响评价数据库及软件

软件名称	开 发 商	数据来源	特　　　点
Boustead	Boustead	欧　洲	生命周期清单分析，数据库系统性强，范围广，支持 Windows 和 DOS 系统
GaBi	IPTS	德　国	生命周期清单分析和影响评价模型，数据库包括 800 种物质和能源以及 10 个工艺类型
KCL-ECO	Finnish PaperInst	芬　兰	生命周期清单分析，主要应用于芬兰及欧洲其他国家的纸浆制造和纸张生产的清单分析

软件名称	开发商	数据来源	特 点
LCAiT	Chalmers industry	瑞 典	生命周期清单分析,主要对能源生产和运输以及一些化学物质、塑料、纸张的评价
PEMS	PIRA	欧 洲	生命周期清单分析和影响评价,涵盖原材料生产、运输、能源生产和废弃物
TEAM	Ecobalance	美 国	生命周期清单分析模型和成本分析模型,包含 216 个独立的数据文件和 10 类评价对象
Bee2.0	Building and Fire Research Laboratory	美 国	建筑物生命周期评价
ATHENA	ATHENA Sustainable	加拿大	针对北美地区建筑物进行生命周期评价

5.6 生命周期评价研究实例

5.6.1 食品生产中产生的温室气体生命周期研究

人类活动排放的温室气体所引起的气候变化已成为近十年来国际上最为关注的热门话题之一。联合国气候变化框架条约(UN-FCCC)中的协议指出,大气中温室气体的浓度必须稳定在对气候系统没有危险的水平上。即使将大气中的二氧化碳稳定在 750×10^{-6},即目前水平的 2 倍,温室气体的排放也必须降到 1990 年的水平以下。如果全球人口像联合国估计的那样,在 2050 年达到 100 亿,而且南方国家的经济又有必然的增长,北方国家的食物生产和消耗模式就值得讨论了。食物是人类的基本需求,食物的消费涉及生产、运输、制作及残余物的处理等过程,这些过程需要能量和物质的输入,所产生的大量的输出必然对包括气候变化在内的许多过程产生影响。

5.6.1.1 研究对象

Kayanma 对胡萝卜和西红柿生命周期中某些温室气体的释放进行了生命周期评价研究并加以讨论。因为温室气体的释放影响到全球气候,根据温室气体的排放情况,可以将生命周期分为若干阶段,其结果用 g CO_2 当量/(人·年)和运到瑞典零售商处的每千克产品的排放量来表示。每千克产品的影响大小取决于其产地。Kayanma 目的在于深入了解消费模式对环境的影响,并采用定量方法进行描述。研究对象为胡萝卜和西红柿。目前,胡萝卜和西红柿是瑞典消费最多的蔬菜,因此比较这两种食物对环境的影响是有代表性的。

5.6.1.2 分析内容

分析中包括了下列过程中的温室气体排放:田间栽培、化肥生产和运输、产品的储藏及从农田到零售商的运输过程。

分析中未考虑的因素有:在种子、农药、建材、农机等的生产和运输过程中的温室气体排放,运输和储藏设备的加工中的气体排放,以及在零售商处和消费者家中的储藏过程以及两者之间运输过程中的排放。

研究中的温室气体包括:CO_2,来自于卡车、飞机、轮船、拖拉机所需燃料燃烧的排放和用于生产储藏和灌溉设备所耗电力的燃料燃烧的排放,还包括了化肥生产与运输中的排放,电力生产中 CO_2 排放速率的计算是按照研究时段内不同国家电力生产的燃料消耗标准进行计算的;制冷剂,包括制冷剂的生产过程排放,从卡车、飞机、轮船、火车上的冷藏设备中的泄漏及停靠站内的冷藏设施的排放;CH_4,来自生产储藏所需电力的水电站大坝,是按照研究时段内不同国家生产储藏所需电力的水电站的利用程度进行计算的;N_2O,化肥生产中 N_2O 的生产过程排放和氮肥使用时农田中的 N_2O 释放。

5.6.1.3 分析结果

排放的温室气体用 CO_2 当量来表示。CO_2 当量是通过各种温室气体的计算量乘以它们相应的全球增温潜势(global warming potential,GWP)得出的。全球增温潜势被定义为"从现在到某一特定的将来时间段内,现在所排放的某一单位量的气体所产生的累积辐射力与参照气体的比值"。研究中选定的将来时间段为 20 年和 100 年,参照气体为 IPCC 选定的 CO_2。

每年运送到零售商处人均消费的 6.8 kg 胡萝卜所释放的温室气体当量,20 年的远景值约为 2100 g CO_2 当量,100 年的远景值为 1700 CO_2 当量。大多数 CO_2 当量(81%)来源于瑞典的胡萝卜排放;而运送的 87% 的胡萝卜产于瑞典。冷藏室常用的制冷剂 HCFC-22 的泄漏,占总排放量的 35%。HCFC-22 很快在大气中清除,其 GWPs 100 年的远景值为 1700,而 20 年的远景值达 4300。

每年运来的人均 7.2 kg 西红柿消费量排放值,20 年远景值为 23000 g CO_2 当量,100 年的远景值为 22000 g CO_2 当量。每千克西红柿的排放量在未来两个时间里都为 3100 g CO_2 当量。产于荷兰和瑞典的西红柿的温室气体排放占生产过程中总排放量的 80%。这两国出产的西红柿占瑞典市场总份额的 62%。CO_2 排放主要来自于燃料的燃烧,占总排放量的 94%。

5.6.1.4 结果讨论

结果表明,从瑞典现有生产和消费模式看,消费 1 kg 西红柿对气候变化所产生的影响大约比消费等量的胡萝卜高 10 倍。排放结果与蔬菜生产国的地理位置有关。胡萝卜的排放量随出产国距瑞典距离的增加而增加。如从意大利进口,每千克排放量为 630 g CO_2 当量,而本地胡萝卜为 280 g CO_2 当量。来自丹麦、荷兰、德国、英国的胡萝卜排放量分别为每千克 400、480、480、480 g CO_2 当量。上述数字均为 20 年远景值。来自"其他国家"的胡萝卜约为 760 g CO_2 当量。储藏中排放量(冷藏为主)占总排放量的 37%~53%,运输占 21%~43%,田间生产占 14%~28%,化肥生产和运输占 4%~10%。西红柿产于瑞典或邻近地区时,其温室气体的排放量最高。产于丹麦、荷兰、西班牙和瑞典的西红柿运到位后,排放量的 20 年远景值分别为 5600、4100、810、4200 g CO_2 当量/kg。来自"其他国家"的西红柿排放量约为 1400 g CO_2 当量/kg。丹麦和瑞典西红柿的排放差别在于,丹麦用煤发电加热温室,送货路途较远;而荷兰使用天然气发电加热温室,抵消了远途的运输所造成的运输排放。这项研究表明,荷兰的西红柿是最佳的选择,瑞典次之,然后是丹麦。当然,改用不同的燃料加热温室,可使上述结论发生变化。来自西班牙西红柿的排放量,有 50% 来自大陆上卡车的运输,49% 来自加纳利群岛的轮船运输,1% 来自加纳利群岛的空运。

西红柿运输的排放量占总排放量的 1%~4%(丹麦、荷兰、瑞典)或 39%(西班牙)。储藏中的排放量占总排放量的 1%~8%,来自"其他国家"的则占总排放量的 47%。种植西红柿所需的化肥在生产运输中的排放量在丹麦、荷兰和瑞典小于总排放量的 1%,而西班牙和"其他国家"为 16%~24%。原因可能是西班牙和"其他国家"使用的化肥量更大。西红柿生产过程的排放,由于丹麦、荷兰和瑞典用燃料加热温室,其排放量占总排放量的 94%~96%。这类排放在西班牙仅占 28%,在"其他国家"占 19%。

运输中的排放主要是化石燃料燃烧所产生的 CO_2,其次是冷藏设备中制冷剂的排放。胡萝卜和西红柿的运输中所排放的 CO_2 当量,有 90% 是由化石燃料燃烧产生的。

胡萝卜储藏中的排放主要来自于制冷剂,占总排放量的 58%~95%。丹麦和瑞典的胡萝卜一般要储藏 4 个月,来自其他地区的胡萝卜仅储藏两周。尽管如此,来自丹麦和瑞典的运到位的胡萝卜的排放量仍低于来自其他地区的,这是因为长期储藏中能量利用率较高和制冷剂泄漏量较低。国家电力生产系统也影响到排放量的大小。瑞典储藏的胡萝卜排放量低于其他所有国家,就是因为瑞典的发电厂是低排放量的。瑞典多以水电和核电为主,而欧洲其他国家多以化石燃料发电。

西红柿储藏过程的排放主要来自制冷剂的泄漏。丹麦、荷兰和西班牙西红柿的储藏排放,有56%～67%是制冷剂泄漏所致。瑞典的胡萝卜的储藏排放,有92%来自于制冷剂的泄漏。

田间生产及化肥生产与运输中的排放主要是农机燃料的柴油排放的 CO_2,占胡萝卜生产过程排放总量的46%～62%。农田排放的 N_2O 占总排放量的16%～29%,而灌溉所用电力的生产及润滑油的使用等产生的排放则微不足道。瑞典电力生产中的排放率很低,这也就是瑞典电力排放所占的份额低于其他国家的原因。

加热生产西红柿的温室,在丹麦、荷兰和瑞典是西红柿生产中的主要排放源。这些国家在生产西红柿时加热温室时燃烧燃料所排放的 CO_2 占生产过程中总排放量的99%。在西班牙,西红柿生产的主要排放源是使用氮肥所造成的 N_2O 排放。

在化肥生产和运输中,与耗能有关的 CO_2 排放和 N_2O 的排放过程是同样重要的。

从这项研究的结果可以得出,就追求一种可持续的生活方式而言,目前的蔬菜甚至鲜果的这种不可持续的食物消费方式是值得怀疑的。这项研究目前正扩大到其他蔬菜、肉食等的消费。结论将用以评估由于未来的食物结构变化和食物生产、储藏、运输等技术的变化而产生的排放。

这一研究的结果希望能为消费者、商店经理、生态标志发放机构、非政府组织、生产者等所利用,分析食物生命周期中对环境的影响,并实施适当的技术监测,鉴定对环境有显著影响的消费模式,找出替代性消费模式。

5.6.2 沃尔沃汽车的生命周期评价研究

5.6.2.1 项目简介

1989年,沃尔沃汽车公司为最小化环境影响,开始采用一种环境评价方法对产品生命周期(LCA)的每一过程评价其环境影响。为了实现这种环境影响评价,沃尔沃公司与瑞典环境协会和瑞典工业联盟合作,基于产品的生命周期评价思想,采用计算机控制工具——环境优先策略(EPS)实现产品的生命周期评价。

5.6.2.2 EPS方法简介

EPS方法产生于1990年,基于瑞典工业联盟在产品设计阶段对环境的综合考虑。EPS方法主要适用于非专业LCA的实践者,如设计工程师和销售者等,因此必须满足简单化的需要,EPS系统将清单数据转变成一个价值参数,即环境负载(ELU)。因此仅仅通过比较两种产品的环境负载就可以反映不同的环境影响。影响评价通常包括分类、特征化和赋权,而在EPS中仅仅概括为一步,大大简化了操作,方便非专业LCA实践者的理解与熟练使用。高度集成的EPS方法评价每一种污染物可能引起的一系列环境影响,这些环境影响从全球环境影响的角度来看包括以下5个类型:生物多样性、人类健康、生物增长、资源和美学价值。

5.6.2.3 EPS软件

EPS软件设计的重点是结合标准的计算机程序方便、简单地适用于PC机。主菜单包括五个主要的处理过程:

(1) 有关原材料和能源提取、原材料使用、污染排放物的清单信息;

(2) 评价自然资源和原材料使用、污染排放的说明;

(3) 环境影响信息表达(以ELU形式);

（4）不同生态值的相对重要性信息和错误信息；

（5）产品生命周期各个阶段的环境负载清单。

5.6.2.4 沃尔沃汽车的 LCA 实践

A 描述

LCA 的目的是比较采用塑料合成物、钢和铝 3 种材料作为汽车后挡板时的环境影响。功能单元主要包括内部和外部面板，其他辅助设备如玻璃、后部 wiper 以及电子设备假设相同，不包括在考虑的范围之内。这里用于评价研究的沃尔沃汽车的质量为 1450 kg。不同种材料的产品生产流程数据、生产过程数据、大部分材料和基本过程的生产数据已经被收集和存储在 SPINE 数据库中，并且转换为 EPS 指示，设计者可以很容易地使用这些指示。

B 结果

结果以 ELU 的形式表明不同材料的各个生命周期阶段的环境影响。

（1）特征化价值。并没有真正表示特征化结果，因为结果是以不同的物质作为参数来表示的，误差分析将会影响这些以不同参数表示的结果。

（2）不确定性分析。这一步对设计者来说是关键性的一步，因为它使设计者通过互相比较评价结果而得出最后的结论。

初始看来，钢产品在整个生命周期过程好像有最高的环境影响，但是经过不确定性分析，根据评价的结果，合成塑料产品有 85% 的可能性比钢产品有较好的环境特性，也即表明，当任意分配数据时，100 个实例中有 15 个实例合成塑料产品的环境特性低于钢产品。

铝产品和钢产品的比较类似于合成塑料和钢产品的比较。

（3）结论。以沃尔沃汽车公司作为 LCA 实践解释、阐明 EPS 模型方法如何与 SPINE 数据库模型结合起来服务于非专业 LCA 设计者。通过分析，可以得出下述结论：

1）为了建立、开发和完善出一个人们可以用来进行环境影响评价的工具，EPS 方法模型系统和 SPIN 数据库系统是一个较适用而且方便简单的系统方法；

2）必须加强设计普遍的环境意识和拓宽环境责任；

3）推广沃尔沃汽车公司 LCA 实践方法，保持基本原则相似，环境研究和清单分析应继续加强研究。

5.6.2.5 汽车回收的生命周期评价

A 项目介绍

沃尔沃汽车回收的生命周期评价计划是"斯堪的纳维亚环境汽车回收计划"（ECRIS）中的一个子项目，其目的是应用生命周期评价方法，开发一种能评价各种汽车回收策略的环境影响的分析评价工具。

由于汽车在生产和使用阶段所产生的环境影响已得到了深入广泛的研究，ECRIS 主要致力于汽车回收的研究和不同回收方法所产生的环境影响，调整现有的报废汽车的回收方法和策略，进一步降低报废汽车的环境影响。生命周期评价主要是监测和概括一种产品从摇篮到坟墓的整个生命周期过程的环境负荷。采用这类整体性的评价方法来评价各种汽车回收方法的环境影响是十分必要的。其主要内容包括审查现阶段使用的回收方法以及未来即将使用的回收方法，建立回收方法各个阶段所产生的环境影响的清单分析，主要指标包括释放到大气、水体、土壤中的废弃物以及各阶段的能源消耗。

未来的汽车回收体系究竟该如何构架以达到真正改善环境的目的并不是十分清晰。例如，汽车零件的回收是根据材料成分还是能源含量进行回收？汽车零件或材料是否应首先回收，或是汽车整体进行回收？这些都是亟待解决的问题。

瑞典空气和水污染研究院和沃尔沃技术研究中心在瑞典环保局的领导下研究开发了一种生命周期评价的计算机模型。该模型包括四个部分：第一部分是数据输入部分，用于确定研究的主要对象（以沃尔沃850型汽车为例），以及汽车的回收工艺和运输方式；第二部分包括从全国范围内的汽车回收行业和材料回收行业收集的基本数据，这一部分是建立模型的基础；第三部分就是ECRIS模型，该部分完成所有的计算任务；计算结果在第四部分中以图表的方式直观地表示出来。这一模型的所有数据可随时调整以适应新的汽车回收技术的发展。

以一款装有触媒式转换装置的沃尔沃汽车产生的总环境负荷为例，总环境负荷分别包括汽车制造过程（包括原材料的生产制造），20万km的服役期间和最终的回收过程所产生的环境负荷。回收工艺的产品回收率为75%，回收产生了环境负荷约10%的负增长，其中主要是金属的回收。而汽车使用期内产生的环境负荷占总负荷的70%左右。塑料和橡胶的回收目前还存在争议。为解决提高回收水平是否影响总环境负荷的问题，ECRIS将回收阶段单独作为研究对象以比较各种材料和能源利用的回收率。再以这一款报废汽车不同的回收率（分别为0%，75%，85%，95%）所产生的环境负荷为例，评价结果表明，如果不对汽车进行回收，废弃汽车会产生一定的环境负荷。而在汽车回收率达到75%的情况下，总体的环境负荷会降低，因为金属被回收后重新进入了生态循环。然而当汽车回收率达到75%、85%或95%时，其在降低环境负荷方面的贡献差别并不十分明显。而为了达到85%甚至更高的回收率，汽车回收行业运用了材料回收（包括塑料、橡胶和玻璃）和能源再利用技术。虽然提高汽车回收率是十分重要的，但由此带来的总体利益相对较小。将回收率由75%提高到85%只能降低大约2%的总环境负荷。

B　结论

汽车回收是相当重要的，因为未来的汽车在使用过程所产生的环境影响会越来越小，汽车回收也就显得相对重要了，况且未来的汽车将使用越来越多的聚合材料。然而，过于强调回收聚合材料并不能完全降低环境负荷，有时甚至会适得其反。在未来，要达到更高回收率的目的，汽车回收必须实行材料回收和能源再利用相结合的方式。只有在诸多因素中建立适当的平衡，既有较高回收率，又可获得显著环境利益的汽车回收技术才能得以实现。

回收不应仅仅限制在报废汽车，汽车制造车间的零碎材料也应以有益于环境的方式加以回收利用。ECRIS收集了零碎材料进行进一步加工处理。这些材料主要有缓冲器套管（PP/EPDM）和铝材料，塑料如PP、PE和ABS。由于汽车在生命周期内消耗的材料数量与制造汽车所消耗的材料数量相当，因此回收制造车间产生的剩余材料也十分重要。

本章小结

生命周期评价的基本思想始于20世纪60年代，经过一段时间的发展，到1995年，生命周期评价进入实质性的推广阶段。生命周期评价是对一种产品及其包装物、生产工艺、原材料、能源或其他某种人类活动行为的全过程，包括原材料的采集、加工、生产、包装、运输、消费和回用以及最终处理等，进行资源和环境影响的分析与评价。其特点是：(1)全过程评价；(2)具有系统性与量化；(3)注重产品对环境的影响。

生命周期评价实施过程主要包括目的与范围的确定、清单分析、影响评价和结果解释四个部分，构成生命周期评价的总体框架，缺一不可。

第一步：生命周期清单分析。其基本步骤和方法包括：(1)数据收集的准备；(2)数据的收集；(3)计算程序；(4)分配；(5)再使用和再循环的分配程序；(6)对LCI结果的解释；(7)清单分析研究报告。

第二步：生命周期影响评价。其步骤包括：(1)分类；(2)特征描述；(3)比较评估；(4)改善分析。其方法可分为定性法和定量法两类。目前常用的生命周期影响评价方法主要有：SETAC-EPA LCA 分析方法（SETAC-EPA analysis，即 LCA 方法）和经济输入－输出生命周期评价模式(EIO-LCA)。典型评价方法包括：(1)贝尔实验室的定性法；(2)柏林工业大学的半定量法；(3)荷兰的"环境效应"法；(4)日本的生态管理 NETS 法。此外，LCA 评价数据库、软件也逐渐出台，并将逐渐发挥作用。

第三步：对评价结果进行解释，并完成书面评价报告。

为保证评价结果的准确性与实用性，进行生命周期评价应遵循系统性、时间性、透明性、准确性、知识产权、灵活性、可比性等基本原则。

通过生命周期影响评价，对产品生产过程中产生的对生态环境影响有了定量及定性的初步结论，接着就必须进行产品生态诊断，从产品生态辨识到生态评价是一个多次重复、优化调整的过程，其目的是真正设计出对环境友好的生态产品。

生命周期评价方法在国外已有广泛的应用，包括在工艺选择、设计和最优化中的应用，在环境标志中的应用等。在我国，生命周期影响评价还是一个新鲜事物，研究与应用都处在初级阶段，相信伴随着新型工业化道路进程的加快，生命周期影响评价会发挥越来越重要的作用。

思考复习题

1．简要了解生命周期评价的产生和发展，生命周期和生命周期评价的含义、基本方法及意义。

2．具体说明生命周期评价的基本原则和总体框架。简要介绍生命周期评价报告包括哪几部分。

3．分析生命周期清单的基本步骤和方法有哪些？

4．介绍生命周期影响评价的"三阶段概念框架"。了解生命周期影响评价的步骤和评价方法。

5．应该如何进行产品的生态诊断，包括哪几个方面？

6．简述生命周期评价的应用。介绍 LCA 在工艺选择、设计和最优化中的应用。

7．了解生命周期评价在环境标志中的应用并简述欧共体生态标志计划。

8．举例介绍生命周期评价在我国的应用。

9．生命周期评价的工具有哪些？掌握简易矩阵评价方法及其应用。

10．具体介绍对于食品生产中产生的温室气体和沃尔沃汽车应该如何进行生命周期评价？

6 产品生态设计

内容要点

    (1) 产品生态设计的概念、内涵及其方法；

    (2) 产品生态设计原则及应遵循的各项准则；

    (3) 产品生态设计相关技术与实施。

讨论

    进行产品生态设计应遵循哪些原则,采用的相关技术包括哪些?

6.1 概 述

6.1.1 产品设计

    全球性生态环境的迅速恶化是 21 世纪人类生存和发展所面临的重大问题,已成为国际社会普遍关注的焦点之一。继 1992 年里约会议后,持续发展的思想和具体行动计划已在全球领域内被普及和实施。国际"企业持续发展理事会(BCSD)"在其一份宣言中明确指出:"企业界在未来地球的安全与健康中将起重要作用,企业界有义务为持续发展而努力……"。企业对可持续发展问题的关注和积极参与,是改变传统的、落后的生产方式和消费模式的重要力量。

    产品作为联系生产与生活的中介,与人类所面临的生态环境问题密不可分。如果以产品为核心,把产品生产过程以及产品的使用和用后处理过程联系起来看,就构成了一个**产品系统**,包括**原材料采掘、原材料生产、产品制造、产品使用**,以及**产品用后的处理**与**循环利用**。在产品系统中,作为系统的投入(资源与能源),造成了资源耗竭和能源短缺问题,而作为系统输出的"三废"排放却造成了工业污染问题,因此所有的生态环境问题无一不与产品系统密切相关。从产品的开发设计阶段就需要进行产品生态设计。开发和设计对环境友好的产品已成为当前国际产业界可持续发展行动计划的热点,也是国际 ISO14000 及 ISO14040 等环境管理标准体系制定的目标之一。工业系统通过产品的整个运动过程(从摇篮到坟墓)与自然环境发生物质与能量的交换从而对其产生影响,整个过程与产品设计密切相关。

6.1.2 产品生态设计及其进展

    产品设计是一个将人的某种目的或需要转换为一个具体的物理形式或工具的过程。传统的产品设计理论与方法,是以人为中心,从满足人的需求和解决问题为出发点进行的,而无视后续的产品生产及使用过程中的资源和能源的消耗以及对环境的排放。

    在传统的产品设计中,主要考虑的因子有:市场消费需求、产品质量、成本、制造技术的可行性等技术和经济因子,而没有将生态环境因子作为产品开发设计的一个重要指标。而在产品生态设计中就必须引入新的思想和方法:(1)从"以人为中心"的产品设计转向既考虑人的需求,又考虑生态系统安全的生态设计;(2)从产品开发概念阶段,就引进生态环境变量,并与传统的设计因子如成本、质量、技术可行性、经济有效性等进行综合考虑;(3)将产品的生态环境特性看作是提高产品市场竞争力的一个重要因素。在产品开发中考虑生态环境问题,并不是要完全忽略其他因子。因为产品的生态特性是包含在产品中的潜在特性,如果仅仅考虑生态因子,产品就很难进入市场,必然导致产品的潜在生态特性也无法实现。

产品生态设计是利用生态学原理,在产品开发阶段综合考虑与产品相关的生态环境问题,设计出对环境友好的,又能满足人的需求的一种新的产品设计方法。其理论基础是工业生态学中的工业代谢理论与生命周期评价。在具体实施上,就是将工业生产过程比拟为一个自然生态系统,对系统的输入(能源与原材料)与产出(产品与废物)进行综合平衡。在平衡过程中需要进行从"摇篮到坟墓"的整个生命周期的分析,即对从最初的原材料的采掘到最终产品用后处理的全过程分析。

产品的生态设计是一种产品设计的新理念,又称**绿色设计**,包括环境设计和生命周期设计。设计流程如图 6-1 所示。**产品生态设计**的最终目标是建立可持续的产品生产与消费。

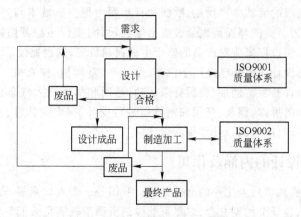

图 6-1　产品生态设计流程图

产品生态设计需要设计人员、生态学家、环境学家共同参与,通力合作。未来的"生态工厂"将是工业生产的标准模式,而产品生态设计也将是未来产品开发的主流。

产品生态设计的出现是可持续发展思想在全球获得共识与普及的结果。工业生态学的兴起,将带来一场新的产业革命。不但改变传统的产品生产模式,也将改变现有的产品消费方式。因此,从产品的开发设计阶段就进行生态设计,既可增强产品在未来市场中的竞争力,也直接推动了工业生态学的发展。

产品生态设计已引起了国际产业界的广泛关注与参与。仅从飞速发展的互联网络上看,1997 年初,有关生态设计的主页只有 100 多个,而到 1997 年末,就发展为将近 1000 个。在欧洲和美国,在很短的时间内,大量的生态设计公司(eco-design)纷纷成立。

国际标准化组织(ISO)于 1993 年 6 月成立了 ISO/TC207"环境管理委员会",开始起草一份称为 ISO14000 环境管理体系标准。与已被 80 多个国家和地区所广泛采用的 ISO9000 标准不同,ISO14000 体系不是仅仅关注产品的质量,而是对组织的活动,产品和服务从原材料的选择、设计、加工、销售、运输、使用到最终废弃物的处理进行全过程的管理。该标准旨在促进全球经济发展的同时,通过环境管理国际标准来协调全球环境问题,试图从全方位着手,通过标准化手段来有效地改善和保护环境,满足经济持续增长的需求。作为可持续发展概念实施载体的环境标准化主要涉及以下六个方面:(1)环境评估标准;(2)环境管理系统;(3)生命周期评价;(4)环境标志;(5)环境审计;(6)产品环境标准。

到目前为止,已开始制定 20~30 个有全球性影响的技术文件和标准,其中将近 10 个标准已进入国际标准草案阶段。因此,为了将产品开发与企业发展尽快纳入 ISO14000 及 ISO14040 体系,一些具有远见卓识的国际大企业集团,纷纷对其产品进行生命周期评价,并尝试进行生态产品的设计、生产与销售。生态设计将是 21 世纪非常热门的学科和技术。

6.1.3　产品生态设计基本思想

从产品的孕育阶段开始即遵循污染预防的原则,对改善产品对环境影响的努力贯穿在产品设计之中。经过生态设计的产品对生态环境不会产生不良的影响,它对能源和自然资源的利用是有效的,同时是可以再循环、再生或安全处置的。产品的生态设计是 LCA 思想原则的具体实践,LCA 的方法也为产品的生态设计提供了有力的工具。**产品生态设计**是指产品在原材料获取、生产、运销、使用和处置等整个生命周期中密切考虑到生态、人类健康和安全的产品设计原则和方法。产品生态设计又称绿色设计、为环境而设计、生命周期设计。这是近年来工业界出现的新事物,被认为是最高级的清洁生产措施,欧洲和日本竭力把生态技术与产品设计结合起来,以形成极大的市场竞争力。美国环保局也通过鼓励绿色设计,推行污染预防战略。随着一些国家"循环经济法"的出台,制造厂家应对产品的整个生命周期负责,这也促使厂家寻求一种新的设计策略。目前,产品生态设计在国外已经用于汽车、摩托车、复印机、洗衣机、个人电脑、打印机、照相机、电话等产品的设计开发。例如,美国克莱斯勒、通用和福特三大汽车公司共同成立了汽车回收开发中心,为汽车的拆卸、翻新、复用和销毁而进行设计,据专家估计,在未来的 10 年内,生态设计方法将推广到所有产品的设计和重新设计。

6.1.4　产品生态设计的内涵及作用

产品生态设计是实现节约型生产的有效路径。我国是一个人口众多、资源相对贫乏、生态环境脆弱的发展中国家,建设节约型社会,以尽可能少的资源消耗满足人们日益增长的物质和文化需求,以尽可能小的经济成本保护好生态环境,实现经济社会的可持续发展,已成为国家重要的战略发展取向。建设节约型社会,必须实现节约的生产方式。传统的生产方式侧重于产品本身的属性和市场目标,把生产和消费造成的资源枯竭和环境污染等问题留待以后"末端治理"。"生态设计"则是从可持续发展的高度审视产品的整个生命周期,在产品设计之初就充分考虑资源和环境问题,从源头节能治污,是促进节约型生产方式形成的有效路径。

6.1.4.1　产品生态设计推动资源的循环流动

在传统的生产方式中,物品被使用后最终归属为"废弃物",工业产品设计为满足无止境的商业化需要,逐渐沦为刺激人们无节制消费的助推器,它只关心产品本身的属性,当产品达到技术、功能、工艺和市场目标后,产品设计的任务便完成,至于产品使用后废弃物如何处理,则不在设计范围之内。在这一模式中,物质资源在生产中呈简单的单向性流动:资源—产品—废弃物,废弃物成为物质资源的最后归属。特别是设计中流行的"有计划的商品废止制",往往会引导人们追求过度消费,其结果就是大量生产、大量消费、大量废弃。产品生产越丰富,意味着资源消耗越大,产生的垃圾越多。为维持经济的不断增长,满足人们不断增长的需求,生产企业不得不变本加厉地对自然资源进行掠夺,不断地把资源变为废弃物,不断增加的垃圾负担使环境生态系统不堪重负,造成资源和环境的双重压力。资源存量和环境承载力的有限性决定了这种增长方式是难以维系和不可持续的,也增加了"末端治理"的成本和难度。

"生态设计"则推动物质资源循环利用,变废为宝。生态设计源于人们对西方工业化过程中浪费资源和破坏环境的反思以及对生态规律认识的深化,是传统设计理论与方法的改革与创新。生态设计选择资源循环运行的生产模式,就是要在与自然环境和谐共处的前提下,利用自然资源和环境容量实现生产活动的生态化转向,通过可拆卸性、可回收性、可维护性、可重复利用性等一系列设计方法,延长产品的使用周期、提高重复使用率,在产品完成其使用功能后,经过回收处理,又重新变为可以利用的资源,参与生产的再循环,提高资源利用率。生态设计促使物质资源在生产过程中呈反馈式的循环流动:资源—产品—再生资源。在这个不断进行的循环中物质资源的内在价值能够得到最充分的发挥,并且把生产活动对自然环境的影响降低到尽可能小的程度。

6.1.4.2　产品生态设计从生产的源头节能治污

产品的开发生产是从产品的设计开始的。由于传统的产品设计把产品使用后废弃物的处理排斥在设计范围之外,废弃物造成的环境问题只得由相关部门采取亡羊补牢式的"末端治理"的方式进行弥补,这种先污染、后治理的方式是被动的环境保护措施,治理时,环境污染已经"既成事实",治理成本高、难度大。生态设计运用生态系统理论,把节能治污从消费终端前移至产品的开发设计阶段,从源头开始考虑产品生命全周期可能给资源和环境带来的影响,趋利避害。具体讲,就是在产品生产之前就充分考虑产品制造、销售、使用及报废后的回收、再使用和处理等各个环节可能对环境造成的影响,对产品的耐用性、再使用性、再制造性、再循环性、加工过程的能耗以及最终处理难度等进行系统、综合的评价,努力扩大产品的生命周期,将产品生命周期延伸到产品使用后的回收、再利用和最终处理。

选择环保材料是实现生态设计的关键和前提。原材料处在产品生命周期的前端,材料的选择是实现产品全生命周期设计的基础,不仅直接影响产品的制造,还会影响产品的销售、使用、维修、回收和处理等。生态设计改变传统设计中只强调技术性能、经济指标和审美因素的选材思路,将节约能源和保护环境的理念融入到设计开发之中,在保证产品原有功能的基础上,遵循以下的选材原则:其一,选择可回收和可再生利用的材料,提高资源利用率;其二,选择低能耗、少污染、无毒无腐蚀性的材料,减少材料对环境的破坏;其三,选择环境兼容性好的材料,同一产品单元尽量选用较少的材料种类,以利于废弃后的有效回收;其四,选用可回收再利用或可在大自然中自行分解且不产生污染的材料等。

6.1.4.3　产品生态设计把节约资源作为最优级选择

减量化(reduce)、再利用(reuse)和再循环(recycle)是生态设计的基本原则,它们构成从高到低的优先级,即首先选择从生产的源头采取措施,尽量减少资源的使用。**资源节约**不是不消耗资源,而是要物尽其用,使资源高效、循环使用,其实质是在生产活动中加强智力资源对物质资源的替代,实现产品生产的知识转向,使经济发展逐步从依靠自然资源投入转向依靠知识要素的生产、分配和应用,使技术和知识成为推动经济增长的最重要资源。其次,尽量对零部件或者经过再制造后的零部件再利用,其中模块化设计是常用的设计方法。**模块化设计**在一定范围内对不同功能或相同功能不同性能、不同规格的产品进行功能分析,划分并设计出一系列功能模块,通过模块的选择和组合构成不同的产品,满足不同的需求,既可以解决产品品种规格和生产成本之间的矛盾,方便维修,又有利于产品的更新换代和废弃后的拆卸、回收。其三,在进行产品设计时充分考虑产品零部件及材料回收的可能性、回收的价值、回收处理方法等一系列与回收有关的问题,实现资源有效使用,减少废弃物,使环境污染最小化。因为再循环是需要成本和科技支撑的,在现阶段,某些再循环的成本甚至比焚烧、填埋等传统方法处理还要高,由此可见,生态设计是减少资源消耗最为经济、最为有效的选择。与其在生产末端花人力、物力来进行回收、处理再利用,不如在生产的规划设计阶段周全地思考。目前,我国万元 GDP 能耗是发达国家的 4 倍多,工业排污则是发达国家的 10 倍以上,单位面积的污水负荷量是世界平均数的 16 倍多,面临资源和环境的巨大挑战,同时也蕴藏着巨大的发展潜力和机遇,为产品生态设计提供了广阔的市场和发展空间。

6.1.5 产品生态设计战略及方法

6.1.5.1 生态设计战略

产品的生态设计战略是生态设计的精髓,它从不同的侧面提示在生态设计过程中所要考虑的问题,并提出解决问题的思路。

(1)生态设计的长期战略:从环境的角度考虑,生态设计的最终目标是要寻找到更加合理的、更具建设性的方案来长期地、持续地减少对环境的影响。这就需要开发新的设计理念来构筑生态设计的长期战略。即非物质化、产品共享、功能组合、产品(组件)功能优化。

(2)生态设计的中、短期战略:中、短期战略主要提供在生态设计中近期可以采用的改进方案。包括:选择低影响的原材料,减少原材料的使用,优化生产技术,优化销售系统,减少使用期的影响,优化产品寿命,优化寿命终止系统。

6.1.5.2 产品生态设计方法

产品的生态设计程序的总体结构和一般的传统设计大致相同,但由于增加了环境要求,其内容更为丰富。生态设计的程序大致可分为以下7个阶段。

(1)筹划和组织:获得管理层的承诺,尤其是最高管理层的承诺,组建项目小组,最后制订计划并做出预算。

(2)选择产品:选择合适的产品进行生态设计。首先需制订选择产品的准则,随后进行选择并确定详细的设计概要。

(3)建立生态设计战略:对产品的生命周期造成的主要环境问题进行分析,而后进行内部和外部的"强—弱"分析,以确定生态设计的内部推动力和外部推动力。对已提出的方案按生态设计战略要求进行汇总和分析,确定哪些方案与内外部的推动力相符合,最终确定本次生态设计的战略,并列出设计要求清单。

(4)产生和筛选产品创意:产生解决设计要求的方案。

(5)细化构想:将产品创意进一步开发形成产品构想,并进行深入分析以确定推荐方案。

(6)实施:对新产品进行详细的设计,并做好正式投产前的准备工作。

(7)建立后续活动:在基本完成生态设计工作之后进行后评估,以总结经验并指导后续生态设计工作,制订后续的生态设计计划。

6.2 产品生态设计原则

产品生态设计原则可以包括原材料的生态性、能源的生态策略、可再生利用产品的设计、产品生命周期的延长、包装的生态设计等方面。详细地说,生态设计包括使用符合环境保护规定的原材料、在生产中使用无污染原材料及非稀缺原材料、设计易于拆解和再生利用的产品、开展产品生命周期评价、使用可再生利用和可生物降解包装材料、减少包装成本等原则。总之,生态设计主要包括为再生利用而设计、为延长产品寿命而设计等设计理念,它代表了21世纪的设计发展趋向和走势,具有广阔的生存和发展空间。

生态设计的产品是循环经济的载体,实现产品的生态化关键是设计开始。一般来说,产品的生态化设计必须遵循以下原则:

(1)与产品全生命周期并行的闭环设计原则。这是因为产品的生态化程度体现在产品的整个生命周期的各个阶段。

(2) 资源最佳利用原则。一是选用资源时必须考虑其再生能力和跨时段配置问题,尽可能用可再生资源;二是尽可能保证所选用的资源在产品的整个生命周期中得到最大限度的利用;三是在保证产品功能质量的前提下,尽量简化产品结构并使产品的零部件具有最大限度的可拆卸性和可回收再利用性。

(3) 能源消耗最小原则。一是尽量使用清洁能源或二次能源;二是力求产品整个生命周期循环中能耗最少。

(4) 零污染原则。设计时实施"预防为主,治理为辅"的清洁生产等环保策略,充分考虑如何消除污染源,从根本上防止污染。

(5) 技术先进原则。为使设计体现生态的特定效果,就必须采用最先进的技术,并加以创造性的应用,以获得最佳的生态经济效益。

6.2.1 总体原则

产品生态设计应遵循的总体原则如下所述。

(1) 使用系统方法。为达到可持续发展的目的,必须采用系统的方法。了解社会的需求,了解提供货物和服务的工业系统,了解政治与法规系统,认识人类活动影响和生态系统之间的相互关系等。

(2) 多标准分析。寻求既满足环境要求又满足成本、性能、文化和法律要求的产品生态设计。设计者的任务即是将这些需求转变成成功的设计。环境要求的焦点是使自然资源的消耗,能量的消耗,废物的产生,人类健康的危害最小化,同时促进生态系统的可持续发展。

(3) 各种利益相互约束参与。各部门、各阶层互相约束参与是确定各种要求的关键,这些要求反映了各相关群体(如供应商、制造商、消费者、资源循环和废物经营者、公众、法规制定者)的各种各样的要求。在合作中,成功的生命周期设计要求各种专业设计人员共同参与。

6.2.2 各项准则

产品生态设计应遵循的各项准则如图 6-2 所示。

(1) 环境准则:降低物料消耗;降低能耗;减少废物产出;减少健康、安全风险;生态可降解。

(2) 性能准则:满足多项使用功能;易于加工制作;保证产品质量。

(3) 费用准则:费用最低;利润最大。

(4) 美学准则:符合当地的文化传统;满足消费者的审美情趣。

(5) 社会准则:遵守当地法律法规及有关标准。

6.2.3 设计中应遵循的具体原则

进行产品生态设计首先要提高设计人员的环境意识,遵循环境道德规范,使产品设计人员认识到产品设计乃是预防工业污染的源头所在,他们对于保护环境负有特别的责任。其次,应在产品设计中引入环境准则,并将其置于首要地位。

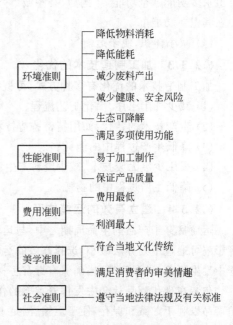

图 6-2 产品生产设计的各项准则

6.2.3.1 选择对环境影响小的原材料

减少产品生命周期对环境的影响应优先考虑原材料的选择。在生态设计中,材料选择是对原材料进行鉴定、然后对原材料在制取、加工、使用和处置各阶段对生态可能造成的冲击进行识别和评价,从而通过比较选出最适宜的原材料。选择的具体原则有以下几项。

(1) 尽量避免使用或减少使用有毒有害化学物质。美国在 1988 年推出了 33/50 计划,列出了 17 种有毒化学品的名单,要求制造业在 1992 年将其用量削减 33%,1995 年削减 50%,这一计划已经顺利地超额完成。

(2) 如果必须使用有害材料,尽量在当地生产,避免远途运输。

(3) 尽可能改变原料的组分,使利用的有害物质减少。

(4) 选择丰富易得的材料。

(5) 优先选择天然材料代替合成材料。法国一家公司开发了一种竹自行车,其骨架是用束紧的竹子制成。竹子的主要优点之一是强度/重量比颇高,可快速再生且广泛易得。

(6) 选择能耗低的原材料。

(7) 尽量从再循环中获取所需的材料,特别是利用固体废弃物作为建材。

6.2.3.2 减少原材料的使用

无论使用什么材料,用量越少,成本和环境优越性越大,而且可以降低运输过程中的成本,具体措施有:

(1) 使用轻质材料。例如,减少汽车自重可以降低油耗,是改善汽车环境性能的首要措施。

(2) 使用高强度材料也可以减轻产品重量。例如,1994 年发表的一项研究结果表明,通过降低钢材厚度、使用高强度钢材、采用特制的坯料、改进车体设计等措施,可以在不改变汽车装配过程和使用过程性能的前提下,使典型的家庭轿车的重量下降 63.5 kg,同时每辆汽车还可节约 37 美元的生产费用。

(3) 去除多余的功能。产品多一项功能不但会增加成本也会增加环境负荷。因此,不能盲目追求多功能、"全功能"。例如,有些城市兴建"星级厕所",配备多种服务,其实不如将注意力集中在其主要功能上。

(4) 减小体积,便于运输。

6.2.3.3 加工制造技术的优化

加工制造技术的优化有多种方式,可概括为以下五种。

(1) 减少加工工序,简化工艺流程;

(2) 生产技术的替代,如用精密铸造技术减少金属切削加工;

(3) 降低生产过程中的能耗;

(4) 采用少废无废技术,减少废料产生和排放;

(5) 降低生产过程中的物耗。

6.2.3.4 建立有效的运销体系

运输贯穿于产品的生命周期之中,与运输和销售相联系的还有包装问题。运输所造成的环境影响可通过下列办法减小:选择高效的运输方式;减少运输工具大气污染物排放;防止运输过程中发生洒落、溢漏和泄出;确保有毒有害材料的正确装运。

包装在现代商品社会中发挥着重要的作用,它具有众多的功能,如作为产品的盛装容器、保护产品以利于贮藏和保存、便于运输、满足一些特殊商品的安全要求、为消费者提供使用信息、吸引消费者注意、唤起购买欲望等,不少包装只能使用一次,废弃的包装材料是城市垃圾的重要组

成部分,对于减少包装造成的环境问题,可采取如下的具体对策:

(1) 综合运用立法、管理、宣传、市场等多种手段,促进包装废料的最少化。

(2) 减少包装的使用,不仅可以降低成本,减轻消费者的负担,而且也有利于节约资源,减少废物,有利于环境。

(3) 包装的重复使用,改一次性使用为多次使用。例如,不少超级市场鼓励顾客使用能多次使用的尼龙购物袋,少用一次性塑料袋。

(4) 包装材料的回收。不少国家制订了包装材料回收计划,改废弃为回收。

(5) 包装材料的再循环,减少焚烧和填埋的份额。为此需加强回收包装废料的分选工作,例如德国规定,从 1995 年 7 月 1 日起,玻璃和金属物料的分选定额要达到 90%,其他包装材料的分选要达到 80%。

(6) 改变包装材料。其目的一是有利于包装的回收、重复使用和再循环;二是为了减少包装材料在生产和使用过程中对人体健康和环境的不利因素。例如,有些国家已经停止使用聚氯乙烯包装材料,改用纸质包装充填料等。

6.2.3.5 减少使用阶段的环境影响

有些产品的环境负荷集中在其使用阶段(如车辆等运输工具、家用电器、建筑机械等),因此,要着重设计节电、省油、节水、降噪的产品。例如,欧洲一家公司为发展中国家设计了一种上发条的收音机,不用电池和外来电源,利用拧转发条产生动力,发条柄拧转 40 转即可收听 40 min,为贫穷、偏远地区的居民提供了一种使用简单、廉价易得的信息来源。

6.2.3.6 产品使用寿命的优化

一般来说,长寿命的产品可以节约资源、减少废弃物。合理地延长产品寿命是减轻产品生命周期环境负荷的最直接的方法之一。所谓使用寿命是指产品在正常维护下能安全使用并满足性能要求的时间,延长产品寿命可采取如下办法:

(1) 加强耐用性。不言而喻,提高耐用性能延长产品的使用寿命。但是,应该指出的是,耐用性只能适当提高,超过期望使用寿命的产品设计将造成不必要的浪费,对于那些以日新月异的技术开发出来的产品,很快会因技术进步而被淘汰,没有必要去设计太长的使用寿命。对于这类产品,强调适应性是更好的策略。

(2) 加强适应性。一个适用的设计允许不断修改或具备几种不同的功能。保证产品适应性的关键是尽量采用标准结构,这样可通过更换更新的部件使产品升级,例如,个人用的小型计算机就是采用了适应性策略,高级计算机都可以向下兼容,使用低版本的软件,而低级计算机也可轻易地升级。

(3) 提高可靠性。简化产品的结构,减少产品的部件数目能提高设计的可靠性。因此,应提倡"简为美"的设计原则。

(4) 易于维修保养,易于维护的产品可以提高其使用寿命。

(5) 组建式的结构设计,可以通过局部更换损坏的部件延长整个产品的使用寿命。

(6) 用户精心使用,不违反使用规程,注意维修保养。

6.2.3.7 产品报废系统的优化

产品报废系统的优化体现在产品生命周期的各个阶段。

(1) 建立一个有效的废旧产品回收系统。目前,国外倾向确立"谁造谁负责,谁卖谁负责"的立法原则,利用现有的制造系统和销售系统来完成废旧产品的回收任务。

(2) 重复利用。淘汰产品和报废产品拆卸后,有些部件只需清洗、磨光,再次组装起来,即可达到原设计的要求而再次使用。

(3)翻新再生。磨损报废后的产品和产品部件通过翻新再生后即可恢复成新的产品。

(4)易于拆卸的设计。报废产品的重复利用和翻新再生都需要在产品寿命结束时拆卸,因此,在设计阶段不但要考虑装配方便,亦要考虑易于拆卸,拆卸是装配的逆过程。有两种装配方式,一是可逆方式,如螺钉、螺杆、部件的咬合等;二是不可逆方式,拆卸时要通过破碎才能实现。原则上,只要有效、快速的拆卸,这两种方式都是可行的,但为了兼顾回收复用,翻新再生的要求,生态设计更倾向于前一种装配方式。因此,应尽量减少使用粘结、铆焊等手段。

(5)材料的再循环。这等于延长材料的使用寿命。金属、塑料、木制品都属于易于再循环的材料,但为再循环方便,要尽量少用复合材料以及电镀件和油漆件。产品结构中要减少所用材料的数目,注意不同材料间的相容性。部件上要注明材料的名称、组成和再循环的途径。

(6)清洁的最终处置。有机废弃物可以制成堆肥,或发酵产生沼气,也可通过焚烧回收热量。无机废弃物除了安全填埋外,可以考虑搅拌在建材的原料中或作为筑路的地基材料。

综上所述,产品的生态设计首先是一种观念的转变,在传统设计中,环境问题往往作为约束条件看待,而绿色设计是把产品的环境属性看作设计的机会,将污染预防与更好的物料管理结合起来,从生产领域和消费领域的跨接部位上实施清洁生产,推动生产模式和消费模式的转变。

产品生态设计的原则和方法不但适用于新产品的开发,同时也适用于现有产品的重新设计。

6.3 产品生态设计相关技术与实施

6.3.1 产品生态设计类型

产品生态设计有以下几种类型。

(1)产品改善:产品本身和生产技术保持不变,以关心生态环境和减少污染为出发点进行的设计;

(2)产品再设计:产品概念不变,用替代技术改变其组成部分,适当加环或减环;

(3)产品概念革新:在保证提供相同功能的前提下,改变产品或服务的设计概念和思想,如纸质图书变为电子图书等;

(4)产品系统革新:随着新型产品和服务的出现,须改进相关设施和组织,进行系统的变革。

6.3.2 产品生态设计的相关技术

产品生态设计需采用的相关技术如下:

(1)采用新工艺、新技术,提高资源、能源利用效率。如我国石化企业采取回收延期余热、降低过剩空气系数、重视炉壁保温、开发新炉型等技术来提高传热设备的传热效率和工艺炉的热效率。

(2)提高产品寿命的相关技术。如德国成功研制出一种轮胎,其所含的天然橡胶比普通的轮胎要高得多,汽车上安装这种轮胎,耗油量可减少20%,且耐磨损,使用寿命得到很大的延长。

(3)生产过程尽可能使用循环再生产品技术。日本Ricoh公司对复印机、打印机的墨粉盒、墨水盒这些零件的设计上加以改进,可有利于回收再利用。

(4)生产过程的"三废"减排技术。如我国"沱"牌酒在生产中,尽量减少粮食等原辅材料的耗用,以传统技艺同现代科技相结合,优化生产工艺和减轻工人劳动强度,把生产过程中产生的废水、废渣、废气经过深加工再资源化,从而减少或消除对环境的污染。

（5）后处理方法简单的代用产品技术。

（6）减少生命周期各阶段的废弃物减排技术。

（7）产品生命周期各阶段的废弃物有效利用技术。

（8）产品能够再利用技术。如德国电子工业——电子组件、高分子材料的回收再利用。德国有关环境的问题涉及电子产品以及相关的许多产业，这些问题关系到一件产品的提案、设计、材料采购及制造。环境改善所使用的设计方法是利用毒性传感器的检验，尽量提高产品的生物兼容性。这样的制造方式必须予以充分的考虑及利用。

6.3.3　产品生态设计的实施

不同类型的产品和公司其设计步骤不同，但一般都按以下步骤实施：确定产品系统边界，环境现状评价，设计要求分析，设计要求的详细表达，确定要求的优先次序，选择设计对策，设计方案评价。

（1）确定系统边界。为最大限度地降低环境影响，设计人员一般不得不对所选系统的边界做出取舍，把重点放在某些生命周期阶段或工艺过程。但首先应对产品的整个生命周期阶段进行综合考虑，然后根据对环境影响的反馈信息，选取重点设计的系统边界。在进行系统评价之前，还需要确定时间、空间和技术边界。如果可能，应同时考虑最优和最差两种技术水平。

（2）环境现状评价。通过对环境现状进行分析可找到改进产品系统环境性能的机会，也可为公司制定短期或长期的环境目标提供依据。现状评价可通过生命周期清单分析、环境审计报告或检测报告等来完成。在现状评价以后，要明确提出当前和未来的目标。

（3）设计要求分析。准确描述产品系统设计要求是设计中最为关键的一步，然后决定最终设计方案。只有充分考虑了各种要求，并确定了设计方法后，才能进行有效的设计。在随后的设计阶段，要对设计方案进行评价，以确定其是否满足要求。

（4）确定要求间的次序。在确定了环境、性能、文化、成本、法规五个方面的要求的优先顺序之后，才能辨识出哪些是必须满足的要求，哪些仅仅是希望达到的。

1）必须达到的要求：即在设计中必须满足，否则，所做出的设计就不能接受。

2）希望达到的要求：即不太重要，但仍然是希望满足的特性，这些要求能帮助设计人员找寻到最好的设计方案。

3）辅助性功能：即重要性相对较低，只是满足某种愿望。在不影响更重要的功能时，这些辅助性功能才可以在设计中表现出来。

（5）选择设计对策。能否找到满足要求的对策，是生命周期设计成败的关键。多数情况下，不可能用单一的对策来满足所有的环境要求。成功的设计人员要采用一系列的对策来满足这些要求，有可能同时用到废物减量化、回用、循环利用和延长产品寿命等措施。

（6）设计方案评价。根据所选的设计对策，最终可能形成多个可供选择的方案，哪一个更能满足设计要求，必须从环境、经济和社会3个方面进行评价。

采用LAC方法进行评价，从一系列方案中选出一组生态、经济和社会效益最优的设计方案。

6.4　产品生态设计的应用实例

6.4.1　印制电路板（PWB）环境设计（DFE）项目

6.4.1.1　项目简介

印制电路板PWB是许多高科技产业如电子、国防、通讯等不可缺少的部分，但PWB的加工制造会产生大量的有毒废物,耗用过多的水和其他能源,使用有毒的化合物,这些都对环境和人类产生潜在的破坏。该研究就是分析如何减少 PWB 生产带来的危害。

6.4.1.2 项目目标

找到将环境考虑纳入到商业决策中的有效方法,改善产品的环境特性,开发一系列防止污染产生的方法、技术。

6.4.1.3 方法、技术

PWB 环境设计项目通过减少化合物的释放、增加资源寿命、节水、回收废弃物、减少淤泥量来防止污染的产生。

(1)减少冲刷和洗浴过程中产生的淤泥量;

(2)减少化合物的使用;

(3)循环使用冲洗水,节约用水;

(4)降低电镀板中铜的含量;

(5)减少蒸发引起的化合物的损失 。

6.4.2 施乐公司的 DFE 项目

6.4.2.1 项目简介

1997 年,施乐公司采用 DFE 原则开发了一种多功能的办公自动化机器,集传真、打印、复印、扫描于一体,而且可以与网络互连,具有较大的灵活性;具有完全开放的体系结构,便于升级;支持多种辅助设施以及技术革新。

6.4.2.2 项目目标

实现无废生产,提高未来市场的竞争力,减少产品在整个生命周期的环境影响,开发无害技术和产品。

6.4.2.3 具体的环境设计方法、技术

在施乐公司的 DFE 项目中,具体的环境设计方法、技术体现在以下几个方面。

(1)公司将能源协会和欧洲生态标志的标准作为开发产品的指南,通过 ISO14000 环境管理体系认证,建立公司环境管理系统,在全球范围内开展环境影响评价项目;

(2)建立原材料的环境影响数据库,便于设计者选取毒性影响最小的原材料;

(3)用产品再循环标志或再利用标签,向用户说明产品各个部分再利用的方法;

(4)产品的拆卸过程考虑环境设计;

(5)产品单元部件比同类产品少了 80 % ~ 90 %,因此机器的运行噪声比美国政府规定的最低噪声标准低 30 % ~ 60 %。部件的减少也降低了能源以及原材料的消耗,所消耗的能源少于US 能源协会规定标准的 50 %;

(6)用户使用产品的"第六感"诊断系统,减少了上门服务的交通环境影响,也提高了效率;

(7)无废包装;

(8)无废工厂。公司投资超过 1.5 亿美元开展无废工厂项目,实现了 90 % 废物的再利用;

(9)无废办公室。实行能源管理,配合数字自动化文档管理,其目的在于减少时间、金钱、精力、空间、能源的消耗和纸张的使用,回收顾客的产品用于再利用。

6.4.3 中国办公家具

6.4.3.1 项目简介

哈尔滨工程大学和哈尔滨四达家具实业公司合作,通过对该公司及周围情况的分析,连同与

四达公司产品有关的环境问题的数据设计了能使环境影响降低的战略。形成了一个在隔断方面独具特色的办公室装备系统,是一种相当廉价、易生产和有吸引力的办公室家具系统。

6.4.3.2 环境改善

质量减轻46%,能耗降低67%,酚醛树脂减少36%。

6.4.3.3 优点

办公室布局更灵活、效率更高,隔墙具有照明(传播白天光线)和吸音特性。

6.4.4 哥斯达黎加的高能效照明系统

6.4.4.1 项目简介

哥斯达黎加圣何塞市的Sylvania公司为中美洲开发照明系统。该公司以降低产品的环境影响为目的,重点是实现更高的能源效率。其生态设计能耗低、质量高,对产品的环境影响产生积极效果,提供了良好的营销机会。

6.4.4.2 环境改善

质量减轻42%,能源降低65%,汞含量降低50%,涂料用量减少40%,铜用量减少65%,体积减少65%。

6.4.4.3 优点

提高了美学价值,有更强的功能,成本低,可提供不同的功能和风格,产品灵活。

6.4.5 专业咖啡机的回收与重复利用

6.4.5.1 项目简介

Veromatic是开发、生产和销售饮料机的一家芬兰公司。因公司有回收产品义务,故成立项目组,对产品回收问题进行研究,确定哪一种回收和重复利用体系的生态意义和经济效率最高。

6.4.5.2 研究结果

提出了4种方案:公司内拆卸、重复利用部件和材料;由一家再循环公司拆卸、重复利用零部件和材料;公司内选择性拆卸,其余部分送往粉碎公司;收回的全部产品都送粉碎公司,重复利用材料。利用生态设计战略产生两种改善方案:短期和长期实施的改善方案。

(1)短期。研究表明,利用聚乙烯隔热,可使锅炉的规格从4L缩小到2L,这样流失到空气中的能量可从44%减少到30%。

(2)长期。从长期来看,通过改善该机器的设计,可以重复利用有价值的部分,而且其他部分可以再循环。

6.4.6 菲律宾的单座计程车

6.4.6.1 项目简介

菲律宾诺基斯贸易公司(NTC)为一种单座计程车(适用于一位乘客使用的专业运输摩托车)进行生态设计。希望通过这个项目实现经济效益和环境效益并举。首先对NTC公司进行内部分析,然后评议城市公共运输系统。项目同时考虑了摩托车的耐用性,燃料的经济性以及危险尾气的削减。

6.4.6.2 环境改善

质量减轻79%,材料减少了75%,取消了电镀,提高了耐用性,减少了运输体积。

6.4.6.3　一般改善

总成本降低 50%,材料成本降低 70%。

6.4.7　机油过滤器的产品生命周期设计

6.4.7.1　项目简介

Alliedsignal 公司是美国的一家重工业企业,主要产品有油过滤器、火花塞等汽车零配件。油过滤器是汽车机车系统的重要组成部分,它防止机油污染从而延长发动机的寿命。油过滤器环境影响的改善就意味着汽车环境影响的改善,美国现在每年约卖 400 万个油过滤器,大部分用过的油过滤器都在垃圾填埋场处理,这样易导致渗沥液难以处置等问题,只有少部分使用过的油过滤器被循环使用。

Alliedsignal 公司的评估期从 1993 年 6 月开始,在此期间每月有 750 t 过滤废料被循环用作钢铁生产原料,相当于每年在美国有 1800 万个油过滤器被循环使用。

该设计的目的在于减少油过滤器的环境负担,重点是利用多矩阵分析方法去评估环境的、成本的、工作性能的、法律的和文化的设计标准。再调查 3 种油过滤器设计:旋转过滤器;套筒过滤器;清洁过滤器。另外还采用公式化设计标准,评估每个替代品的用户生命周期成本,对旋转过滤器进行了一种简化的或流线性的生命周期能量分析。

6.4.7.2　设计要求

A　环境要求

为减少油过滤器的生产、使用和生命结束管理造成的环境负担,需制定详细的环境要求。这些环境要求详细说明了与每个关键的控制部门有关的问题,这些控制部门包括汽车生产商,机动车拥有者及服务部门,例如:减少材料密度的标准最终可以由 OEM 制定,这个要求与动力车质量约束有关,轻质量的机动车能增加燃料经济性;同时减少废气。

B　成本要求

油过滤器产品的设计阶段中成本标准占很大的分量,而且还应考虑到生产商和服务机构及车主总生命周期成本,因而了解哪些控制部门会积累和积蓄成本也是很重要的。

C　性能要求

主要性能要求是保护发动机,发动机的寿命依赖于油过滤器中保护发动机元件滤出在润滑油中有腐蚀作用的污染物的能力。最重要的是替代过滤器的工艺,时间要求、工具和难度也都是指导设计选择的关键因素。

D　法律要求

过滤器产品系统的法律要求在不断变化,应该了解当前的和未来的规则,以避免在发展过程的任何阶段出现重新设计的惨重损失。

E　关键要求的选择

针对以上设计要求,采取以下措施减少油过滤器的环境负担。

(1) 建立健全使用过的过滤器禁止土地填埋的法规;

(2) 减少生命周期成本,包括替代部分,劳工和辞退成本;

(3) 使过滤器设计与目前的发动机相配;

(4) 扩展过滤器系统的使用寿命;

(5) 使与过滤器利用有关的总废料最少。

6.4.7.3　产品设计评估

用关键的设计标准评估了过滤器替代品,分析了相对于用户的生命周期成本,并进行旋转过滤器和清洁过滤器的简单生命周期的能量分析。初步分析表明了清洁过滤器较好地满足了这个计划的环境要求;套筒过滤器具有比旋转过滤器产生废物少的优点;当考虑其他要求时套筒过滤器似乎没有很大的优点。

A　成本分析

对于总用户成本,套筒过滤器高于旋转过滤器,减少废物而节约的成本与去除和安装新过滤器的劳动成本抵消,不依赖一次性使用介质的清洁过滤器在成本上与旋转过滤器形成竞争。

这个分析的范围仅限于每种过滤器的材料获得和加工过程的能量评估和每种过滤器对机动车燃料经济的影响,钢和铝元件在旋转过滤器中占总能量的83%,而在清洁过滤器中占99%,分析不包括生产、改进和报废过滤器的能量。

B　项目组的结论

经过产品设计评估,机油过滤器的产品生命周期设计项目组得出以下几点结论。

(1)在改变成新的过滤器设计上最基本的矛盾是生产者的习惯,更重要的是消费者的习惯,除非有强加于司机的政府规定,要用一个没有多大吸引力的替代品代替一个使用了很多年的过滤器是困难的;

(2)从功能上说,要使旋转过滤器成为一个不连续的套筒过滤器的替代品对设计和生产者们没有多大影响,只需在形成上稍作改变即可生产;

(3)通过立法规定生产操作和合作指令,逐渐使用对环境影响最小的材料和工艺;

(4)最关键的性能要求是满足发动机特性需求和顾客的产品要求;

(5)这两种产品性能只有微小区别,因为设计中只是将过滤器的包装由封密压力室变成了开放的压力室;

(6)进行生命周期成本分析,综合分析过滤器的各个方面和相关成本,如果没有清楚证实成本的有利方面,它就不是好卖的产品,对任何人都没有作用;

(7)在目前过滤器处理的规定中,套筒过滤器还明显不能满足这些要求,如果放宽填埋处理的要求,这样状况有可能会改变;

(8)在欧洲,套筒过滤器比较流行,主要原因是有不同的规定;

(9)继续寻求一种过滤器设计,重点是重复使用过滤器系统。

产品生态设计的出现是可持续发展思想在全球得到共识与普及的结果。推行产品的生态设计首先是一种观念的更新,产品设计为我们提供了实现可持续产品的生产与消费机遇。“生态工业”将成为工业生产的标准模式,而产品生态设计也将是未来产品开发的主流。

产品生态设计从可持续发展的高度审视产品的整个生命周期,在与自然环境和谐共处的前提下,利用自然资源和环境容量实现生产活动的生态化转向,通过可拆卸性、可回收性、可维护性、可重复利用性等一系列设计方法,延长产品使用周期、提高重复使用率,在产品完成其使用功能后,经过回收处理,又重新变为可以利用的资源,参与生产的再循环,提高资源利用率。

本章小结

产品生态设计是利用生态学原理,在产品开发阶段综合考虑与产品相关的生态环境问题,设计出既对环境友好、又能满足人的需求的产品的一种新的设计方法。产品生态设计的程序大致可分为以下几个阶段:(1)筹划和组织;(2)选择产品;(3)建立生态设计战略;(4)产生和筛选产品创意;(5)细化构想;(6)实施;(7)建立后续活动。

产品的生态化设计必须遵循以下原则：与产品全生命周期并行的闭环设计原则；资源"最佳"利用原则；能源消耗最小原则；零污染原则；技术先进原则等。其总体原则为：(1)使用系统方法；(2)多标准分析；(3)各种利益相互约束参与。

产品生态设计应遵循的各项准则包括：(1)环境准则；(2)性能准则；(3)费用准则；(4)美学准则；(5)社会准则。

设计中应遵循的具体原则包括：选择对环境影响小的原材料；减少原材料的使用；加工制造技术的优化；建立有效的运销体系；减少使用阶段的环境影响；产品使用寿命的优化；产品报废系统的优化。

产品生态设计需采用的相关技术主要有：(1)采用新工艺、新技术，提高资源、能源利用效率；(2)提高产品寿命的相关技术；(3)生产过程尽可能使用循环再生产品技术；(4)生产过程的"三废"减排技术；(5)后处理方法简单的代用产品技术；(6)减少生命周期各阶段的废弃物减排技术；(7)产品生命周期各阶段的废弃物有效利用技术；(8)产品能够再利用技术等。

不同类型的产品和公司其设计步骤不同，但一般都按以下步骤实施：确定产品系统边界，环境现状评价，设计要求分析，设计要求的详细表达，确定要求的优先次序，选择设计对策，进行设计方案的综合评价。

产品的生态设计是实现工业生态学主张的源头治理的根本保障，有利于实现工业的生态化转向，实现社会、经济和生态效益的并举，实现人与社会、人与自然的和谐发展。

思考复习题

1. 什么是产品生态设计，它与传统的产品设计有什么不同？画出产品生态设计的流程图。
2. 简述产品生态设计的基本思想。
3. 简要说明产品生态设计的内涵及作用。
4. 产品生态设计的总体原则和应该遵循的各项准则是什么，在具体设计中有哪几条具体原则应放在首要地位考虑？
5. 产品生态设计的类型和相关技术有哪些，应该如何实施产品生态设计？
6. 举例说明产品生态设计在实际工作中的应用。

7　生态(环境)材料

内容要点

(1) 生态(环境)材料的概念及其特点；

(2) 了解纳米材料、超导材料、生物材料、高分子材料及复合材料等在生态工程方面的优势；

(3) 生态(环境)材料的发展现状及前景分析。

讨　论

纳米材料的特性及其在环保及生态工程上的应用。

7.1　概　　述

材料是用来制造器件、构件和其他用途的物质的总称，是人类生产和生活必需的物质基础，是科学技术进步的基础。材料技术的不断发展，为整个科学技术的进步提供了坚实的基础，而科学技术整体的进展，对材料的品种和性能提出了更高的要求，从而又刺激了材料技术的高速发展。

材料技术的发展史同人类社会的发展史同样悠久。历史上，材料被视为人类社会进化的里程碑。历史学家曾把材料及其器具作为划分时代的标志：石器时代、青铜器时代、铁器时代等。由此我们不难看出材料在社会进步过程中的巨大作用。新兴工业成为国民经济最具有活力的部门，而这些工业的发展都离不开新材料的使用，如原子能工业迫切需要耐辐射和耐腐蚀材料；电子工业的发展要求提供超高纯、超薄膜、特纤细、特均匀的电子材料；海洋开发需要耐腐蚀、耐高压的材料；能源技术同样需要高性能的材料，如太阳能的利用，需要寻找光电转换效率高的材料。总之，人们通过科学研究和技术开发，源源不断地向国民经济的各部门提供所需的各种新材料，这些新材料技术为经济的发展提供了有力保证。

7.1.1　环境材料产生的背景

人口膨胀、资源短缺和环境恶化是人类可持续发展所面临的三大问题，这三个问题是相互关联的。

随着科技的发展、医学的发达和人类的进步，各种威胁人类生存的问题如疾病、自然灾害等都降低了其对人类危害的程度，从而使人类生存能力达到空前高度，人类生命增长，新生儿存活率提高，这在保证了人类延续的同时也带来了人口膨胀。

随着人类的发展，物质生活更为丰富多彩，高生产与高消费成为现代文明的特征，新生产品越来越多，在带给人类服务和享受的同时也带来了新的环境问题。例如在电冰箱出现以前，并不存在臭氧洞的问题；而电脑的产生也带来了电磁辐射污染问题。各种环境问题可总结为三大类。

第一，化学污染。这种污染主要来自工业生产和部分产品消费过程中产生的有毒有害物质

(固体、液体、废气),如电镀行业过程中产生的含重金属的废水、废旧电池、硫铁矿炼硫过程中产生的硫化氢废气等所造成的环境问题均属此类污染。

第二,物理污染。物理污染是指通过人的各种感觉(视、听、嗅、触觉等),使人们心理或生理上产出一种综合不良影响。如建筑废料、工矿废料、日常生活垃圾、不可降解的塑料、白色污染等。由于市场造成的短期短缺或因消耗造成的长期短缺,使商品价格上升;反过来,高涨的商品价格又刺激利用原材料来源更广的新的廉价技术的发展,最终替代老的技术。新技术不仅基于更广的原材料来源,还在于提高现有原材料的利用效率,降低了资源利用强度或能够利用再生原材料。

第三,自然资源耗竭。据预测,到2070年,石油、天然气以及除铁、铝、镍等少数金属外的大多数金属都将出现枯竭现象。引起资源枯竭的原因,除大量开采、使用外,产品和材料不能够充分地回收再利用和循环使用也是导致这些有限资源枯竭的原因之一。

从以上分析可以看出,环境问题都直接或间接地与材料有关。人类的发展离不开材料,反过来材料在生产、处理、循环、消耗、使用、回收和废弃过程中也给环境带来了压力。人类不得不重新审视材料的开发与应用,研究材料与环境之间的关系,定量评价材料生命周期对环境的影响,开发环境协调性的新型材料。这就产生了一门新兴课题——生态(环境)材料。

7.1.2 环境材料的概念及研究内容

环境材料的英文名称为 Eco-materials,是由 Environmentally Conscious Materials 或 Ecological Materials 缩写而成的,按英文字面意义可直译为具有环境意识的材料或生态学材料。环境材料是对资源和能源消耗最少、生态影响最小、再生循环利用率最高,或可分解使用的具有优异使用性能的新型材料。

环境材料是为了保持社会可持续发展而提出的一种新的重要的环境保护观念,这一观念在国际上受到了普遍重视,也成为环境及材料研究的热点课题。**环境材料**是指与生态环境相容或协调的材料,即从开采、产品制造到应用、废弃或再循环利用以及废物处理等的整个生命周期中对生态环境没有危害、能够与生态环境和谐共存,并有利于人类健康,或能够自我降解、对环境有一定的净化和修复功能的材料。它具备净化、吸附和促进健康的功能,包括循环材料、净化材料、绿色能源材料和绿色建材等。依据这些概念,环境材料应该具备以下三个特点:

(1) 先进性。指环境材料能为人类开拓更为广阔的活动范围和环境。

(2) 环境协调性。指环境材料能使人类的活动与外部环境尽可能地协调,包括防止资源枯竭和对环境无危害两个方面。

(3) 舒适性。指环境材料有良好的使用性能,有助于提高人类的生活水平和改善生活环境。

我们发现,迄今为止的传统结构材料主要追求的是材料的使用性能,忽视了其他两种特性,尤其是环境协调性。而环境意识材料所追求的不仅仅是优异的使用性能,而且在材料的制造、使用、废弃直到再生的整个生命周期中,必须具有与生态环境的协调共存性。除此之外还要求材料具有舒适性,即综合具备上述三种特性的材料才是环境意识材料。因此所谓的**环境意识材料**,实质上是"赋予传统结构材料、功能材料以特别优异的环境协调性的材料,或者说是指那些直接具有净化环境和修复等功能的材料。也就是说环境意识材料是具有系统功能的一大类新型材料的总称"。

环境材料的研究内容比较广泛,归纳起来可以概括为材料的环境协调性评价、环境材料设计、材料在制备和加工过程中的环境协调性技术(包括零排放与零废弃加工技术),以及材料在使用中的环境协调性技术(如制备环境协调性产品)。

从 1997 年第三届国际生态环境材料研讨会讨论的主题内容来看,生态环境材料的研究内容主要有以下 6 个方面。

A 生态环境材料及生态产品

一般看来,生态环境材料应具有良好的使用性能、较高的资源利用率和对生态环境无副作用的特征。目前世界上关于生态环境材料及生态产品的研究主要集中于纯天然材料、仿生物材料、绿色包装材料及生态建材等方面。

B 生物降解材料

目前,生物降解材料主要包括生物降解塑料和可降解无机磷酸盐陶瓷材料。开发生物降解塑料一直是近几年的最热门课题之一。当前市场上的生物降解塑料主要有两类产品,一类是淀粉及热塑性塑料制品,另一类是脂肪族聚酯塑料制品。

C 材料再生及再循环利用

材料的再生利用是节约资源,实现可持续发展的一个重要途径,同时也减少了污染物的排放,避免了末端治理等工序,获得了环境效益。在这方面的研究几乎覆盖了材料应用的各个方面,如塑料、农膜、铝罐、铁罐、玻璃等的回收利用,废旧电池材料的再回收,工业垃圾中金属资源的再回收利用,可循环再生金属材料的设计等。目前研究的热点是各种先进的再生、再循环利用工艺及系统等。

D 降低环境负担性的材料加工工艺和技术

与环境意识材料相关的另外一个概念是所谓"环境意识型产品(ECP, environmentally conscious products)"。环境意识型产品是指在整个生命周期中对环境带来的负荷小、枯竭性资源再生循环利用率高、易于拆卸和分解的产品。一般认为环境意识型产品的设计有以下一些要素,如净化环境、防止污染、有害物的替代、自然能的利用、无公害生产、可再次使用、废物量的减少、再资源化、耐久性、可土肥化、可分解、可再生循环、产品的易拆卸性、节省能源、节省资源、节水等。钢铁是结构材料中最重要的也是用量最大的一类,对其采用的主要手段是改进工艺。此外,在材料加工中实施零排放技术也是重要手段。

E 环境工程材料

综合分析,环境工程材料可分为治理大气污染、水污染或处理固态废弃物等不同用途的几类材料。治理大气污染方面,目前主要是开发脱除、转化燃煤和汽车排放的氮氧化合物的技术和材料,并减少二氧化碳排放量或将二氧化碳转化为有用的材料,以减免温室效应;污水处理方面是采用无机陶瓷膜分离材料;保护臭氧层的方法是寻找氟利昂的替代材料或转化的催化剂;发展电化学方法来处理化学工业废物,也是正在探讨的方面。

F 环境负荷评价

进行环境材料研究,必须产生对这类材料的客观表征与评价。几年来,国际上十分重视材料生命周期全过程中环境负荷问题的评价技术研究,许多国家成立了专门的研究结构,开展了一些诸如塑料制品、洗衣机、食品、空调机、家电、汽车、房屋、桥梁等具体产品的评价,在生态循环评估的基础研究等方面开展了不少工作。

日本把发展新材料作为技术立国的基础,美国政府公布的《国家关键技术报告》提出 6 大关键技术领域,新材料技术位居首位。德国、法国及西欧各国也都将新材料技术的研究与开发列为首位。

我国对新材料的研究与应用方面,同样十分重视,在《高技术研究发展计划》中,把新材料技术列为 7 个重点研究发展领域之一,并取得了可喜的进展。

现代新材料技术主要有：纳米材料、超导材料、生物材料、特种陶瓷、高分子材料、半导体材料、光通信材料、磁记录材料、航天复合材料、金刚石和超硬材料、超晶格和非晶态材料等。以下将对部分新材料技术作一简单介绍。

7.2　纳　米　材　料

7.2.1　纳米材料及其发展历程

纳米材料(超微粒材料)是一种人们还没有充分了解和应用的新材料，它是介于原子、分子与块状材料之间的新领域。对纳米材料的充分认识，是人类对客观世界认识的新层次。

近年来，美、日、欧掀起纳米热，纳米技术成为世界先进国家争夺的战略制高点。其对社会发展、经济繁荣、国家安全和人们生活水平的提高所产生的影响不可估量。作为产业革命的主角，将在信息、材料、能源、环境、医疗、卫生、生物、农业等多学科发展中起重要的基础性作用；同时将引起产业结构的重大变化，成为 21 世纪新的经济增长点，并为新经济创造条件。

纳米金属材料是 20 世纪 80 年代中期研制成功的，后来相继问世的有纳米半导体薄膜、纳米陶瓷、纳米磁性材料、纳米生物医学材料等。

1980 年德国物理学家格莱特教授开车在澳大利亚茫茫沙漠中高速奔驰时产生灵感，并把"缺陷"作为主体，研制出一种晶界占有相当大体积的材料。

在 1984 年格莱特教授研制成功铁、铜、金、镁黑色金属超微粉。实验表明，任何金属颗粒，当其尺寸在纳米量级时都呈黑色，纳米固体材料就这样诞生了。

7.2.2　基本概念

最先人们发现将大块物体变成细小的颗粒后，产生许多奇异的现象，细小颗粒材料的光学、电学、磁学、热学、力学和化学方面的性质与大块物体有很大的不同，令人十分惊诧。例如金属超微粒(金、银、铜和铁等)完全失去原来的光彩，无一例外地变成黑色，磁性超微粒会失去铁磁性等等。所以从物理上来说，超微粒的含义是物体在超微粒状态，许多特性将产生奇异的变化。

从尺寸大小来说，通常产生物理化学性质显著变化的细小微粒的尺寸在 $0.1~\mu m$ 以下，即 100 nm 以下，因此，纳米材料的定义为：颗粒尺寸在 $1\sim100$ nm 的微粒称为超微粒，该种物质是**纳米材料**。1 nm 以下的微粒为原子团。超微粒的特殊性质主要来源于表面效应、小尺寸效应和量子效应。

纳米技术：在纳米尺寸范围内认识和改造自然，通过直接操作和安排原子、分子，创造新物质的技术。

7.2.3　纳米材料的特殊现象

纳米材料的特殊现象有表面效应、小尺寸效应、量子效应、隧道效应和介电限域效应。

(1) 纳米微粒的**表面效应**：金属超微粒的尺寸越小，微粒表面原子所占的百分数越大。当超微粒的尺寸为 10 nm(假定球形微粒)时，总原子数为 30000 个，表面原子占 20%，尺寸为 5 nm时，总原子数为 4000 个，表面原子占 40%，尺寸为 1 nm 时，总原子数为 30 个，表面原子占 100%，全部都处在微粒的表面。所以表面效应不可忽视。利用高分辨率电子显微镜，对尺寸小于 10 nm 的金属超微粒进行观测，发现微粒没有固定形态，随着时间的推移，会自动形成多种形态，而表面原子在电子束的照射下，处于剧烈运动状态，好像"沸腾"起来似的。

纳米材料表面具有很高的活性,金属超微粒在空气中会很快自燃起来。利用其表面高活性,超微粒做高效催化剂,提高化工厂的生产效率。

(2) 纳米微粒的**尺寸效应**:在一定条件下,随着颗粒尺寸的量变,会使纳米微粒发生性质的改变,这称为尺寸效应。

现在来说说蜜蜂为什么会辨别方向的秘密。实际上鸽子、蝴蝶、海豚和水中的某些细菌等都有辨别方向的能力。研究表明,这些生物体内存在有磁性超微粒,实际上起到生物磁罗盘的作用,所以在磁场的导航下能辨别方向,出游后有回归的本领。对趋磁细菌体内进行电子显微镜观测,发现其体内含有直径 2 nm 的磁性氧化物超微粒,其磁性能比纯铁高 1000 倍。所以可开发磁记录磁粉,用于磁带、磁盘、磁卡和磁钥匙等,市场需求量十分巨大。原来金属材料当被细分到尺寸小于光波波长时,便失去原有的金属色泽成为黑色。黄璨璨的黄金变成黑色,银白色的白金(铂)变成黑色,美丽的紫铜变成了黑色……总之,所有金属超微粒都呈黑色,可谓"黑色统一"。其原因是金属超微粒对光的反射能力大大降低,对光的吸收能力大大提高。在军事上把超微粒材料涂在兵器上就成为飞机、火炮的隐身材料。

晶态物质的熔点是一定的,但细分成超微粒后,其熔点明显下降。金的熔点 1064℃,当颗粒尺寸小到 10 nm 时,熔点下降了 27℃,2 nm 时,熔点为 327℃。银的熔点是 670℃,而银的超微粒的熔点仅为 100℃。在钨颗粒原料中附加 0.1%～0.5% 的镍超微粒后,其烧结温度从 3000℃ 降低到 1200～1300℃,大大降低了对设备条件的苛刻要求,从而大幅度降低了产品成本。探查熔点降低的原因成为人们关心的未解之谜。

(3) 纳米微粒的**量子效应**:超微粒材料的尺寸范围在 1～100 nm,电子在这样的小空间的能量状态与在大块材料中的能量状态有很大的不同,就是因为产生量子效应,因此超微粒材料的性质会发生反常变化。例如在微电子技术中,当尺寸减小到 100 nm 以下就会产生量子效应,电子会穿过量子隧道从器件中逃走,这样微电子技术的进一步发展就受到限制。科学家在深入的研究中发现量子隧道效应可以加以利用,并研制成功新一代量子器件,在限制面前找到了新的发展。真可谓科学探索是无止境的。

7.2.4　纳米材料的特性

晶粒尺寸为 8 nm 的铜材料,自扩散系数比晶体铜增大 10^{19} 倍,在 110～293 K,纳米铜的热膨胀比晶体铜增大了 2 倍。

陶瓷通常是脆性材料,而纳米陶瓷却可变为韧性材料。纳米 TiO_2 陶瓷在室温下可以弯曲,塑性形变高达 100%。

纳米硅薄膜则具有一系列不同于非晶硅、微晶硅和单晶硅的特点。在可见光和红外光范围内,光吸收系数 α 值明显高于其他结构的硅材料,甚至提高数十倍。电导率比单晶硅高 100 倍,比非晶硅高 10^6 倍,压阻效应显著,也是重要特性。

纳米材料结构的特殊性导致与结构密切相关性质的奇异性。

7.2.5　纳米材料的结构

纳米材料内部结构十分奇异复杂。纳米材料由两种结构组元构成:**晶体组元**和**界面元素**。晶体组元由所有晶粒中的原子组成,这些原子都严格位于晶格位置上;界面组元由处于各晶粒之间的界面原子组成,这些原子由超微晶粒的表面原子转化而来。超微晶粒的内部有序原子与超微晶粒的界面无序原子各占薄膜总原子数的 50%。晶粒的尺寸小于 100 nm,而晶粒间的界面尺寸约在 1～2 nm。假定晶体组元的平均晶粒尺寸为 6 nm,界面的平均宽度为 2 nm,则单位体积的界面面积高达 500 m^2/cm^3,而单位体积所含的界面数目高达 $10^{19}/cm^3$。

7.2.6 纳米材料的制备方法

惰性气体淀积法:制备在蒸发系统中进行,将原始材料在约 1 kPa 的惰性气氛(氦、氩)中蒸发,蒸发出来的原子与氦原子相互碰撞,降低了动能,在温度处于 77K 的冷阱上淀积下来,形成尺寸为数纳米的疏松粉末。

共沉淀法:指在溶液内某些特定的离子分别沉淀时共存于溶液中的其他离子也和特定离子一起沉淀下来的方法。

化合物沉淀法:指溶液中的金属离子是以具有配比组成相等的化学计量化合物形式沉淀的,当沉淀颗粒的金属元素之比就是产物化合物的金属元素之比时,沉淀物具有在原子尺度上的组成均匀性。化合物沉淀法是得到组成均匀性优良纳米粉的较好方法。

水解法包括:

(1) 无机盐水解:利用金属硫酸盐、硝酸盐、氯化物水解来制备纳米微粉的一种方法。该法可用来制备金属氧化物或氢氧化物,通过控制水解条件来制备单分散的球形立方体形状的纳米微粉,广泛用于纳米材料的研究和新材料的制备。

(2) 醇盐水解:金属醇盐与水反应生成氧化物、氢氧化物、水合物沉淀。氧化物沉淀可直接干燥,氢氧化物和水合物沉淀可经煅烧制成纳米陶瓷粉末。

化学气相淀积法:利用化学气相淀积法(CVD)的技术已成功制备出纳米硅薄膜。

(1) 射频等离子体技术(RF plasma CVD);

(2) 激光增强等离子体技术(LE plasma CVD);

(3) 微波等离子体技术(NW plasma CVD)。

7.2.7 纳米技术的应用

7.2.7.1 在陶瓷领域的应用

纳米陶瓷是指显微结构中的物相具有纳米级尺度的陶瓷材料,其晶粒尺寸、晶界宽度、第二相分布、缺陷尺寸等都在纳米级的陶瓷材料。

Tatsuki 等人对制得的 Al_2O_3-SiC 纳米复相陶瓷进行拉伸蠕变实验,结果发现伴随晶界的滑移,Al_2O_3 晶界处的纳米 SiC 粒子发生旋转并嵌入 Al_2O_3 晶粒之中,从而增强了晶界滑动的阻力,提高了抗蠕变能力。

纳米陶瓷克服了原陶瓷材料的脆性,使陶瓷具有像金属一样的柔韧性和可加工性。

纳米陶瓷具有优良的室温和高温力学性能、抗弯强度、断裂韧性,使其在切削刀具、轴承、汽车发动机部件等诸多方面都有广泛的应用,并在许多超高温、强腐蚀等苛刻的环境下起着其他材料不可替代的作用,具有广阔的应用前景。

7.2.7.2 在微电子学上的应用

纳米电子学是利用纳米粒子的量子效应来设计并制备纳米量子器件,包括纳米有序(无序)阵列体系、纳米微粒与微孔固体及纳米超结构组装体系。最终目标是进一步减小集成电路,研制出由单原子或单分子构成的在室温下能使用的各种器件。

已经研制成功多种纳米器件,如单电子晶体管,红、绿、蓝三基色可调谐的纳米发光二极管以及利用纳米丝、巨磁阻效应制成的超微磁场探测器等。具有奇特性能的碳纳米管研制成功,可广泛用于大规模集成电路、超导线材等领域。

IBM 公司利用隧道扫描显微镜上的探针,成功移动了氙原子,并利用它拼成了 IBM 3 个字母。

日本 Hitachi 公司成功研制出单个电子晶体管,通过控制单个电子运动状态完成特定功能,即一个电子就是一个具有多功能的器件。日本的 NEC 研究所在 GaAs 衬底上,成功制作了具有开关功能的量子点阵列。

美国已研制成功尺寸只有 4 nm 具有开关特性的纳米器件,可由激光驱动,并且开、关速度很快。

7.2.7.3　在生物工程上的应用

生物分子是很好的信息处理材料,每一个生物大分子本身就是一个微型处理器,其原理类似于计算机的逻辑开关,利用该特性并结合纳米技术,可设计量子计算机。美国南加州大学应用基于 DNA 分子计算技术有效地解决了目前计算机无法解决的问题——"哈密顿路径问题",使人们对生物材料的信息处理功能和生物分子的计算技术有了进一步的认识。

细菌视紫红质用来制造计算机组件最具前景。该生物材料具有特异的热、光、化学物理特性和很好的稳定性,且其奇特的光学循环特性可用于储存信息,起到代替当今计算机信息处理和信息存储的作用。Birge 等研究表明,细菌视紫红质的三维存储器可提供比二维光学存储器大得多的存储空间。

美国锡拉丘兹大学已经利用细菌视紫红质蛋白质制作出了光导"与"门,利用发光门制成蛋白质存储器。并用其研制模拟人脑联想能力的中心网络和联想式存储装置。

可以预言,未来纳米计算机的问世,将会使当今的信息时代发生质的飞跃。它将突破传统极限,使单位体积物质的储存和信息处理的能力提高上百万倍,从而实现电子学上的又一次革命。

7.2.7.4　在化工领域上的应用

纳米粒子作为光催化剂,有着许多优点。纳米粒子粒径小,比表面积大,光催化效率高,而且生成的电子、空穴在到达表面之前,大部分不会重新结合,因此,电子、空穴能够到达表面的数量多,则化学反应活性高。其次,纳米粒子分散在介质中往往具有透明性,容易观察界面间的电荷转移、质子转移、半导体能级结构与表面态密度的影响。

工业上利用纳米 TiO_2-Fe_2O_3 作光催化剂,用于废水处理,已经取得了很好的效果。

用沉淀溶出法制备出的粒径约 $30 \sim 60$ nm 的白色球状钛酸锌粉体,比表面积大,化学活性高,用它作吸附脱硫剂,较固相烧结法制备的钛酸锌粉体效果明显提高。

纳米静电屏蔽材料,是纳米技术的另一重要应用。日本松下公司研制出具有良好静电屏蔽的纳米涂料。利用具有半导体特性的纳米氧化物粒子如 Fe_2O_3、TiO_2、ZnO 等做成涂料能起到静电屏蔽作用。氧化物纳米微粒的颜色各种各样,因而可通过复合控制静电屏蔽涂料的颜色。

将纳米 TiO_2 粉体按一定比例加入到化妆品中,则可以有效地遮蔽紫外线。体系中只需含纳米 TiO_2 $0.5\% \sim 1\%$,即可充分屏蔽紫外线。日本等国已有纳米二氧化钛的化妆品问世。

用添加 $0.1\% \sim 0.5\%$ 的纳米二氧化钛制成的透明塑料包装材料包装食品,既可以防止紫外线对食品的破坏作用,还可以使食品保持新鲜。

利用纳米微粒构成的海绵体状的轻烧结体,可用于气体同位素、混合稀有气体及有机化合物等的分离和浓缩。

将金属纳米粒子掺杂到化纤制品或纸张中,可以大大降低静电作用。可用作印刷油墨,制作固体润滑剂等。

可利用碳纳米管独特的孔状结构、大的比表面积(表面积高达几百平方米/克)、较高的机械强度做成纳米反应器。

用金属醇化合物和羧酸反应,可合成具有一定孔径的大环化合物。利用嵌段和接枝共聚物会形成微相分离,可形成不同的"纳米结构"作为纳米反应器。

7.2.7.5　在医学上的应用

生物体内的 RNA 蛋白质复合体,其线度在 15~20 nm,并且生物体内的多种病毒,也是纳米粒子。10 nm 以下的粒子比血液中的红血球还要小,因而可以在血管中自由流动。如将超微粒子注入到血液中,输送到人体的各个部位,作为监测和诊断疾病的手段。科研人员已经成功利用纳米 SiO_2 微粒进行了细胞分离;用金的纳米粒子进行定位病变治疗,以减少副作用等。

利用纳米颗粒作为载体的病毒诱导物已经取得突破性进展,现在已用于临床动物实验,估计不久即可服务于人类。

研究纳米技术在生命医学上的应用,可以在纳米尺度上了解生物大分子的精细结构及其与功能的关系,获取生命信息。科学家们设想利用纳米技术制造出分子机器人,在血液中循环,对身体各部位进行检测、诊断,并实施特殊治疗,疏通脑血管中的血栓,清除心脏动脉脂肪沉积物,甚至可以用其吞噬病毒,杀死癌细胞。这样,在不久的将来,被视为当今疑难病症的艾滋病、高血压、癌症等都将迎刃而解,从而将使医学研究发生一次革命。

7.2.7.6　在光电领域的应用

纳米技术在光电信息传输、存储、处理、运算和显示等方面,使光电器件的性能大大提高。将纳米技术用于现有雷达信息处理上,可使其能力提高十至百倍,甚至可将超高分辨率纳米孔径雷达放到卫星上进行高精度的对地侦察。科学家发现,将光调制器和光探测器相结合的量子阱自电光效应器件,将为实现光学高速数学运算提供可能。

美国桑迪亚国家实验室的 Paul 等发现:纳米激光器的微小尺寸可以使光子被限制在少数几个状态上,而低音廊效应则使光子受到约束,直到所产生的光波累积起足够多的能量后透过此结构。其结果是激光器达到极高的工作效率,而能量阈则很低。纳米激光器的大小和形态能够有效控制它发射出的光子的量子行为,从而影响激光器的工作。研究发现,纳米激光器工作时只需约 100 μA 的电流。科学家们把光子导线缩小到只有 $1/5~\mu m^3$ 体积内,在这一尺度上,此结构的光子状态数少于 10 个,接近了无能量运行所要求的条件。最近,麻省理工学院的研究人员把被激发的钡原子一个一个地送入激光器中,每个原子发射一个有用的光子,其效率之高令人惊讶。

7.2.7.7　在环保及生态工程上的应用

(1)在水处理方面的应用:生产纳滤膜用于废水处理;絮凝剂中混入一定的纳米粉体,改善絮凝效果。如纳米 TiO_2-Fe_2O_3 作光催化剂,用于废水处理;生产纳米冷却剂代替循环冷却水,节约水资源。

1)光催化法:半导体纳米粒子光照实现降解。

2)光电催化氧化法:加电极及偏压,提高催化活性。

3)纳滤膜法:介于 RO 和 UF 之间的膜,过滤去除杂质。

4)絮凝法:絮凝剂中添加纳米颗粒,提高絮凝效果。

5)微生物法:通过高效微生物的驯化降解有害物质。

6)消毒灭菌法:将具有杀毒功能的纳米粉投入水体实现杀毒功能。

7)磁化法:利用纳米粒子的磁滞胶体效应,达到除垢的目的。

(2)冶金炉渣生产纳米粉体用于生产水泥、涂料、陶瓷、玻璃等。

(3)纳米碳管作储氢材料用于代替煤炭、石油资源,减少二氧化碳排放量等。

(4)钛酸锌粉体用作吸附脱硫剂。

7.2.7.8　在其他方面的应用

利用先进的纳米技术,在不久的将来,可制成含有纳米电脑的可人—机对话并具有自我复制能力的纳米装置,它能在几秒钟内完成数十亿个操作动作。在军事方面,利用昆虫作平台,把分子机器人植入昆虫的神经系统中控制昆虫飞向敌方收集情报。

利用纳米技术还可制成各种分子传感器和探测器。利用纳米羟基磷酸钙为原料,可制作人的牙齿、关节等仿生纳米材料。将药物储存在碳纳米管中,并通过一定的机制来激发药剂的释放,则可控药剂有希望变为现实。另外,还可利用碳纳米管来制作储氢材料,用作燃料汽车的燃料"储备箱"。利用纳米颗粒膜的巨磁阻效应研制高灵敏度的磁传感器;利用具有强红外吸收能力的纳米复合体系来制备红外隐身材料,都是很有应用前景的技术开发领域。

7.3 超 导 材 料

超导体的研究从 1911 年荷兰科学家翁涅斯(H.K.Onnes)发现超导体开始,到 1986 年缪勒(K.A.Muler)和贝德诺茨(J.G.Bednorz)研制成功超导转变温度为 35 K 的氧化物超导体而荣获1987 年诺贝尔物理学奖,经历了 75 年不平凡的路程,进入了发展的黄金时代,在全世界范围内掀起了"超导热"浪潮。

7.3.1 零电阻的出现

荷兰科学家翁涅斯,于 1911 年在液氦温度下对水银的电阻进行测量时,发现在 4.2 K(液氦的正常沸点温度)时,水银的电阻在百分之几度的温度范围内骤然降到很小的数值($10 \sim 5 \ \Omega$)。翁涅斯于 1913 年首次称这种状态为超导态。

超导体在零电阻达到前,随着温度的下降电阻逐渐减小,最后才出现零电阻,定义电阻发生明显下降的温度为超导转变温度,而超导态出现时的温度为临界温度 T_c。自从 90 多年前发现超导现象以来,相继发现了 26 种金属元素具有超导电性,但美中不足的是其临界温度都很低。

1973 年美国西屋实验室格瓦勒(T.R.Gavaler)利用溅射制备的 Nb_3Ge 薄膜中测得 Nb_3Ge 的临界温度高达 23.2 K,高于液氢正常沸点(20.4 K)。这个结果是在超导电性发现 62 年后取得的最好结果。

7.3.2 高温超导体的研究

1986 年下半年,日本东京大学、美国贝尔实验室和中国科学院物理研究所,以锶(Sr)置换Ba-La-Cu 氧化物中的 Ba 超导转变温度可高达 40 K 以上。

1987 年初,中国科学院物理研究所,70K;

1987 年 2 月,日本,东京大学,85 K;

1987 年 2 月 15 日,美国休斯敦大学,98 K;

1987 年 2 月 20 日,中国,科学院物理研究所,100 K;

1987 年 3 月 4 日,日本科学技术厅金属研究所,123 K;

1987 年 3 月 4 日,中国,北京大学,123 K;

1987 年 3 月,德国,125 K。

1987 年后,科学家进行液氮温度区以上的高温超导体系研究:转变温度在 90 K 的钇系,转变温度在 110 K 的铋系,转变温度在 120 K 的铊系,转变温度在 150 K 的汞系等氧化物超导体等。同时探索超导体的高技术应用。

转变温度在 90 K 的钇系、110 K 的铋系、120 K 的铊系及 150 K 的汞系等高温氧化物超导体已出现。

7.3.3 超导材料的特性及特征

零电阻与完全抗磁性是超导体的两个最基本的宏观特性。即使获得很低电阻值的材料,如果这种材料不具有完全抗磁性的特性,那么这种材料并非超导体,而只是良导体。所以,零电阻与完全抗磁性是超导体的两个宏观判据。

7.3.4 超导体高新技术应用

近年来,随着高温超导体研究的深入,超导体在高新技术领域的应用有大的进展。在信息系统和兵器领域的应用前景十分激动人心;在交通领域越来越广泛的应用更加与人们息息相关;高温超导体为人类奉献大量能源的设想是人类长期以来的梦想。

7.3.4.1 超导体在信息技术方面的应用

信息系统包括信息的获取、传输、存储和处理等过程。超导体在微弱信息的获取方面具有独特的优势。

利用约瑟夫逊效应制作超导磁场获得成功。这种仪器可以探测很微弱的磁场,因而可侦察遥远的目标,如潜艇、坦克活动目标。而超导体开关对某些辐射非常敏感,可探测微弱的红外辐射,为军事指挥做出正确判断提供直接的依据,为探测天外飞行器,如卫星或宇宙不明飞行物提供高灵敏度的信息系统。

利用溅射技术或蒸发技术将高温超导体材料(如铅系、铌系等)在极薄的绝缘体上形成薄膜,可制成约瑟夫逊器件。这种器件具有高速开关特性,是制作超高速计算机不可多得的元件。使电子计算机体积大大缩小,功耗大大降低,计算速度大大提高。把超导数据处理器与外存储芯片组装成约瑟夫逊式电子计算机,可获得高速处理能力,在 1 s 内可进行 10 亿次的高速运算,是现有大型电子计算机运算速度的 15 倍。

7.3.4.2 超导体在航天与兵器技术中的应用

超导体在航天与兵器技术中获得广泛的应用,表现在以下几个方面。

(1) 火箭无声发射。用于核潜艇的超轻型推进系统能使核潜艇速度和武器装载量增加 1 倍,自身重量减小一半。

火箭发射的初期必须在发射架上滑行,由于机械接触,速度越快,振动越激烈,容易损坏发射架,因此必须限制速度。若把超导无声推进系统用于导弹弹头,可使弹头以 20000 km/h 的速度摧毁敌方处于发射升空的弹道导弹,使敌方导弹在其本土爆炸。

(2) 航天飞机自动升空。利用超导悬浮技术,将航天飞机置于水平台车上,台车沿悬浮列车轨道做直线运动。台车以 3.234 m/s^2 的加速度加速,当速度上升到 300 km/h,航天飞机引擎点火,开始工作。当航天飞机以 9.8 m/s^2 的加速度加速到 500 km/h,飞机靠电磁力脱离水平台车,自动升空。估计台车滑行距离为 4 km。

若航天飞机在点火后几秒内发生故障,引擎停止工作,飞机仍可停在台车上,使得发射期间的安全得到保证。

7.3.4.3 在交通领域的应用

超导体在交通工具的革新和拓展中具有广阔的应用前景。

(1) 列车悬空飞驰:超导磁悬浮列车悬浮在超导"磁垫"路基上,时速高达 $400 \sim 500$ km/h,约为目前我国普通特快列车速度的 5 倍,北京到上海 3 个多小时。通过改变铝线圈中电流的大小来控制列车运行速度,十分方便。

(2) 汽车的革新:一般电动汽车是由蓄电池组和电动机组成,一次行程较短。利用高温超导体可极大减少蓄电池功率损失,提高储电容量,增加供电能力。对减少大气污染和简化汽车结构十分有利。

(3) 超导电车:供电线路用超导电缆,埋在道路表层里。电车底部安装若干超导线圈。靠电磁感应使超导线圈产生感应电流,推动电车行进。无架空线、轨道,电力消耗小的电车供电系统将扩展电车的使用范畴,特别是可能行驶在高速公路上。

(4) 电磁推进船舶:超导技术设计的电磁推进船,只需改变超导磁场的磁感应强度或电流强度,就可变换船舶的航行速度。具有结构简单、操作方便、噪声小等优点,有望成为船舶改造的重要方向。日本已试制成功长度为 30 m、航速为 8 km/h 的电磁推进船。

7.3.4.4 在能源技术领域的应用

超导体在能源技术领域的应用有以下几个方面。

(1) 超导电缆:超导电缆已有多种,比较成功的超导电缆有圆筒式和多芯式两种。圆筒式超导电缆是由 3 根管状超导芯线组成。超导芯线安装在具有隔热层的管内。冷却液氮在超导芯线内外同时循环流动,保证超导电缆处于超导电性状态。多芯式超导电缆的结构与普通电缆类似。直径 100 nm 以下的超导线均匀分布在电绝缘层中,并套上铜管,铜管的直径为 2 mm,在外冷却液氮的作用下电缆处于超导状态,即为超导电缆。

(2) 超导发电机:超导发电机有许多优点,电流损失小、效率高、电机容量大及体积小等。日本正在研制激磁线圈额定电流容量为 70 MV·A,临界电流密度为 150 A/mm^2 的超导发电机。

(3) 超导变压器:传统变压器由于涡流和磁滞损失,限制了其性能。交流超导线材制作变压器的线圈绕组,可大大减小涡流和磁滞损失,提高变压器输出功率。且可向轻小型变压器发展。日本已用额定电流 100 A 的交流超导线材铌—钛合金制成 500 kVA 的超导变压器。

7.4 生物材料

7.4.1 生物材料概念

生物材料也称生物工程材料或生物医学材料,是生物体器官缺损、病变或衰竭的替代材料,即人类器官再造材料。

生物体是个复杂系统,其中所有构件要接受温暖潮湿、新陈代谢、腐蚀降解、摩擦扭曲、支撑碰撞等严格苛刻的考验,其替代材料同样也要受到考验。

7.4.2 生物材料特点

生物材料要具有生物相容性,与人体组织的相容性,体内组织液不会受影响发生变化;排异反应要尽可能小,与血液接触应有抗血栓形成能力;使用寿命要长,有良好的耐老化性;药物缓释材料应能被人体吸收或及时排出等。

7.4.3 生物材料种类

目前,生物植入材料有金属及合金、生物活性陶瓷、生物化学水泥和生物复合材料等。

7.4.3.1 生物活性陶瓷

实现与骨及软组织的结合,在生物体内协调化学相互作用会促使骨骼新生。人造生物玻璃

(45% SiO_2, 24.5% Na_2O, 24.5% CaO, 6% P_2O_5)已实现与骨及与软组织的结合,成为一种活性陶瓷。用可与软组织相结合的生物玻璃修补中耳,已获得临床成功,可以使聋耳恢复听觉。为了得到能满足高强度、耐弯曲要求的材料,如作为人工齿和承受重荷的人工脊椎骨,研究人员已开发一类结晶化玻璃,称为玻璃陶瓷,强度高于人骨,而且还可切削加工成各种形状。

一种与人骨的钙—磷相一致的羟基磷灰石合成成功,具有优良的生物相容性,而且在生物体内协调化学相互作用会促使骨骼新生,在与人体周围组织的结合上表现出具有主动能力的生物性。

7.4.3.2　生物化学水泥

骨骼缺损修补、骨骼植入材料的固定和牙齿的修复等,利用磷酸钙细粉为主要材料,在修补过程中,一面硬化,一面产生羟基磷灰石,形状可塑,操作方便,被称为**生物化学水泥**。

研究工作正在就其成分、硬化过程和硬化后的性能进行深入探索,以造福于人类。

7.4.3.3　生物复合材料

把比铝还轻的高强度热解碳涂在金属或高分子材料表面,与组织结合牢固,且有良好的生物相容性,可用作人工骨骼和牙齿。热解碳还具有抗血栓性,生物体不吸收,与血液蛋白质的适应性好,可用作人工心脏瓣。用碳纤维涂上热解碳,可以作为韧带的替代材料。利用具有生物活性的羟基磷灰石作为涂层材料,喷涂在铁合金或氧化铝陶瓷表面,从而做到既发挥基体材料的强度,又发挥涂层材料的生物活性。

7.4.3.4　人工器官

可以制造出人工心脏、人工肝脏、人工肾、人工喉、人工眼球、人工骨、人工皮、人造血浆和血液等。在整容和美容方面得到广泛应用。用于临床的人工器官的高分子材料主要有:聚氨酯、聚四氟乙烯、聚碳酸酯、聚甲醛、聚乙烯、聚丙烯、聚氯乙烯、硅橡胶、碳纤维等几十种。

我国已研制成功人造血液,是具有很高溶氧能力的氟碳高分子液体,已在临床上用于危急病人的抢救和战地救护。

高分子材料制成的人工关节和人工乳房已投入临床应用。人工器官在整容和美容方面得到广泛应用。

7.4.3.5　控制释放技术

无害的胶囊包裹药物,使药物以一定的速度释放,提高疗效。药物治病需要一定的浓度,浓度低了达不到药效,浓度高了会产生副作用。如治疗糖尿病的胰岛素,在血液中要维持一定的浓度,这就需要每天注射几次不断给予补充。如果能以一定的速度释放药物,以实现保持血液中药物的一定浓度,那将是病患者的福音。

把药物包裹在膜里是控制释放的最简单方法。关键是制备无害而易分解的高分子材料作为胶囊。聚氨酸就是一种能够满足这个要求的材料,可用来制成抗癌缓释药。使胶囊微型化,埋在癌变肿瘤内部可大幅度提高药效。长效避孕药缓释胶囊的胶膜是用硅橡胶和左旋甲基炔诺酮制成的。把6个各含有36 mg避孕药的胶囊埋入上肢适当部位,药效可长达5～6年,取出后2～3个月内可以恢复生育能力,相当方便。

7.4.3.6　仿生模拟材料

可主动诱导、能促进人体自身组织和器官再生。仿生材料是在对生物大分子进行深入分析的基础上,探索生物大分子结构与功能之间的关系,然后进行分子设计和仿生模拟,从而研制具有生物功能的仿生材料。

蓝色贻贝能分泌出一种独特的液体使之能够牢牢地粘在岩石上。科学家在仔细分析分泌液的分子结构后合成了一种模拟蓝色贻贝分泌液的超级胶黏剂。其特点是可快速固化,不受盐水侵蚀,是补牙和接骨的好材料。

科学家正在开发更高层次的生物材料,预计在掌握生命过程的机制和奥秘基础上,研制出具有主动诱导、能促进人体自身组织和器官再生作用的生物复合材料,这一研究已初具成果。这是一项涉及生物学、医学、材料科学、分子及工程设计等多学科交叉协作的艰苦工程,也是为人类自身创造美好生存环境的重大项目。

7.5　高分子材料

高分子材料与人们的生活息息相关,从各种器具、衣服面料到工业用工程塑料、农业用塑料薄膜,从打火机、照相机外壳到火箭壳体、航天飞机贮能罐,都成为高分子材料大显身手的场所,与传统材料比较具有无法替代的优点。高分子材料以石油为原料,来源丰富、重量轻、可塑性好、加工方便、成本低廉,所以发展迅速,已经占有巨大的市场。目前全世界高分子材料的年产量已超过 1×10^8 t。按体积计算,每年消耗量超过钢、铜和铝的总和,如今高分子材料随处可见。

目前大量生产的高分子材料是在通常条件下使用的,还存在机械强度差和耐热性能低的缺点。科学技术的飞速进步,对高分子材料也提出了更高的要求,从而强有力地推动高分子材料向着高性能和多功能方向发展。

7.5.1　高性能的高分子材料

人们通常把高分子材料看成质地较软、强度差的材料。经过多年来的研究、开发,生产出许多可与钢铁相媲美的高分子材料(塑料、纤维),应用于许多领域。

合成纤维:10多年前的一天,在多巴海峡上空出现一架人力驱使的戈斯曼·艾伯斯号(CA)飞机,创造了只用人力飞越多巴海峡的光辉纪录。其秘密在于这是一架使用高强度合成纤维和碳纤维制造成的总重量只有 25 kg 的高分子材料飞机。制造飞机所有的合成纤维是芳香聚酰胺纤维。这是一种高性能增强有机纤维。这种纤维的编织物是火箭壳体、航天飞机贮能罐和其他高压容器的理想材料,而特种电缆高性能运动器具、高性能降落伞、防弹背心、头盔和航天加压服等也都用这种高性能高分子材料。

工程塑料:在工业上使用的高性能耐热、耐磨塑料。"工程塑料"这个词首先由美国杜邦公司提出,特指可在工业上使用的高性能耐热塑料。它与普通塑料比较,有耐热、抗弯、抗拉、耐冲击和不易变形等优点;它与金属比较有高强度、低密度、电绝缘、耐磨、吸震和消声等特点。所以受到工业界的欢迎,需求量迅速增长,产量和产值大幅度增加。

高分子合金:其性能更加优越。高分子材料结构千变万化、性能各有千秋,但不同材料总是各具不同的优缺点,为满足某些特殊需要,人们通过物理或化学的方法将已有的两种或多种材料制成复合材料,借金属合金的名称,称之为高分子合金。

7.5.2　功能高分子材料

功能高分子材料所具有的功能范围十分宽广,这里只就导电高分子、信息高分子、高分子分离膜、高吸水性树脂等作简要介绍。

A　导电高分子材料与全塑飞机

高分子塑料具有弹性好、轻巧、便宜、容易加工以及耐腐蚀等优良性能,但人们通常认为塑料是绝缘体,不导电。如果能使塑料具有金属铜的导电能力,加上它自身的优良性能,用这种新型高分子材料制作导线、电缆,就可以使电力系统和电子仪器装置变得既轻巧又价廉,两全其美。通过艰苦的探索,20世纪70年代末,世界上第一种有应用前景的高分子材料聚乙炔研制成功。此后,相继开发了聚苯胺、聚噻吩、聚吡咯等一系列导电高分子材料。

聚乙炔的导电能力已超过铜。有一种锂—聚合物电池,一个电极是锂铝合金,另一个电极是用导电高分子聚苯胺制成的。这种电池只有一个硬币大小,可以反复充电,自放电速度缓慢,充电后能保持很长时间,适合用于计算机的辅助电源。

德国已研制成一种充电锂——聚吡咯电池,有趣的是这种电池可以弯曲。技术发达国家近年来正在研究全塑飞机的可能性,但塑料飞机遇上雷电,有遭雷击的危险。显然使用导电高分子材料是一种好的选择,目前美国洛克希德公司正在研究导电聚合物与工程塑料的复合材料来制作飞机骨架。用导电高分子材料编织成导电服,可消除人体静电,适合计算机工作者和医务人员穿着。

B　信息高分子材料

高分子材料在光电信息方面的应用正日益受到重视。利用高性能的有机玻璃和聚碳酸酯作为基材制成的光盘,满足了信息的大容量和高密度存储的要求。

利用高分子材料的能量转换特性,已研制光导电和光致变色材料。

高分子材料在信息技术上的应用是多方面的,如高分子压电体、高分子显示材料、高分子光导纤维等。

C　高分子分离膜

高分子材料具有选择性透过功能,利用这一特性制成高分子半透性薄膜称为高分子分离膜。分离膜以压力差、温度梯度、浓度梯度或电位差为动力,使气体混合物、液体混合物或有机物与无机物的溶液,分离成单一成分。制备分离膜的高分子材料有醋酸纤维素、芳香族聚酰胺、聚四氟乙烯、聚酰亚胺、聚丙烯腈、硅胶和聚碳酸酯等。

当前水资源短缺形势严峻,高分子分离膜可实现海水淡化,解决水源短缺问题。采用分离膜的方法,能源消耗只是蒸发法的四分之一。采用高分子分离膜技术淡化海水,效益巨大。

D　高吸水性高分子材料

能够吸取水分的材料不少,但一般只能吸收自身质量20倍左右的水分,而且稍微挤压,水分就大部分排出去了。高吸水性高分子材料可以吸收自身质量几百倍到1000多倍的水分,而且经挤压或加热方法也难于脱水。这种很有趣的高分子材料除用天然淀粉、纤维素作原料外,还可以用合成聚合物作原料,如聚丙烯酸、聚丙烯醇、聚丙烯酰胺等。

高吸水高分子材料广泛应用于化妆品、土壤改良、园艺、沙漠绿化、建筑、生物反应器、器官修复。

7.6　复合材料

复合材料是通过科学的设计和合理的工艺,把两种以上不同材料组合成一种的新型材料。

复合材料的设想是二战中提出的:一切武器所用的材料,既要具有高强度又要轻巧;既可靠牢固,又具有多功能。方法之一就是把两种或多种性能优良的材料组成复合材料。

在航空航天领域,若用轻质高强复合材料制作飞行器,则重量会大幅度减轻,耗费能源就少,航程就可以更长,发射航天器所需的火箭动力将大为减小;利用火箭发射导弹,若各级火箭壳体都使用复合材料,则射程将从中程变为远程。

正因为复合材料具有满足航天技术对材料高要求的独特优点,因此,首先在航天技术中得到有效的应用。

7.6.1 树脂基复合材料

树脂基复合材料是以树脂为基质加入增强性能的粒子状材料或纤维状材料组成的新型复合材料。

在聚乙烯、聚丙烯及尼龙等树脂塑料中加入滑石、碳酸钙、炭黑等粒子状增强材料,可以提高复合材料的刚性、强度和耐磨性等。这种复合材料已用于汽车内的零部件制作及食品包装。使粒子形成中空的小球体而加入塑料基质中的实验已获得成功,这可以使材料轻巧和具有保温性能。

纤维状增强塑料有很好的发展前景。早期采用玻璃纤维,近年来采用碳纤维、硼纤维和芳香族聚酰胺(芳纶)纤维。

复合材料首先在航空航天技术和军事上得到应用。如军用飞机上硼纤维增强环氧树脂作飞行舵、水平安定面、机翼后缘等。美国中程潜艇对地导弹北极星 A-2 的第二级固体火箭发动机壳体用玻璃纤维增强环氧树脂缠绕制件,比钢质壳体轻 27%;而后又用高性能玻璃纤维取代普通玻璃纤维,使北极星 A-3 的第一级火箭壳体质量比钢壳减轻 50%,第二级也相应减轻,使北极星 A-3 导弹的射程由 1700 km 增加到 4500 km。

碳纤维增强树脂复合材料已在导弹、航天飞机和卫星上得到应用,效果优异。高硅氧玻璃纤维增强酚醛树脂和碳纤维织物缠绕增强酚醛树脂在火箭头部作为烧蚀防热材料,有着良好的效果。

7.6.2 金属基复合材料

纤维增强金属组成复合材料的研究始于 20 世纪 60 年代,效果比树脂基复合材料更好。为了方便引用符号 A—B,A 代表增强纤维,B 代表基质材料,如硼—铝,为硼纤维增强铝基复合材料。

目前,硼—铝、硼—钛、碳化硅—铝、碳化硅—钛等复合材料已在飞机和航天飞机上得到应用,具有耐高温、高强度、良好的导热性、高导电性、不吸湿和不老化等优点,这是树脂基复合材料所不及的。金属基复合材料可在 350~1200℃ 下使用,适应了迅速发展的高技术领域的需求。美国正在执行一项国家航空航天飞机(NASP)计划,其中金属基复合材料将成为飞行器各种构件的主要材料。

纤维增强金属基复合材料,主要用于洲际导弹和远程导弹头部烧蚀防热锥。碳纤维进行三方向或多方向编织,作为复合材料的增强体,再用化学淀积或浸渍沥青法填充织物空隙,最后在一定压力下高温石墨化而成。用于火箭发射、导弹头锥、火箭喷管、航天飞机构件等。

导弹发射后穿过大气层进入外层空间,当到达目标后还要再次进入大气层,这时导弹头周围将产生高温等离子体,形成一个鞘体包围着导弹头,使电波难以通过,造成"再入通信中断",得不到遥控数据。在导弹头烧蚀防热复合材料层中加入亲电子材料(如泰氟隆),从而减少电子密度,部分解决了"再入通信中断"问题。

7.6.3 陶瓷基复合材料

陶瓷具有高硬度、高强度、耐高温和耐腐蚀等十分突出的性能,但又有脆性高的缺点,限制了它的广泛应用。采取陶瓷纤维加入陶瓷基质的办法,来增大韧性,取得了有效的成果,既增加韧性又不降低强度。现已可满足 1200～1900℃ 高温环境下使用的要求。纳米复合陶瓷是更具有特色的又一种新型复合材料。

尽管对陶瓷基复合材料的研究还不很透彻,但已得到应用,并表明这类材料具有很大的发展潜力。现已应用的陶瓷基复合材料有碳纤维、玻璃纤维、SiC 纤维、Al_2O_3 纤维、Si_3N_4(赛隆)纤维等。在高温材料方面,陶瓷基复合材料可用来制作防热板、发动机叶片、火箭喷火喉衬以及导弹、航天飞机上的其他零件。

7.7　环境材料的发展现状及前景分析

新材料的研究对提高人们的生活质量、保证人类可持续发展具有重大意义。人类进入工业社会以来,随着生产活动的增加和工业污染物的大量排放,生态环境日益恶化。各种活动都离不开材料,因此材料及其制品是造成能源短缺、资源过度消耗和环境污染的主要根源。开发具有环境兼容性的新材料及其制品,并对现有材料进行环境协调性改进,是新材料研究的主要内容。新材料的研究已经深入到工业的各个领域,在资源和能源的有效利用、减少环境负荷上新材料就有很大优势,是实现材料产业可持续发展的一个重要发展方向。

7.7.1　环境材料的发展现状及技术方法

7.7.1.1　日本产业界对环境材料研究状况

A　日本松下电子集团——绿色材料、产品

人口膨胀、环境恶化,人类与环境的和谐发展已经成为全人类所面临的问题。为了减少消耗、减少浪费,回收和节能势在必行。松下电子集团是首先执行绿色商品概念的公司,从设计、原料采购、制造到分解、分类回收的整个产品周期中都已应用了环境友好(environmental-friendly)概念。

B　日本富士通公司——可分解电子产品包装材料

日本富士通公司的基本环境策略即是利用材料回收来保护环境。该公司利用生物分解性的塑料作为电子产品的包装运送材料,一些用来运送的材料,如 LSI(large scale integration)的托盘可以完全地再回收利用。一个完整的回收系统包含了以下几个步骤:制造、销售、使用、收集以及最后的丢弃。以生物分解性的塑料作为 LSI 的托盘的好处是在使用后可以从一段回收系统的封闭循环中分开而不会污染环境,这些生物分解性塑料可以作为产品的运送材料,因为它可以回收再利用,丢弃后也可以被生物分解而不会污染环境。

C　日本 NEC 公司——电子工业用非卤非磷阻燃性高分子材料

日本 NEC 公司在电子产品方面,已发展出不添加含有有毒物质如含卤素或磷的阻燃剂的耐燃性塑料,并发展出添加硅化物阻燃剂的 PC,可用于室内的装潢材料中。含有特殊侧链以及在主链上含有芳香族的硅化物已被证实可以有效地阻碍 PC 的燃烧。含有此种硅化物的 PC 具有高强度、易加工性、高耐热性和高阻燃性等优点。NEC 公司也开发出不含阻燃剂而具有耐燃性的封装型环氧树脂。利用芳香族的环氧树脂以及酚系的硬化剂形成的网状结构使其具有自熄性。其阻燃的机制是燃烧时表面会形成泡状的结构来阻碍火焰的燃烧。此种环氧树脂同时也具有抗吸湿性、耐焊热、耐热循环等优点,可以用于大规模集成电路的封装材料。

D　日本日立公司——家电用品中高分子材料的回收再利用

传统的家电用品回收处理方法为粉碎回收铁,而剩余无法回收的部分则采用掩埋法,这样的方法对于环境的冲击仍相当大，所以应发展新的回收再利用系统。质量平衡及处理成本是新的回收系统所需要考虑的问题。在日本，家电用品的回收已成为主要的观念，并且在 1998 年 5 月颁布回收法案。从 2001 年开始实施到目前为止，家电用品仍以掩埋及回收部分金属铁作为主要处理方法，日本家电协会 1998 年 4 月已建立新的家电用品回收示范工厂。

E　日本日立公司——废家电用品拆卸回收技术

由于自然环境资源的消耗，垃圾掩埋场的减少及有害化学物质造成的环境污染，回收可再利用物质的观念逐渐形成。一般家庭电器生产工业仍然持续致力于发展可轻易回收制品，为了明白这些推动的效果，及确认未来回收设计的工作重点，日本日立公司计算了一般电视机的拆卸及回收时间。研究结果显示，一般中型或大型电视机，拆卸的时间可降低到原来的 6%～20%，回收效能可增进 20%～25%。这说明了电视机产品中的回收设计可凸显其在环境保护中的效力。

F　日本日立公司——拆卸回收评估系统

日立公司发展一套拆卸评估体系(disas sembly evaluation method,DEM)，这是一套分析拆卸及回收程序的方法。大部分产品在其生命周期中，能量消耗主要是发生在操作中，所以能量的回收需通过设计的步骤来减低，该公司正推动环境兼容的产品。关于产品的可拆卸性及塑料与金属的回收，日立公司已与 30 个卫星公司合作，以提供可以解决环境问题的对策，其对策为"Best Mix Total Solution(最佳混合整体解决方法)"。

G　日本 Ricoh 公司——拆卸回收材料评估模式

为了减少环境对人类生产的废弃物的负担以及维持足够的生产量以供应人类所需，物质的循环模式必须从"原料—产品—丢弃"的模式转变成为回收生产的模式，以将物质最有效地利用。对于废弃物有许多的回收方式以及回收时的循环模式，日本 Ricoh 公司指出"彗星循环(comet circle)"的概念。此概念整合了许多的回收方式，并根据许多产品设计以及实际的回收案例而建立。

H　日本 Ricoh 公司——办公设备零组件材料回收再利用研究

日本 Ricoh 公司对复印机、打印机用过的墨粉盒及墨水匣等办公室机器消耗品，经回收后再使用。在墨粉盒、墨水匣这些零件的设计上加以改变，可有利于回收再利用。回收且制造的工厂提供了对于环境的正面帮助，这些经过回收再利用的产品已渐渐被消费者接受并使用。

I　日本 Canon 公司——打印机之生态设计(Eco-Design)

日本 Canon 公司推出的 Bubble Jet printer 设计理念，是针对环境意识(environmentally conscious)来做机器设计，以环境意识作为设计 BJ printer 的核心。Canon 的设计包含以下的设计观念：节约能源、节约资源、保护环境、延长使用寿命、回收再利用。

J　日本三菱公司——冰箱内、外材料回收的研究

日本三菱公司生产的冰箱可以回收得到冷媒(coolant CFC)、压缩机及铜、铝、铁等金属，有些材料具有高纯度，所以回收所得到的效益渐渐被重视，使得回收工厂得以生存发展。

K　日本三菱公司——家电用品拆卸回收

日本三菱公司正进行回收并拆卸使用过的家电产品，如冷气机及洗衣机是工厂回收的主要对象。通过冷气机的拆卸可以回收冷媒、热交换机及压缩机，并透过影像处理系统的帮助，可利用机器人来自动拆卸，目前一个小时可拆卸 17 部冷气机。回收洗衣机可以得到马达，而洗衣槽的深度可利用超音波来自动侦测，目前每小时可处理 27 部洗衣机。

7.7.1.2　欧洲部分

环境材料的开发与使用得到欧洲国家的重视，回收再利用等环境意识的设计已经成为重要

的一个部分。

(1) 欧盟。最近在欧洲各国的立法中,对于生产者的责任和回收的立法都相继提出。在德国、荷兰和瑞典三个国家中,目前正进行电子及电机产品设备使用后废弃系统的研究,讨论收集和处理棕色和白色的商品,提供了收集和处理方面定性的资料和成本的相关数据。

(2) 德国电子业——电子组件、高分子材料回收再利用。德国有关环境的问题考虑到电子产品以及相关的许多产业,这些问题关系到一件产品的提案、设计、材料采购及制造。环境改善所使用的方法设计是利用毒性传感器的检测,尽量提高产品的生物兼容性。在未来,这样的制造方式必须被大量地考虑及利用。过去一些被认为是无公害的科技,现在已经因为越来越短的产品循环及研发周期以及新的利用而变成相当值得注意的工业环保问题。这些产品从生产到生命周期终点时会使得环境受到相当程度的冲击。以电子组件和一些可移动的能源体(mobile energy,例如电池或蓄电池)来说,都可能会产生对环境有影响或冲击的残留物,然而要使这些电子组件产品再生及回收却是相当困难的,因为要将这些材质作某些程度上的改变并不容易。在未来,要使用回收利用的方法来将混合材质的产品进行分离是相当困难的。而处理电子产品的方式就在于精炼铜的制造,但在此之前必须先将毒性物质做回收的前处理。同样的在小组件上,有害的残余物也应该尽量予以去除。因此在电子组件上必须尽可能地将有害的毒性物质含量降至最低,才可以将毒性的残余物含量减少。

(3) 德国——生物分解材料。在德国的工业界和学术研究上,有很多关于生物分解性领域技术上的发展。德国积极发展生物分解性的原料或是对回收的原料加以合成,这些材料主要在于其化学结构上有分解性的结构。这方面的研究成果,受到环境和市场的影响。此计划主要是由 Fraunhofer 研究院对工厂操作和自动化的管理,从技术、法律、经济等不同层面对现阶段公司在生物分解性上进行开发和贩售上的研究。研究的结果作为市场信息提供给生产和经营生物分解性塑料的公司。

(4) 德国——电子组件 Eco-Design(生态设计),LCA(生命周期评价)。德国电子工业界为了解电子组件使用时间,首先要做的是对其做可靠性以及使用期的预估。电子组件在正常使用的状况下出现问题的大部分原因是因为焊接点的部分出现疲劳情形。电子组件在未知情形下的操作对其使用期限做评估,需要解决和探讨的问题如下:

1) 利用评估生命周期的技巧来对电子组件的可剩余使用时间做评估;

2) 以非破坏性的方式来达到上述的目的;

3) 以低成本的方式来做非破坏性评估。

(5) 瑞典——LCA(生命周期评价)、EMS(environment management system,环境管理系统)。在瑞典,环境意识的设计已经成为产品发展相当重要的一个部分,社会一般消费大众对环境友善的要求已经越趋增加。而这个议题也被视为工业上如何来发展被环境所能接受的产品以及制造的一个重要的方向和策略。这种制造上的效益是厂商竞争取胜的非常重要的决定因素。其前瞻的远景则着重于产品的制造发展以及对于环境因素的考虑。以这个前瞻的方向为主导,瑞典皇家科技协会组成整合性产品的发展部门及机械设计部门,进行生命周期评估以及环境管理系统的研究,这类研究显示出对减少环境负荷有正面的影响。

7.7.1.3 美国

美国近十年来在环境材料方面的发展非常积极,其推进是全面性的。

(1) 美国在环境材料方面的发展包括产、管、学、研各界以及各产业的相关环保技术。

1) 印刷业。美国环保局和印刷业的三个主要项目成为合作伙伴,包括丝网印刷(scre. enprinting)、平版印刷(i.ithography)和凸版印刷(flexogaraphy)。美国 20000 个丝网印刷业者中,大多数是中小企业。由于在制图过程中,使用溶剂去除残余的墨水或版模上的残留物质,会对工作人员产生健康上的负面影响。故美国环保局致力于让从业人员了解到有更清洁的产品、制造过程以及技术可供使用。目前约有 18 种技术正在评估中。至于平版印刷方面,美国有 54000 个平板印刷业者,大多数业者使用石油溶剂清洗其印刷品,这些溶剂称之为毛毯清洁剂,含有挥发性有机物质(VOC)。若长期暴露在 VOC 下,将造成人体不适。故美国环保局在平版印刷业者的计划中,针对 37 种商品审查,主要收集每一种商品的效果、成本及其在健康及环境上所隐藏的风险,供企业伙伴在商品选择上做适当决策。另外,凸版印刷计划则着重于比较溶剂、水质及 UV 墨水技术方面。

2) 电子产业。印刷线路板的生产过程中需要大量的水、能源及一些有毒化学物质。故在电子产业方面,政府、产业共同合作寻求制造过程中执行的步骤。目前,印刷线路计划正在做第二次的清洁技术替代方案的评估,其评估的项目着重于热气焊接整平过程中的效果、风险,以及一些无铅替代表面的成本。另外,此伙伴计划也推广至计算机业。计划同时利用生命周期及 CTSA 两者对计算机进行评估,分析项目则着重在桌上型计算机的显示器(CRT)和平面展示器(FPD)的环境冲击、效果及成本。

3) 服饰、纺织业。美国环保局和干洗业者合作,目的在于减少四氯乙烯或其他干洗溶剂的暴露量。将以往的干洗计划进一步扩展为服饰纺织照顾计划(GTCP)。两者的差异在于后者包括干洗业者上游厂商的合作范围。而计划的主要内容则针对服饰、纺织、布等方面的设计、制造、卷标进行技术评估。

4) 洗衣业。此计划是针对产业或组织单位的洗衣店(industrial/institutional laundry project),设计或采用更安全、更有效率的清洁产品。此计划主要考虑试用较环保的成分,或可能产生的其他环保利益(如减少原料消费量)以及厂商的意愿。同样地,美国环保局亦提供各种相关资料。

5) 汽车修理业。由于汽车表面整修时,使用相当多的有害化学物质,特别是在烤漆的过程中,使用溶剂、涂料等添加物质,因此,美国环保局希望能确认和采取更安全、更清洁、更有效率的技术。汽车整修计划(auto refinishing project)目的即在于确认更好的控制技术以避免工作人员暴露于污染物中,并提供更有效率的工作程序以及采取更新的技术。

6) 零件供应业。复合产品的制造商,如汽车业、设备业、船业和飞机制造业等都必须依赖很多的供应业者提供零件,加以组装。很多零件供货商都是中小型企业,因此,供应包制(supplier initiative)计划的目的即在于发掘如何利用营销通路减少在小型工厂内的风险暴露量。

7) 涂料业。美国环保局和产业界,包括涂料制造业和供应业,合作发展醇酸树脂和乳胶涂料的粉刷工具,避免暴露危害。

8) 泡绵家具或寝室用品。此产业的最大顾虑在于便宜、有效且安全的胶黏剂不易获得,故致力于减轻消毒过程中使用易燃溶剂可能造成的危险,以及寻求替代的溶剂和生产过程。在此计划中,法规的制定快速推动了胶黏溶剂替代品的试用。

(2) 2000 年 9 月 22 日至 10 月 1 日美国复合材料制作协会年会上有关 Eco-material,Environmental-friendly materials 的资料包括如下两点:1) 利用大豆制备多羟基化合物、再利用多羟基化合物制造塑料等,用于建材、汽车、火车的内装材料,这类材料未来在家具、地毯、鞋材、包装材料等方面应用非常广泛。2) 利用植物纤维(特别是农场或牧场的纤维,如农场废弃的产品、牧草)干燥制成复合材料用纤维,目前加拿大的 Cargill 公司开发成功各种自然光纤,已用于汽车、家具等内装材料,这些补强或填充材料具有下列特性:更多的性能,更强的耐用性,质量更小,更易处理,更可靠的性质,更少的工具磨损,更清洁的环境。

(3) 美国各产业对挥发性有机化学溶剂(volatile organic chemical, VOC)的排放非常关注,因此水溶性的材料成为研发重点，Magnum 公司及开发出一系列检测 VOC 的系统（emission moni-toring system）。

（4）美国 Superior System 公司则开发一系列取代丙酮、二氯甲烷且生物可分解的无毒、无公害的溶剂。

（5）对于各种臭味的消除，美国 Ecosorb 公司则推出生态吸附普通气味控制器，利用天然的油料与食品级的乳化剂来吸收都市废水的臭味，并已获 EPA（美国环保署）及 USDA（美国农业部）毒性物质控制许可证。

7.7.1.4   中国

中国近年来经济发展非常快速，为解决人口膨胀、粮食短缺，防治环境污染，对环境材料进行了下列五项研究：（1）基础环境材料研究；（2）材料与制品的生产周期评估（LCA）；（3）环境生态设计（Eco-Design）——材料与产品；（4）固态工业废弃物的回收与再利用；（5）改善环境材料。

我国近 10 年来在经济部工业局与环保局的大力推动下，在工业减废、环境管理等方面的成效卓著。但产、管、学、研各界对"环境材料"的了解与认知还有待加强。2000 年 7 月 13 日我国政府将"绿色技术工业的环保科技材料及资源化产品"列入新兴的重要策略性产业，对我国"环境材料"产业的发展有极大的助益。

7.7.2   生命周期评价与环境材料

在材料提取、制备、加工、生产和使用、废弃、回收过程中，需从环境中摄取大量的资源和能源，同时排放废弃物，给环境带来负担。国际上采用生命周期评价（LCA，又称生态循环评估、环境协调性评估）的方法定量评价材料的环境负担性，这是环境科学和材料科学的交叉研究领域。

针对某一具体过程应用 LCA 方法，首先要建立合适的数学模型。目前较常用的方法是输入输出法、加权因子法以及线性规划法等。由于输入输出法有定量的指标和量化单位，含义比较明确，故相对在一般的材料生产工艺工程中的应用也较多。在 LCA 研究中，关于材料的环境指数的研究是目前的热点之一。材料的环境指数，又称环境指标，是评价材料在生产过程中对环境影响的一个具体的量化单位。如何定义材料的环境指数是各国环境材料研究学者的第一个目标。建立关于材料的 LCA 评估的应用软件和数据库，是目前我国生态环境材料学者正在开展的具体工作之一。美、英、法、日等国家学者均开展了大量研究工作，其评价已涉及的材料有交通运输材料（如汽车材料）、包装材料、建筑材料、自行车材料以及其他工程材料和金属功能材料。

材料制备加工中的洁净技术，又称为零排放与零废弃加工技术，在先进材料可持续发展中具有重要地位，已在国际上引起材料会计学者的极大关注。材料制备加工中的零排放与零废弃加工技术的重要性在于，它从根本上改变了目前在环境问题上的"先污染、后治理"的模式。其基本出发点是，通过对材料制备加工中各种过程的综合分析，采取有效的综合技术，从技术及经济成本的可行性两方面考虑，尽可能减少乃至最终避免在材料制造加工中废弃物和污染物向生态环境中的排放，实现材料加工技术洁净化。

7.7.3   环境材料的发展及意义

环境材料的研究对提高人类的生活质量、保证人类可持续发展具有重大意义。人类进入工业社会以来，随着生产活动的增加和工业污染物的大量排放，引起生态环境日益恶化。各种活动都离不开材料，因此材料及其制品是造成能源短缺、资源过度消耗和环境污染的主要根源。而人类的生存与发展离不开材料，为了获得大量的各种高性能的材料，同时又避免造成资源短缺、环境污染等恶劣影响，研究并生产环境材料势在必行。环境材料的研究引起了各国政府的普遍重视,在各国的高科技发展计划中,环境材料都是一个重要的主题。其中,环境材料的研究包括生态建材、固沙植被材料、生物医药材料、环境协调性工艺等。开发环境相容性的新材料及其制品,并对现有材料进行环境协调性改进,是环境材料研究的主要内容。

环境材料的研究已经深入到工业的各个领域。在资源和能源的有效利用、减少环境负荷上环境材料具有很大优势,是实现材料产业可持续发展的一个重要发展方向。

本章小结

环境材料是指与生态环境相容或协调的材料,即从开采、产品制造到应用、废弃或再循环利用以及废物处理等的整个生命周期中对生态环境没有危害、能够与生态环境和谐共存,并有利于人类健康,或能够自我降解、对环境有一定的净化和修复功能的材料。环境材料具备以下三个特点:(1) 先进性;(2) 环境协调性;(3) 舒适性。

生态环境材料的研究内容主要有以下六个方面:(1) 生态环境材料及生态产品;(2) 生物降解材料;(3) 材料再生及再循环利用;(4) 降低环境负担性的材料加工工艺和技术;(5) 环境工程材料;(6) 环境负荷评价。

现代新材料技术主要有:纳米材料、超导材料、生物材料、特种陶瓷、高分子材料、航天复合材料等。通过生态重组、高新替代和延长产业链等手段,将现代新材料技术融入现代工业生产过程中,在实现现代工业的生态化转向过程中发挥着举足轻重而且是越来越重要的作用。

材料同人类的生产、生活息息相关,环境材料的应用可以更有效地缓解工业高速发展所带来的环境问题,为人类的发展提供一条健康和谐的道路!

思考复习题

1. 什么是环境材料,它必须具备哪些特点,应该从哪六个方面来研究生态环境材料?
2. 什么是纳米材料? 简要介绍其特殊现象、特性及其结构。制备纳米材料的方法有哪些? 了解纳米技术的应用领域。
3. 简要介绍超导材料及其特性,了解超导体的应用。
4. 什么是生物材料,其具有哪些特点,生物材料的种类有哪些?
5. 高性能的高分子材料和功能高分子材料有什么不同,它们各自用于哪些领域?
6. 什么是复合材料,有哪几种基的复合材料?
7. 举例介绍日本产业界对环境材料的研究状况。了解欧洲及美国在环境材料方面的发展情况。
8. 了解 LCA 法在环境材料方面的应用。

8　现代工业的生态化转向

内容要点

    (1) 现代工业发展的新型模式；

    (2) 工业生态化(工业转型)的实施途径及其框架；

    (3) 清洁生产、循环经济与工业生态化概念及相互关系；

    (4) 生态工业园区概念及其生态工业园区的构建；

    (5) 构建生态工业园区的案例分析。

讨　论

    结合实例应用工业生态学相关理论论述如何实现现代工业的生态化转向。

8.1　工业生态化(工业转型)的实施与途径

8.1.1　工业活动概述(Introduction)

    现代工业的产生和发展经历了四次技术革命,技术进步推动工业的发展,工业领域不断扩大,已经在向海洋、太空进军。产业结构向高新技术、知识密集型产业过渡。国民经济因此而得到了很大程度的发展,提供先进技术装备,能源和原材料,提供人民需要的消费品,工业活动成为国家资金积累的主要来源。但同时,工业的高速发展也给生态环境带来了巨大的负面影响,从环境中索取各种自然资源,改变环境结构,影响其功能;废品进入环境,当排放量超过环境自净功能时,就会对生态系统和人类健康造成危害。

8.1.1.1　当前我国工业发展状况(The Situation of the Industrial Development in Our Country)

    当前我国正处在十分重要的发展阶段,工业化、城市化进程加快,对资源能源的需求不断增加,这既是一个黄金发展时期,又是一个资源环境矛盾突出、瓶颈约束加剧的时期。我们为保持经济的较快增长付出了相当大的资源和环境代价。以 2003 年为例,国内生产总值增长 9.1%,但耕地却减少了 253.7 万公顷,主要原材料消耗也明显上升,当年,我国实现的 GDP 约占世界的4%,而为此消耗的原煤、铁矿石、钢材、水泥分别占世界的 31%、30%、27% 和 40%。2003 年全国先后有 21 个省市拉闸限电,能源紧张状况至今没有改善。全国每年因缺水造成的直接经济损失已达 2000 亿元。至 2010 年,可持续发展所需要的 45 种主要矿产中,只有 24 种能满足需求。从资源消耗的增幅看,近年来,我国钢、铁、有色金属、水泥等主要原材料消耗弹性系数(原材料增速与 GDP 增速之比)正呈扩大之势。从资源利用效率来看,我国资源产出效率大大低于国际先进水平,我国每万元 GDP 能耗是世界平均水平的 3 倍多。此外,我国资源回收利用率比较低,许多可以利用或再利用的资源成了废弃物,每年约有 500 万 t 废钢铁、废玻璃等没有回收利用。从环境污染程度看,我国废弃物排放水平大大高于发达国家,每增加单位 GDP 的废水排放量比发达国家高 4 倍,单位工业产值产生的固体废弃物比发达国家高 10 多倍,每年因大气污染造成的经济损失占 GDP 的 3%~7%。近几年,由于资源短缺和局部环境恶化制约经济社会发展的问题越来越明显,可持续发展受到了严峻挑战和广泛的关注。因此,增强节约意识,推进资源节约工作,提高资源与能源的利用效率,缓解资源瓶颈制约,加快建设节约型社会是落实科学发展观、统筹人与自然和谐发展的必然要求。

8.1.1.2 现代工业发展的新型模式(New Model of Modern Industrial Development)

建设节约型社会,实施可持续发展战略,必须首先实现经济增长方式的转变,摒弃传统的资源高度依赖型发展模式,重视和发展建立在物质循环利用基础上的经济发展模式。同时,现代工业发展还应依靠科学技术,发展高新技术,并使科技生态化,按循环经济的发展模式,走可持续发展的道路,实现工业生态化转向,实现经济发展、社会进步和环境保护的"三赢"。

目前,国内对循环经济的认识已经形成比较一致的观点,认为**循环经济**就是一种运用生态学规律来指导人类社会的经济活动并且建立在物质不断循环利用基础上的新型经济发展模式。其本质上是一种生态经济。它要求把经济活动组织成为"资源—生产—消费—二次资源"的封闭式流程。循环经济有其自身可以遵循的原则,目前学术界将其归结为 3R 原则,即减量化原则(Reduce)、再使用原则(Reuse)、再循环原则(Recycle)。循环经济的 3R 原则使资源以最低的投入,达到最高效率的使用和最大限度的循环利用,实现污染物排放的最小化,使经济活动与自然生态系统的物质循环规律相吻合,从而实现人类活动的生态化转向和经济规模效益的递增。

循环经济与传统经济的区别在于传统经济遵循的是"资源—生产—消费—废弃物排放"单向的线性过程,其结果是地球上的资源和能源越来越少,而垃圾和污染却日益增长。其主要特征是经济增长速度与资源消耗强度、环境负荷强度在速率上成正比,形成典型的"三高一低"模式,即高开采、高消耗、高排放和低利用。而循环经济按照 3R 原则,形成典型的"三低一高"模式,即低开采、低消耗、低排放和高利用,最大限度地减少初次资源的开采,最大限度地利用不可再生资源。而且资源的循环利用提高了生态环境的利用效率。因此,循环经济体现了一种新的经济发展理念,它确立了新型的资源观和经济发展模式,从根本上改变了人们的传统思维方式、生产方式和生活方式。它要求全社会增强珍惜资源、循环利用资源、变废为宝、保护环境的意识,实现资源利用的减量化、产品的反复使用和废弃物资源化。它要求政府在产业结构调整、科学技术发展、城市建设等重大决策中,综合考虑经济效益、社会效益、环境效益,节约利用资源,减少资源与环境财产的损耗,促进经济、社会与自然的良性循环。它要求企业在确定经营方针和从事经济活动时,兼顾经济发展、资源合理利用和环境保护,逐步实现"低排放"或"零排放",从而营造出一个人与自然和谐发展的循环型经济社会。目前在许多发达国家,循环经济已成为一种新型的发展趋势。

8.1.2 工业生态化(工业转型)的实施(Implementation of the Industrial Transformation)

工业生态化是在工业文明向生态文明更替过程中,在对工业文明下人类工业经济行为及其后果进行反思的基础上,通过研究、开发与推广应用对人与环境友好的工业技术体系,建立能及时准确收集与处理有关环境与发展信息的动态监测与预测预警体系、能灵敏反映自然资源及其诸种功能变动经济后果的市场价格信号体系、能引导人与自然和谐相处的行为规范体系以及科学化和民主化的环境与发展综合决策体系,使工业经济活动所产生的人与自然之间的物质代谢及其产物能够逐步比较均衡、和谐、顺畅、平稳与持续地融入自然生态系统自身物质代谢之中的过程。工业生态化一方面是以工业文明时期迅速发展起来的科学技术、经济实力和文化为基础得以产生与发展,另一方面它又是人类对工业化过程中的弊端如环境污染、资源浪费和生态破坏等进行反思后重新选择的工业发展道路。

8.1.2.1 实施途径(Channels)

应用生态学的原理和方法,通过生态重组等手段,加速工业转型,进而实现工业生态化,最终获得经济、社会和生态多重效益,实现人类社会的可持续发展。生态工业化是通过发展生态工业和建设生态工业园区,逐步使基于人类活动的工业经济活动所引发的人与自然之间的物质代谢及其产物能够均衡、和谐、顺畅、平稳和持续地融入自然生态系统自身物质代谢之中的过程。

工业生态化(工业转型)的实施途径如图 8-1 所示。工业转型的关键是技术转变,组织管理和网络理论被看做是制度转变的一部分,可持续消费主要反映的是生产结构的转变。组织属性、企业运转间的关系、内部操作和管理的机能、跨组织的关系和结构构成了工业转型中组织研究的四个方面,它们影响和制约着企业的运转,对工业转型起着重要的促进或制约作用。

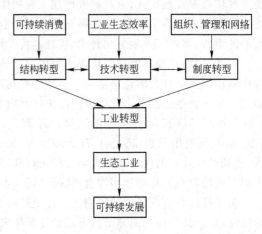

图 8-1   实现工业转型与可持续发展的途径

国外的工业转型研究有以下几个方面。

(1) 污染的防治:集中于减少现有工厂和过程的污染。

(2) 清洁技术:发展高新技术,替代现在的高耗能、高耗材和高污染技术。

(3) 生命周期设计:在产品和生产过程中集中考虑环境。

(4) 闭合循环:通过产品的循环对废品进行回收和再利用。

(5) 环境管理系统:管理结构的变化和提供与环境相关的影响信息。

国内的工业转型研究:加大对工业生产部门进行技术改造、工艺革新的力度,提高生产效率,实现清洁生产,这是取得经济效益和环境效益的保证;注重产品从产出到淘汰各个过程对环境的影响,突出和强调产品的“生命周期设计”,通过产品生命周期的延长促成闭合的物质循环,高效使用资源的同时减少对环境的压力;加强企业组织研究,建立有利于可持续发展的政策制度体系;大力调整产业结构,倡导可持续消费。研究消费者的消费行为,按时间尺度、水平和消费动机的差异研究消费的趋势和社会结构,有利于认识消费者行为的变化,并据此制定工业转型的计划。

8.1.2.2 实施框架(Implementing)

工业转型通过生态重组的形式来实现,主要体现在微观层次,中观层次和宏观层次三个层面,分述如下。

A   微观层次

微观层次属绿色化学(green chemistry)的范畴,通过改变化学产品或过程的内在本质,来减少或消除有害物质的使用与产生。设计或重新设计化学物质的分子结构,使其既具备所需的特性又避免或减少有毒基团的使用与产生。同时,实现高选择性化学反应,产生极少的副产品,甚至达到原子经济性(atom economy)、实现零排放(zero emission)。绿色化学的基本原理有以下几点。

(1) 污染预防优于污染形成后处理;

(2) 最大限度地将所使用的所有材料都转化至最终产品;

(3) 最大限度地使用或产生无毒或毒性小的物质;

(4) 设计化学产品时应尽量保持其功效而降低其毒性;

(5) 尽量不用辅助剂,需要使用时应采用无毒试剂;

(6) 能量使用应最小,并应考虑其对环境和经济的影响,合成方法应尽量在常温;

(7) 最大限度地使用可更新原料;

(8) 尽量避免不必要的衍生步骤;

(9) 催化反应优于化学计量反应,选择低毒或无毒催化剂;

(10) 化学品应设计成使用后容易降解为无害的物质;

(11) 分析方法应能真正实现在线监测,在有害物质形成前加以控制;

(12) 化工过程物质的选择与使用应使化学事故的隐患最小。

B　中观层次

针对企业与生产单位层次,主要是重新审视产品与制造过程,特别是减少废料。中观层次的研究包括:绿色设计(见图 8-2)和绿色制造(见图 8-3)。

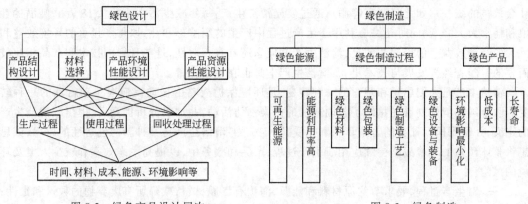

图 8-2　绿色产品设计层次　　　　　　　图 8-3　绿色制造

绿色设计与绿色制造的主要研究内容有以下几个方面。

(1) 绿色产品的描述与建模;

(2) 绿色产品的评价指标体系和评价方法;

(3) 绿色设计方法学的基础研究;

(4) 绿色设计的材料选择系统研究及绿色产品的结构设计;

(5) 绿色制造系统模型及绿色制造工艺技术研究。

C　宏观层次

主要是改善整体经济的物质与能源利用效率,即在不同企业间构建工业生态链、生态网,组建工业生物群落,建立生态工业园区。

生态工业园区是依据循环经济理念和工业生态学原理设计建立的一种新型工业组织形态,也是通过模拟自然系统建立的产业系统中"生产者—消费者—分解者"的循环途径,实现物质闭路循环和能量多级利用的工业组织结构。

8.2 清洁生产、循环经济与工业生态化

8.2.1 清洁生产

8.2.1.1 概念

清洁生产又称清洁技术、废物最小化、源控制、污染预防等，目前国际上尚未对清洁生产做出统一定义。联合国在 1989 年提出清洁生产这一术语时指出，清洁生产是对生产过程与产品采取整体预防性的环境策略，以减小对人类与环境可能的危害。清洁生产包括清洁的生产过程和清洁的产品两方面的内容，对生产过程而言，清洁生产包括节约原材料，并在全部排放物离开生产过程以前就减少它们的数量，实现生产过程的无污染或少污染；对产品而言，清洁生产则是采用生命周期分析，使得从原料获得直至产品最终处置的一系列过程中，都尽可能对环境影响最小。

《中国 21 世纪议程》对清洁生产做出的定义是：**清洁生产**是指既可满足人们的需要，又可合理使用自然资源和能源，并保护环境的生产方法和措施，其实质是一种物料和能源消费最小的人类活动的规划和管理，将废物减量化、资源化和无害化，或消灭于生产过程之中。由此可见，清洁生产的概念不仅含有技术上的可行性，还包括经济上的可盈利性，体现了经济效益、环境效益和社会效益的统一。如北京燕京啤酒厂通过实施清洁生产，每年减少污水排放量 18 万 t，吨酒的耗粮和耗水大大降低，同时还综合利用了生产过程中产生的废酵母和热，取得了显著的环境效益和巨大的经济效益。值得注意的是，清洁生产的概念还具有相对性，是与现行的技术和产品相比较而言的。随着经济发展与技术更新，清洁生产本身也在不断完善。

清洁生产是人们思想和观念的一种转变，是环境保护战略由被动反应向主动行动的一种转变。联合国环境规划署在总结了各国开展的污染预防活动，并加以分析提高后，提出了清洁生产的定义，并得到国际社会的普遍认可和接受，其定义为：**清洁生产**是一种新的创造性的思想，该思想将整体预防的环境战略持续应用于生产过程、产品和服务中，以提高生态效率和减少人类及环境的风险。

——对生产过程，要求节约原材料和能源，淘汰有毒原材料，减降所有废弃物的数量和毒性；

——对产品，要求减少从原材料提炼到产品最终处置的全生命周期的不利影响；

——对服务，要求将环境因素纳入设计和所提供的服务中。清洁生产要求转变态度、进行切实负责的环境管理以及科学而全面地评估技术方案。

清洁生产的内容包括清洁的产品、清洁的生产过程和清洁的服务三个方面。从上述清洁生产的含义，我们可以看到，它包含了生产者、消费者及全社会对于生产、服务和消费的希望，分述如下：

（1）从资源节约和环境保护两个方面对工业产品生产从设计开始，到产品使用后直至最终处置，给予了全过程的考虑和要求；

（2）不仅要求生产，而且也要求服务考虑对环境的影响；

（3）对工业废弃物实行费用有效的源削减，一改传统的不顾费用有效或单一末端控制办法；

（4）可提高企业的生产效率和经济效益，与末端处理相比，成为受到企业欢迎的新事物；

（5）着眼于全球环境的彻底保护，为全人类共建一个洁净的地球带来了希望。

8.2.1.2 清洁生产的意义

清洁生产是人类社会由原有的资源能源过度消耗、浪费，同时造成生态日益脆弱、环境污染

愈加严重的生产与服务活动方式转变为走向可持续发展之路的必然选择。原有的生产及服务活动模式是无法持续的:造成了严重的生态破坏及环境污染,不可再生资源的可利用量存在极限,原有的单纯依赖末端措施治理污染的方式是无法持续的,资源利用方式极不合理,经济上难以承受,有形成二次污染的可能等。

实行清洁生产是可持续发展战略的要求,实施清洁生产方案可以减少单位产品的原料、能量、水等各项消耗,节约大量的资源,降低生产成本;同时,减少生产过程单位产品的废物流(固体废物、废水、废气)的负荷及其中的污染物负荷,使得单位产品的废物(如废水)末端处理费用相应减少;另外在许多情况下,随着生产效率的提高,产品的产量和质量也会得到相应的提高。

实施清洁生产方案的具体效益包括经济效益和环境效益。经济效益方面表现为节水、节电、节煤、单位产品消耗降低、单位产品生产成本下降等;环境效益方面有单位产品污染物负荷,如废水量、COD、BOD、SS等排放的减少。

推行清洁生产有利于:企业形象的改善,市场竞争力的增强,企业素质的改善,企业管理水平的提高,各种层次的宣传发动、培训教育方面的综合效应,同时,同行合作交流机会的增加,外部支持(包括技术支持)的获得,获取信息渠道的多样化,为实现经济持续地达标排放创造了有利条件等。

推行清洁生产还可能避免某些难以记账的费用,增加潜在效益,具体表现在:

(1) 实施清洁生产能预防企业某些将来可能会发生的费用(避免费用)。例如,由于对人群健康和环境损害行为而构成的民事侵权责任,因获得环境方面许可的过程延误而造成的损失,满足将来环境管制要求的费用,维持废水、废气、固体废物处理设施的更高费用,员工健康和安全风险,清除污染的费用,罚款和罚金,因环境污染原因而被当局勒令关闭期间的收入损失,避免"坏事传千里"事件的发生而导致公司声誉的破坏,消费者联合抵制造成的销售损失等。

(2) 实施清洁生产能给企业增加难以记账的效益。例如,增加运行操作的可靠性、适应性,增加对具有环境保护意识消费人群的销售,增加投资人和银行家的信心,由于提高产品质量而增加收入,由于改善员工关系而提高生产力,改善与四邻社区的关系,获得行业先行者的声誉等。

8.2.1.3 清洁生产的特点

清洁生产是对传统发展模式的根本变革,是对末端治理的污染防治模式的根本否定,是实现可持续发展的必由之路。清洁生产是指不断采取改进设计、使用清洁的能源和原料、采用先进的工艺技术与设备、改善管理、综合利用等措施,从源头削减污染,提高资源利用效率,减少或者避免生产、服务和产品使用过程中污染物的产生和排放,以减轻或者消除对人类健康和环境的危害。与传统的末端治理污染相比,清洁生产有以下三个显著特点。

一是清洁生产体现了预防为主的思想。传统的末端治理与生产过程相脱节,即"先污染,后治理",重在"治"。清洁生产则要求从产品设计开始,到选择原料、工艺路线和设备,废物利用,运行管理等各个环节,通过不断加强管理和技术进步,提高资源利用率,减少乃至消除污染物的产生,重在"防"。

二是清洁生产体现的是集约型的增长方式。传统的末端治理以牺牲环境为代价,建立在大量消耗资源能源、粗放型的增长方式的基础上,清洁生产则是走内涵发展道路,最大限度地提高资源利用率,促进资源的循环利用,实现节能、降耗、减污、增效。

三是清洁生产体现了环境效益与经济效益的统一。传统的末端治理不仅治理难度大,而且投入多,运行成本高。只有环境效益,没有经济效益。清洁生产则从源头抓起,实行生产全过程控制,使污染物最大限度地消除在生产过程之中,能源、原材料消耗和生产成本降低,企业竞争力提高,从而实现经济与环境的"双赢"。

8.2.1.4 清洁生产审核

A 概念

组织的**清洁生产审核**是一种对污染来源、废物产生原因及其整体解决方案的系统化的分析和实施过程,其目的在于通过实行预防污染分析和评估,寻找尽可能高效率利用资源(如原辅材料、能源、水等),减少或消除废物的产生和排放的方法,是组织实行清洁生产的重要前提,也是组织实施清洁生产的关键和核心。持续的清洁生产审核活动会不断产生各种的清洁生产方案,有利于组织在生产和服务过程中逐步地实施,从而使其环境绩效实现持续改进。通过清洁生产审核,达到以下的目的。

(1) 核对有关单元操作、原材料、产品、用水、能源和废物的资料;

(2) 确定废物的来源、数量以及类型,确定废物削减的目标,制定经济有效的削减废物产生的对策;

(3) 提高对由削减废弃物获得效益的认识和知识;

(4) 判定组织效率低的瓶颈部位和管理不善的地方;

(5) 提高组织经济效益、产品和服务质量。

B 开展清洁生产审核的步骤

清洁生产审核是指对组织产品生产或提供服务全过程的重点或优先环节、工序产生的污染进行定量监测,找出高物耗、高能耗、高污染的原因,然后有的放矢地提出对策、制定方案,减少和防止污染物的产生。清洁生产审核首先是对组织现在的和计划进行的产品生产和服务实行预防污染的分析和评估。在实行预防污染分析和评估的过程中,制定并实施减少能源、资源和原材料使用,消除或减少产品和生产过程中有毒物质的使用,减少各种废弃物排放的数量及其毒性的方案。废弃物在哪里产生? 通过现场调查和物料平衡找出废弃物的产生部位并确定产生量。为什么会产生废弃物? 这要求分析产品生产过程(见图 8-4)的每个环节。如何消除这些废弃物? 针对每一个废弃物产生原因,设计相应的清洁生产方案,包括无、低费方案和中、高费方案,方案可以是一个、几个甚至几十个,通过实验这些清洁生产方案来消除这些废弃物产生原因,从而达到减少废弃物产生的目的。

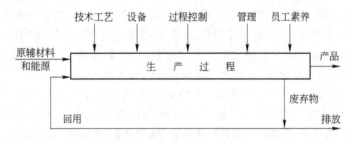

图 8-4　产品生产流程图

根据图 8-4 中的生产过程框图,对废弃物的产生原因分析要针对以下八个方面进行:(1) 原辅材料和能源;(2) 技术工艺;(3) 设备;(4) 过程控制;(5) 产品;(6) 管理;(7) 员工;(8) 废物。清洁生产审核的一个重要内容就是通过提高能源、资源利用效率,减少废物产生量,达到环境与经济"双赢"的目的。

C 清洁生产审核的基本方法

清洁生产审核的基本方法包括：

(1) 废物源的调查：找出何处产生和排放废物(即资源、能源的浪费、流失)；

(2) 废物原因的分析：搞清楚废物产生(即资源、能源的浪费、流失)的原因；

(3) 备选方案的产生：寻找那些可以减少废物产生的各种可能方案；

(4) 方案可行性分析：通过可行性分析选择并确定可行的方案(可行性分析包括技术评估、环境评估、经济评估)；

(5) 清洁生产的持续：上述过程的循环螺旋进行，以实现污染预防、持续改进的目的。

清洁生产审核非常强调加强管理，强调建立推行清洁生产的组织保障体系，实施清洁生产审核首先要做的是"筹划与组织"，即建立实施清洁生产的组织保障体系，要求高层领导参与，有关领导和生产管理部门责权明确、各负其责，全员参与。通过加强管理实施一些无、低费方案，清洁生产审核中的"预评估"和"评估"步骤，主要是找出生产过程中存在的排污及能耗、物耗不合理的部位，然后再通过清洁生产方案(包括无、低费和中、高费方案)，逐步对其改进。

D 清洁生产审核的基本程序

清洁生产审核的基本程序包括：

第一步，筹划与组织。开展多层次、多方面的宣传发动教育，组建企业清洁生产评估小组，制定清洁生产评估工作计划，进行有关前期准备工作。

第二步，预评估。企业现状调研，现场考察，提出备选评估重点、确定清洁生产评估的重点，设置清洁生产(预防污染)目标，提出并初步实施简单易行的无、低费清洁生产方案。

第三步，评估。绘制评估重点的工艺流程图和单元操作物料工艺流程图，实测评估重点的输入、输出物流，建立物料平衡。审核分析废物产生的原因，进一步提出简单易行的无、低费的清洁生产方案并继续实施，总结其效果。

第四步，备选方案的产生与筛选。在尽可能广泛的范围内产生并提出清洁生产备选方案，初步筛选所有的备选方案，确定进入可行性分析的中、高费方案，继续实施简单易行的、无、低费的清洁生产方案，较为广泛全面地总结实施无、低费方案的阶段成果，编写企业清洁生产评估中期报告，提交进行中期评估。

第五步，可行性分析。确定所推荐中、高费方案的具体内容，对推荐的中、高费方案进行可行性分析(技术评估、环境评估、经济评估)。根据可行性分析评估结果，确定可行的中、高费方案清单，并推荐实施次序，制订实施可行性清洁生产方案的资金筹措计划，着手编写企业清洁生产评估总结报告，提交评估总结。

第六步，方案的实施。进行方案实施前的各项准备工作，及时实施可行的中、高费清洁生产方案，总结评估方案实施效果。

第七步，持续清洁生产。认真总结前一轮清洁生产评估工作的成绩效果、成果经验、存在的不足、问题与教训，重新研究企业的现状、清洁生产潜力与机会，形成持续清洁生产的全面意见与建议。制定持续清洁生产计划，编写清洁生产评估活动经验总结，选择新一轮清洁生产评估重点，提出待研发的清洁生产新工艺/技术/设备的有关课题。

8.2.2 循环经济(Circular Economy)

8.2.2.1 概念

循环经济就是把清洁生产和废弃物的综合利用融为一体的经济，本质上是一种生态经济，是按照生态规律利用自然资源和环境容量,实现经济活动的生态化转向,是实施可持续发展战略,实现全球共容的一个重要途径。经济发展趋势有两大趋势:知识经济、循环经济。

循环经济是建立在可持续发展理论基础上的新发展观念,也是正在实践中发展起来的一种新型经济运行方式。发展循环经济,是为了解决经济增长与资源环境约束的日益尖锐的矛盾,它要求在经济运行中尽量减少资源消耗和污染排放,通过大幅度提高资源生产率获得的经济效益和环境效益,将环境保护由末端治理变为源头防控。循环经济体现了人类对于人与自然关系认识的深化和对传统的高消耗工业发展模式的扬弃。随着工业规模的不断扩张和人口剧增,资源过度消耗、环境污染、生态破坏等问题日益突出,如果不调整传统的高消耗、高污染的经济增长路线,必将威胁人类的未来生存。

8.2.2.2　循环经济的内涵(Connotation of Circular Economy)

循环经济是对物质闭环流动型经济的简称。循环经济实行"减量化、再利用、再循环"原则,其根本目标是要求人们在经济过程中系统地避免或减少废物,实现低排放或零排放,进而实现经济活动的生态化。循环经济应贯穿在生产、消费、回收等各个主要环节。

从物质流动方向来看,循环经济与传统经济有着本质的区别。传统经济属于单向流动即"资源—产品—污染排放",高强度地开发物质和能源,粗放和一次性地利用资源,造成自然资源的短缺与枯竭,因而严重破坏了生态环境。循环经济是反复循环流动,即"资源—产品—再生资源",采取"低开采、高利用、低排放"的方式促进人与自然的协调与和谐,强调可持续发展,主张生态平衡,其社会经济活动的行为准则是"3R"原则:

减量化原则(reduce):要求用较少的原料和能源投入来达到既定的生产目的或消费目的,在经济活动的源头就注意节约资源和减少污染。

再使用原则(reuse):要求产品和包装容器能够以初始的形式被多次使用,避免一次性用品的泛滥。

再循环原则(recycle):要求生产出来的物品在完成其使用功能后能重新变成可以利用的资源而不是无用的垃圾。

很显然,通过再使用和再循环原则的实施,反过来强化了减量化原则的实施。循环经济是可持续发展的重要途径,是保护环境和削减污染的根本手段。

8.2.2.3　循环经济框架及成功案例(Framework of Circular Economy and Successful Examples)

A　在企业层面上(小循环)

根据生态效率的理念,推行清洁生产,减少产品和服务中所有物料和能源的使用量,实现污染物排放的最小量化。要求企业做到:(1)减少产品和服务的物料使用量;(2)减少产品和服务的能源使用量;(3)减少有毒物质的排放;(4)加强物质的循环使用能力;(5)最大限度可持续地利用可再生资源;(6)提高产品的耐用性;(7)提高产品与服务的强度。

组织单个企业的循环经济。如美国杜邦化学公司通过放弃对环境有害化学物质的生产,减少生产过程中有害废物排量,回收公司废弃物(如回收公司出售的牛奶盒和一次性塑料容器等)再加工利用,设计制造灵巧多功能产品等;并据此提出"3R制造法",即物质利用减量(reduce)、资源循环利用(recycle)和废物再资源化利用(reuse)。1994年杜邦化学公司已经使生产造成的塑料废弃物减少了25%,污染物排放量减少了70%。

B　在区域层面上(中循环)

按照工业生态学的原理,通过企业间的物质集成、能量集成和信息集成,形成企业间的工业代谢和共生关系,建立工业生态园区,这是面向共生企业的循环经济。丹麦的卡伦堡生态工业园区是目前国际上工业生态系统运行最为典型的代表,该园区使发电厂、炼油厂、制药厂和石膏制板厂形成生态产业链。通过物流、能流、信息流的优化配置把其他企业的废弃物或副产品作为本企业的生产原料,建立工业横生和代谢生态链关系,使资源利用率、能源利用率显著改善,废物排放率显著降低,最终实现园区的污染"零排放",取得了很好的效益。

C　在社会层面上(大循环)

通过废旧物资的再生利用,实现消费过程中和消费过程后物质和能量的循环,使整个社会的人与自然和谐相处,实现可持续发展。德国的双轨制回收系统(DSD)起了很好的示范作用。DSD是一个专门组织对包装废弃物进行回收利用的非政府组织。1997年包装废弃物利用率已达到86%;废弃物作为再生材料利用达到了359万t;包装垃圾已从每年1300万t下降到500万t。此外,日本也十分重视废家用电器产品、废汽车等的分解和再利用产业,再生产厂家设计和制造产品时就同时考虑到废弃时有利于分解回收利用,并于2000年制定了《推进形成循环型社会基本法》,以法制形式加以推动。在我国循环经济思潮涌动,在各级领导的重视下,进行了大量工作。黑龙江、吉林、海南等省已制定了生态经济省规划,辽宁省提出实现循环经济省计划,贵阳、南京、天津等市提出建设循环经济型生态城市试点,都已得到国家环保局的批准。

8.2.3　生态工业

生态工业,生态工业就是模拟自然生态系统的功能,建立起相当于自然生态系统的"生产者—消费者—还原者"的工业生态链网,形成以低成本、低消耗、低(或无)污染、与生态环境协调共生的生态化工业。通过法律、行政、经济等手段,把工业系统的结构规划成"资源生产"、"加工生产"、"还原生产"等工业构成的工业生态链。

依据生态学原理,用产业链将园区内的企业联系起来,一个工业企业产生的废弃物或副产品作为另一个企业的原料,实现废弃物的循环利用,可以形成所谓的**生态工业园**(eco-industrial parks)。在加拿大、美国等国家,20世纪90年代开始规划建设了一批生态工业园。研究表明,以煤炭为主的矿产资源和以粮食为主的有机物,可以形成工业共生的生态工业园。我国已经开始了生态工业园的试点工作。例如,辽宁省将广泛开展生态工业的试点工作,广东南海和广西贵港也开展了相应的试点。贵港生态工业(制糖)示范园区建设的总体目标是:以制糖工业为主要支柱,以生态工业理论为指导,以贵糖(集团)为龙头,制定贵港市制糖生态工业发展规划,制定并落实各项配套政策和措施,逐步建立初步发达的生态工业,建成具有全国示范作用的生态工业(制糖)示范园区。贵港生态工业(制糖)示范园区,是我国第一个工业类型的生态工业园,是以生态产业概念改造传统工业的一次很好的尝试。

8.2.4　循环经济、清洁生产与生态工业的关系(Relationship of Circular Economy, Cleaner Production and Eco-industry)

8.2.4.1　共同点是提高环保对经济发展的指导作用

A　都是对传统环保理念的冲击和突破

清洁生产、生态工业和循环经济都是对传统环保理念的冲击和突破。传统上环保工作的重点和主要内容是治理污染、达标排放,清洁生产、生态工业和循环经济突破了这一界限,大大提升了环境保护的高度、深度和广度,提倡并实施将环境保护与生产技术、产品和服务的全部生命周期紧密结合,将环境保护与经济增长模式统一协调,将环境保护与生活和消费模式同步考虑。

传统环保战略过重地依靠末端治理,从清洁生产最早的称呼是污染预防即可看出,清洁生产思想的诞生本身就是对传统环保战略的批判和挑战。清洁生产的定义明确规定清洁生产是一种整体预防的环境战略,其工作对象是生产过程、产品和服务。作为一种环境战略,清洁生产的实施要依靠各种工具。目前世界上广泛流行的清洁生产工具有清洁生产审核、环境管理体系、生态设计、生命周期评价、环境标志和环境管理会计等。这些清洁生产工具,无一例外地要求在实施时深入组织的生产、营销、财务和环保等各个领域。也只有这样做,才能真正保证组织的环境绩效。各国使用得最早、最多的清洁生产工具是清洁生产审核,清洁生产审核是一套系统的、科学的和操作性很强的环境诊断程序,这套程序反复从八条途径着手开展工作,即原材料和能源、技术工艺、设备、过程控制、管理、员工、产品、废物。从这八条途径入手,有助于克服传统上生产环保脱节现象,将污染物消灭在产生之前。经典的清洁生产是在单个组织之内将环境保护延伸到与该组织有关的方方面面,而生态工业则是在企业群落的各个企业之间,即在更高的层次和更大的范围内提升和延伸了环境保护的理念与内涵。

自然生态系统是一个稳定高效的系统,通过复杂的食物链和食物网,系统中一切可以利用的物质和能源都得到了充分的利用。传统的工业体系中各企业的生产过程相互独立,这是污染严重和资源过多消耗的重要原因之一。工业生态学按照自然生态系统的模式,强调实现工业体系中物质的闭环循环,其中一个重要的方式是建立工业体系中不同工业流程和不同行业之间的横向共生。通过不同企业或工艺流程间的横向耦合及资源共享,为废物找到下游的"分解者",建立工业生态系统的"食物链"和"食物网",达到变污染负效益为资源正效益的目的。

与生态工业相比较,循环经济从国民经济的高度和广度将环境保护引入经济运行机制。循环经济的具体活动主要集中在三个层次:企业层次、企业群落层次和生活垃圾层次。在企业层次上根据生态效率(eco-efficiency)的理念,要求企业减少产品和服务的物料使用量、减少产品和服务的能源使用量、减排有毒物质、加强物质的循环、最大限度可持续地利用可再生资源、提高产品的耐用性、提高产品与服务的服务强度。在企业群落层次上按照工业生态学的原理,建立企业与企业之间废物的输入输出关系。在生活垃圾层次上,实施生活垃圾的无害化、减量化和资源化,即在消费过程和消费过程后实施物质和能源的循环。

    B   都是对环保战略发展趋势的揭示

世界各国的环保战略在过去几十年都走过了一段以末端治理为主的弯路。1990年美国用于污染治理的费用高达1200亿美元,占GDP的2.8%,成为其国民经济的一个沉重负担。我国七五、八五期间环保投资(主要是污染治理)分别占GDP的0.69%和0.73%,九五期间有所提高、平均接近1%,但已使许多政府部门和企业感到很大的经济压力,有的甚至不堪重负。传统的环保战略,将环境保护与经济发展割裂开来,只关注经济活动造成的负面生态和环境后果,已被证明不能保障经济的可持续发展。

清洁生产、生态工业和循环经济的共同点之一,是提升环境保护对经济发展的指导作用,将环境保护延伸到经济活动的方方面面。清洁生产在组织层次上将环境保护延伸到组织的一切有关领域,生态工业在企业群落层次上将环境保护延伸到企业群落一切有关领域,循环经济将环境保护延伸到国民经济的一切有关的领域。清洁生产、生态工业和循环经济不约而同的这一选择的出现,绝不是偶然的。这说明只有将环境保护延伸到经济活动中才能实现可持续发展,也体现了人类对环境保护和可持续发展认识的深入和成熟。

8.2.4.2   前提和本质是清洁生产

清洁生产的基本精神是源削减,生态工业和循环经济的前提和本质是清洁生产。生态工业学是模仿自然生态学建立起来的一门学科。但是,生态工业系统不应该是自然生态系统的机械模仿。在自然生态系统中,生产者的生产量、消费者的消费量和再生者的再生量是固定的,即系统中各环节物质和能量的流量从总体上来说是不变的。生态工业不能照搬这一套。

生态工业的主要做法是将上游企业的废物用作下游企业的原材料和能量,但这绝不意味着上游企业想产生什么废物就产生什么废物、想排多少就排多少。相反,在形成生态工业的"食物链"和"食物网"中首先要减少上游企业的废物,尤其是有害物质的排放量。同样,上游企业也不能因为还有下游企业可利用其废物而肆无忌惮地多排污,相反,它必须在其生产的全过程进行源削减。换言之,系统中每一环都要进行源削减,做到清洁生产,即生态工业系统中生产者的生产量、消费者的消费量和再生者的再生量是可变的,而且是应该按照清洁生产的原则进行变化的。

循环经济强调"减量、再用、循环",但三者的重要性不一样,三者的顺序也不能随意变动。循环经济的根本目标是要求在经济过程中系统地避免和减少废物,再用和循环都应建立在对经济过程进行了充分的源削减的基础之上。1996年生效的德国《循环经济与废物管理法》规定,对废物处理的优先顺序是"避免产生→循环利用→最终处置",其指导思想是清洁生产。

生态工业和循环经济的前提和本质是清洁生产,这一论点的理论基础是生态效率。生态效率追求物质和能源利用效率的最大化和废物产量的最小化,不必要的物质再利用意味着上游过程物质和能源利用效率未达最大化,而废物的再用和循环往往要消耗其他资源,且废物一旦产生即构成对环境的威胁。必须指出的是,清洁生产强调的是源削减,即削减的是废物的产生量,而不是废物的排放量。

8.3 工业生态园区

8.3.1 基本概念

联合国环境规划署(UNEP)认为,工业园区是在一大片土地上聚集若干个工业企业的区域。它具有如下特征:开发较大面积的土地(一般在40 hm^{2}以上);大面积的土地上有多个建筑物、工厂以及各种公共设施和娱乐设施;对常驻公司的土地利用率和建筑物类型实施限制;详细的区域规划为园区环境规定了执行标准和限制条件,为进入园区的企业履行合同与协议、控制与之相适应的企业进入园区、制定园区长期发展政策与计划等提供必要的管理条件。

生态工业园区(以下简称园区)是依据清洁生产要求、循环经济理念和工业生态学原理而设计建立的一种新型工业园区。它通过物流或能流传递等方式把不同工厂或企业连接起来,形成共享资源和互换副产品的产业共生组合,使一家工厂的废弃物或副产品成为另一家工厂的原料或能源,模拟自然系统,在产业系统中建立"生产者—消费者—分解者"的循环途径,寻求物质闭环循环、能量多级利用和废物产生最小化。园区作为以生态循环再生为基础的工业园区,企业之间、企业与社区和政府间在副产品交流和管理方面有密切的合作,既包括产品和服务的交流,更重要的是又以最优的空间和时间形式组织在生产和消费过程中产生的副产品的交换,从而使企业付出最小的废物处理成本,提高资源的利用效率,改善参与公司的经济效益,同时最大程度地减少对生态环境的影响。

8.3.2 生态工业园区的规划设计

8.3.2.1 生态工业示范园区的特征和类型

A 园区的主要特性

生态工业示范园区的主要特征有以下几点。

(1) 紧密围绕当地的自然条件、行业优势和区位优势,进行生态工业示范园区的设计和运行;

(2) 通过园区内各单元间的副产物和废物交换、能量和废水的梯级利用以及基础设施的共享,实现资源利用的最大化和废物排放的最小化;

(3) 通过现代化管理手段、政策手段以及新技术(如信息共享、节水、能源利用、再循环和再使用、环境监测和可持续交通技术)的采用,保证园区的稳定和持续发展;

(4) 通过对园区环境基础设施的建设、运行,企业、园区和整个社区的环境状况得到持续改进。

B 园区的主要类型

生态工业示范园区的主要类型有以下几种。

(1) 具有行业特点的生态工业园区,例如广西贵港国家生态工业(制糖)示范园区;

(2) 具有区域特点的国家生态工业示范园区,例如对现有经济技术开发区和高新技术开发区改造而形成的生态工业园区。

此外,按照当前的建设状态和园区单元间联系程度的不同,生态工业园区可分为以下几种类型:

(1) 已具有较好生态工业雏形的工业区域或园区。建设重点是在完善已有的生态工业链的基础上,形成稳定的生态工业网。

(2) 尚未建成或尚不具有规模的园区。建设重点是以生态工业的理论和方法,指导建设一个新的工业园区。

(3) 门类较多、企业数量大的工业区域或园区(如我国的大批国家和地方级的科技园区和经济技术开发区)。建设重点是在这些园区中引进生态工业和循环经济理念,采用生命周期观点和生态设计方法,使产品生命周期中资源消耗最少、废物产生最小、易于拆卸回收,由此优化产品结构,并合理构建和完善产品链,从而提高资源效率,降低污染物排放,为园区寻找新的增长点,促进园区的持续发展。

(4) 虚拟园区。其园区企业在地理上分散,但仍然能组成一个生态工业系统。建设重点是从废物循环利用、资源梯级利用入手,遵循市场价值规律,规划建设生态工业网络,建立企业间稳定、持久的物质和能量流动关系。

8.3.2.2 园区规划的指导思想和基本原则

生态工业园区是生态工业主要的实践形式,是人们运用生态学的原理来指导和规划区域性的工业体系,希望能模仿自然界建立工业系统内的"生态链网"结构。通过高效的物质循环和能量的优化利用,达到资源和能源最高的使用效率,从而使工业社会能像自然界一样稳定发展,不断进化。其指导思想是从可持续发展的高度,将发展生态工业与发挥区域比较优势、提高市场竞争力相结合,与引进高新技术、提高经济增长质量相结合,与区域改造和产业结构调整相结合,与生态保护和区域环境综合整治相结合。建设生态工业园区需要遵循以下原则:

(1) 与自然和谐共存原则:园区应与区域自然生态系统相结合,保持尽可能多的生态功能。

对于现有工业园区,按照可持续发展的要求进行产业结构的调整和传统产业的技术改造,大幅度提高资源利用效率,减少污染物产生和对环境的压力。新建园区的选址应充分考虑当地的生态环境容量,调整列入生态敏感区的工业企业,最大限度地降低园区对当地景观和水文背景、区域生态系统以及对全球环境造成的影响。

(2) 生态效率原则:在园区布局、基础设施、建筑物构造和工业过程中,应全面实施清洁生产。通过园区各企业和企业生产单元的清洁生产,尽可能降低本企业的资源消耗和废物产生;通过各企业或单元间的副产品交换,降低园区总的物耗、水耗和能耗;通过物料替代、工艺革新,减少有毒有害物质的使用和排放;在建筑材料、能源使用、产品和服务中,鼓励利用可再生资源和可重复利用资源。贯彻"减量第一"的最基本的要求,使园区各单元尽可能降低资源消耗和废物产生。

(3) 生命周期原则:要加强原材料入园前以及产品、废物出园后的生命周期管理,最大限度地降低产品全生命周期的环境影响。应鼓励生产和提供资源、能源消耗低的产品和服务;鼓励生产和提供对环境少害、无害和使用中安全的产品和服务;鼓励生产和提供可以再循环、再使用和进行安全处置的产品和服务。工业生态系统中的进化思想主要体现在更多地依靠可再生资源的持续利用以及废弃物资源和能源的开发,以达到物质的循环。

(4) 区域发展原则:生态工业园区要根据当地实际的自然条件和技术条件,科学合理地选择和调整产业结构和产业布局,尽可能将园区与社区发展和地方特色经济相结合,将园区建设与区域生态环境综合整治相结合。通过培训和教育计划、工业开发、住房建设、社区建设等,加强园区与社区间的联系,将园区规划纳入当地的社会经济发展规划,并与区域环境保护规划方案相协调。以获得地尽其利、物尽其用的最大经济效益,同时保持良好的生态环境。生态工业园区不是封闭的个体,它通过生态链将周边区域内的企业纳入到整体生态工业大循环中来,使地区经济发展和环境保护融为一体,共同繁荣。

(5) 高科技、高效益原则:大力采用现代化生物技术、生态技术、节能技术、节水技术、再循环技术和信息技术,采纳国际上先进的生产过程管理和环境管理标准,要求经济效益和环境效益实现最佳平衡,实现"双赢"。

(6) 软硬件并重原则:硬件指具体工程项目(工业设施、基础设施、服务设施)的建设。软件包括园区环境管理体系的建立、信息支持系统的建设、优惠政策的制定等。园区建设必须突出关键工程项目,突出项目(企业)间工业生态链建设,以项目为基础。同时必须建立和完善软件建设,使园区得到健康、持续的发展。

8.3.2.3　园区规划的步骤

生态工业园区规划实质上是一种区域规划。作为一个开放的系统,对其进行规划要受到多种内外环境和因素的影响,必须充分考虑规划综合性、战略性、动态性,才能使生态工业园区建设顺利进行。

(1) 了解地方对规划的要求,调查区域的社会、经济、资源和环境概况,初步论证生态工业建设的目的、必要性、可行性和意义;

(2) 建立园区建设领导机构,应有权威的和未来进行实际决策的领导者参加,组织实际参与规划方案设计的工作组,并成立专家顾问组;

(3) 对区域和企业的状况进行深入调研,分析进行生态工业建设的优势、不足和风险所在,在此基础上确定园区建设的总体目标,并明确生态工业建设的指导思想和基本原则;

(4) 根据总体目标的要求,进一步分解,确定若干具体目标,然后逐步细化,列出完成总体建设目标的可操作的具体任务,并分析各任务间的关系;

（5）分步骤、分区域（即时间顺序和空间分布）地进行生态工业建设具体任务的规划。首先进行园区产业定位，根据实际情况选择园区范围，原则上不得占用新的土地作为工业用地。需充分利用现有工业区域、污染的废弃地区（此时，园区可作为生态恢复或经济再开发的举措，例如美国马里兰州 Baltimore、维吉尼亚州 Cape Charles 等生态工业园区）或当前运行的工业园区，进行生态工业园区建设规划。接下来是园区企业选择或改造、园区系统集成方案设计、生态链设计、重点专项建设项目规划、生态链网络构建等。这些都要经过有关专家对初步方案评估后，经必要的修改，形成规划文件；

（6）确定规划任务顺利进行的保证内容，一般应包括生态工业园区的管理制度、有关方面的鼓励和优惠政策及措施、园区建设的支持体系、入园项目的招商评价系统和园区建设的评价指标体系等；

（7）园区建设的投资和效益分析，应从经济、环境和社会等多方面多层次进行分析，主要调查和分析园区以及周围区域内当前的自然条件、社会经济背景，现有行业和企业状况，物流、水流和能流，废物产生和处置，现有生态工业雏形，环境容量和环境标准，可能的废物利用渠道，可能形成的产业链等。园区和企业的环境影响评价、财务评价都是可行的，才能着手进行生态工业建设；

（8）制定项目后评价制度，以有力监督园区的规划和建设工作。应当指出的是，生态工业建设是一个长期的动态过程，其规划应采用动态规划的方法，要重视规划过程的循环，保持规划有一定的弹性，并在实践的基础上，对规划进行必要的修订和补充。

8.3.2.4　园区的规划方法和技术

A　园区规划的基本方法

园区规划应建立在传统的城市和区域规划、园区规划和环境规划方法的基础上。

（1）传统的规划方法，如系统规划法、数学规划法、空间规划技术（如 GIS 工具）等均能在生态工业示范园区规划中发挥作用。

（2）基于生态工业本身特点，规划中应纳入清洁生产、生态效率、工业代谢、副产品交换、生态设计、生命周期分析、联合培训计划、公众参与等思想和相应的方法。

B　园区规划的主要技术

a　物质集成

物质集成主要是根据园区产业规划，确定成员间上下游关系，并根据物质供需方的要求，运用过程集成技术，调整物质流动的方向、数量和质量，完成工业生态网的构建。尽可能考虑资源（包括水、油和溶剂等）回收利用或梯级利用，最大限度地降低对物质资源的消耗。

物质集成可从三个层次来体现生态工业的思想：在企业内部，要实施清洁生产；在企业之间，将废物作为潜在的原料或副产品相互利用，通过物质、能量和信息的交换，优化园区内所有物质的使用和减少有毒物质的使用；在园区之外，充分利用物质需求信息，形成辐射区域，使园区在整个经济循环中发挥链接作用，拓展物质和能量循环空间。可以建立物资和废物交换中心，负责各企业物资的交换和副产品与废物的处置。

b　水系统集成

水系统集成是物质集成的特例。水系统的目标是节水，应考虑水的多用途使用策略。传统上，按水的质量水平将水分成饮用水和废水。近年来，在一些企业、宾馆、学校、小区出现了所谓的"中水"（相当于工业上的循环水）回用概念。生态工业示范园区中，可以将水细分成更多的等级，例如超纯水（用于半导体芯片制造）、去离子水（用于生物或制药工艺）、饮用水（用于厨房、餐厅、喷水池)、清洗水(用于清洗车辆、建筑物)和灌溉水(用于草坪、灌木、树木等景观园艺)等。由于下一级使用的水质要求较低,因而可以采用上一级使用后的出水。例如,目前许多企业采用的水循环利用系统,即"清水—第一次清循环水—第二次浊循环水"的循环过程以及蒸汽冷凝回用、间接冷却水循环利用、封闭水循环等技术,都可以在生态工业园区中跨企业采用。

在水的多用途使用时,有时需要进行必要的水处理,以除去进水中的有害固体物质和液体物质,尽量提高水的纯净度。处理后的水再回用于同一工段,或用于质量要求低一级的用水。水处理方法可根据不同的情形采用冷却、分离、过滤、超滤、反渗透、消毒、沉淀、生物处理、湿地处理等工艺。水处理设施可作为生态工业示范园区的一部分,并且在经济上自负盈亏。

c 能源集成

能源集成不仅要求园区内各企业寻求各自的能源使用实现效率最大化,而且园区要实现总能源的优化利用,最大限度地使用可再生资源(包括太阳能、风能、生物质能等)。在某些情况下,园区总能源消耗量甚至可能减少50%。一种途径是能源的梯级利用。根据能量品位逐级利用,提高能源利用效率。在园区内根据不同行业、产品、工艺的用能质量需求,规划和设计能源梯级利用流程,可使能源在产业链中得到充分利用。

另一种途径是热电联产。我国的热电联产已经有40多年的历史,在园区中,应因地制宜地利用工业锅炉或改造中低压凝汽机组为热电联产,向园区和社区供热、供电,从而达到节约能源、改善环境,提高供热质量的作用,同时节约成本、提高经济效益。

d 技术集成

关键技术种类的长期发展创新,是园区可持续发展的一个决定性因素。在园区内推行清洁生产、实现绿色管理是实现园区可持续发展的具体途径。为此在园区的规划和建设中,从产品设计开始,按照产品生命周期的原则,依据生态设计的理念,引进和改进现有企业的生产工艺,应用高新技术、抗风险技术、园区内废物使用和交换技术、信息技术、管理技术等以满足生态工业的要求,建立最小化消耗资源、极少产生废物和污染物的高新技术系统。

e 信息共享

配备完善的信息交换系统,或建立信息交换中心,是保持园区活力和不断发展的重要条件。园区内各企业之间有效的物质循环和能量集成,必须以了解彼此供求信息为前提,同时生态工业园的建设是一个逐步发展和完善的过程,其中需要大量的信息支持。这些信息包括园区有害及无害废物的组成、废物的流向和废物的去向信息,相关生态链上产业(包括其辐射产业)的生产信息、市场发展信息、技术信息、法律法规信息、人才信息、相关工业生态其他领域的信息等。

信息交换系统的主要功能是:提供园区信息管理系统,便于物质和能量在园区、周围社区和区域内进行流动和交换;通过示范、宣传贯彻等手段,扮演教育和营销角色,以宣传生态工业原理,帮助企业特别是中小企业理解环境问题和环境法规,克服生态工业运行的障碍;提供有关提高能源效率、节约资源、废物最小化、清洁生产技术和应急反应等的指南和建议。

f 设施共享

设施共享是生态工业园区的特点之一。实现设施共享可减少能源和资源的消耗,提高设备的使用效率,避免重复投资。对于一些资金尚不十分充足的中小型企业而言尤其重要。园区内的共享设施包括:

(1)基础设施,如污水集中处理厂、固体废物回收和再生中心、消防设施、绿地等;

(2)交通工具,如班车、其他运输和交通设备;

(3)仓储设施,如入园成员间闲置的仓库等;

(4)闲置的其他维护设备、施工设备等;

（5）培训设施等。

8.3.2.5 园区建设的指标体系

园区应按照下述四类指标体系进行规划建设：

（1）经济发展指标：如经济发展水平指标（GDP 年平均增长率、人均 GDP、万元 GDP 综合能耗、万元 GDP 新鲜水消耗等）；经济发展潜力指标（科技投入占 GDP 的比例、科技进步对 GDP 的贡献率等）。

（2）生态工业特征指标：如有无成熟的生态工业链；重复利用指标（水资源重复利用率、原材料重复利用率、能源重复利用率等）；柔性特征指标（产品种类、原材料的可替代性等）；基础设施建设指标（如信息网络系统、废物处理共享设施等）。

（3）生态环境保护指标：如环境保护指标（环境质量、污染物排放达标情况、污染物处理处置等）；环境绩效指标（万元 GDP 工业废水产生量、万元 GDP 工业固体废物产生量、万元 GDP 工业废气产生量、万元 GDP 有毒有害废物产生总量）；生态建设指标（可再生能源所占比例、人均公共绿地面积、园区绿地覆盖率等）；生态环境改善潜力（环保投资占 GDP 的比重等）。

（4）绿色管理指标：如政策法规制度指标（园区内部管理制度的制定、园区内部管理制度的实施、企业管理制度的制定、企业管理制度的实施等）；管理与意识指标（开展清洁生产的企业所占比例、园区企业 ISO14001 认证率、生态工业培训等）。

8.3.2.6 生态工业园区中的企业孵化器

企业孵化器起源于 20 世纪 50 年代的美国，它是一种新型的社会经济组织，通过提供研发、生产、经营的场地，通讯、网络、办公等方面的共享设施，系统的培训、咨询以及政策、融资、法律和市场推广等方面的支持，降低企业的创业风险，提高企业的成活率和成功率。

生态工业园区中的企业孵化器主要功能如下：

（1）为生态工业技术研发和成果转化提供不断优化的孵化环境和条件；

（2）允许各企业间共享设施和相互合作；

（3）及时提供市场信息和技术信息；

（4）通过当地的学校，为企业提供人员培训；

（5）支持风险融资、市场营销、会计、组织设计和其他商业活动；

（6）提供公共的法律、文秘和簿记服务以及办公和电讯设备。

企业孵化器可以是以赢利为目的的企业实体，也可以是非赢利机构。对于各类生态工业园区而言，比较适用的是后一种，即非赢利机构形式。

8.3.2.7 生态工业园区规划文本的编制

以下给出生态工业园区规划文本的基本内容，具体规划工作中各园区应当根据实际情况，有所侧重、增删和调整。

（1）区域社会、经济和环境概况。

1）社区、城市、区域的情况；

2）园区现状、产业类别、结构、主要资源等状况；

3）存在的问题及分析。

（2）园区建设必要性和有利条件。

1）必要性；

2）有利条件。

（3）规划目标和原则。

1）总体目标；

2）具体目标；

3）规划原则。

（4）园区总体设计。

1）现有建设条件分析；

2）生态工业园区的总体框架（包括主要工业链）；

3）生态工业园区的空间布局和功能分区；

4）生态工业园区的产业发展规划。

（5）园区工业代谢分析。

1）主要物质代谢分析；

2）能量流动分析。

（6）园区建设项目。

1）园区建设项目清单及说明（包括工业项目、基础设施、服务设施等）；

2）园区建设项目指南。

（7）园区投资和效益分析。

1）总投资；

2）融资渠道；

3）经济效益、社会效益、环境效益。

（8）组织机构和保障措施。

1）领导小组、管理委员会（协调办公室）、投资开发公司；

2）园区管理制度（如果是改造现有园区，须注意与现有园区的管理制度相结合）；

3）鼓励政策（土地政策、税收政策、补贴政策、信贷政策、排污收费返还等）；

4）支持体系（如信息系统、新技术开发、企业孵化器、环境管理体系、清洁生产审核等）。

8.3.3　构建生态工业园区的案例分析

8.3.3.1　卡伦堡共生体系

A　概况

卡伦堡是一个仅有 2 万居民的工业小城市，位于北海之滨，距哥本哈根以西 100 km 左右。卡伦堡的好时运主要归功于它的峡湾，在北半球这个纬度上是冬季少数不冻港之一。准确地说，常年通航正是卡伦堡 20 世纪 50 年代以来工业发展的缘由。开始这里建造了一座火力发电厂和一座炼油厂。

随着年代的推移，卡伦堡的主要企业开始相互间交换"废料"：蒸汽，（不同温度和不同纯净度的）水，以及各种副产品。80 年代以来，当地发展部门意识到它们逐渐地、也是自发地创造了一种体系，他们将其称之为"工业共生体系"。

共生体系中主要有 5 家企业，相互间的距离过数百米，由专门的管道体系连接在一起，如图 8-5 所示。

（1）阿斯耐斯瓦尔盖（Asnaesvaerket）发电厂。丹麦最大的火力发电厂，能力为 150 万 kW，最初用燃油，（第一次石油危机）后改用煤炭，职工 600 名。

（2）斯塔朵尔（Statoil）炼油厂。同样是丹麦最大的炼油厂，年产量超过 300 万 t，有职工 250 人。

（3）挪伏·挪尔迪斯克（Novo Nordisk）公司。丹麦最大的生物工程公司，是世界上最大的工业

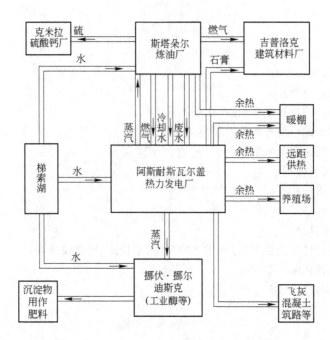

图 8-5　卡伦堡共生体系企业间物料交换流程示意图

酶和胰岛素生产厂之一。设在卡伦堡的工厂是其最大的工厂,员工 1200 人。

（4）吉普洛克(Gyproc)石膏材料公司。一家瑞典公司,卡伦堡的工厂年产 1400 万 m² 石膏建筑板材,175 名员工。

（5）最后是卡伦堡市政府使用热电厂出售的蒸汽给全市远距离供暖。

B　卡伦堡共生体系分析

a　循环链接技术

卡伦堡共生体系中采用的循环链接技术主要有以下 3 种。

（1）液态水或蒸汽的再利用:液态或蒸汽态的水作为可系统、重复利用的"废料"。水源来自相距 15 公里的梯索湖(Tisso)或卡伦堡市政供水系统。斯塔朵尔炼油厂排出的水冷却阿斯耐斯瓦尔盖发电机组。发电厂产生的蒸汽回头又供给炼油厂,同时也供给挪伏·挪尔迪斯克工厂(发酵池)。热电厂也把蒸汽出售给吉普洛克工厂和市政府(用于供暖)。它甚至还给一家养殖大菱鲆鱼的养殖场提供热水。

（2）脱硫产物的再利用:1990 年,热电厂安装了脱硫装置,燃烧气体中的硫与石灰产生反应,生成石膏(硫酸钙)。这样,热电厂每年多生产 10 万 t 石膏,由卡车送往邻近的吉普洛克石膏材料厂作原材料。吉普洛克公司从此可不再进口从西班牙矿区开采而来的天然石膏。

（3）多余燃气的再利用:炼油厂生产的多余燃气,可作为燃料供给发电厂和吉普洛克工厂。

b　共生系统的环境、经济优势

卡伦堡共生体系的环境、经济优势有以下几个方面。

（1）减少资源消耗:每年 45000 t 石油,15000 t 煤炭,特别是 600000 m³ 的水,这些都是该地区相对稀少的资源。

（2）减少造成温室效应的气体排放和污染:每年 175000 t 二氧化碳和 10200 t 二氧化硫。

（3）废料重新利用:每年 130000 t 炉灰(用于筑路),4500 t 硫(用于生产硫酸),90000 t 石膏,1440 t 氮和 600 t 的磷。

(4) 经济利益巨大:公开资料显示,20 年期间总的投资(共计 16 个废料交换工程)额估计为 6000 万美元,而由此产生的效益估计为每年 1000 万美元。投资平均折旧时间短于 5 年。

c 卡伦堡生态工业园区带给我们的启示

第一,共生系统的形成是一个自发的过程,是在商业基础上逐步形成的,所有企业都从中得到了好处。每一种"废料"供货都是伙伴之间独立、私下达成的交易。交换服从于市场规律,运用了许多种方式,有直接销售,以货易货,甚至友好的协作交换(比如,接受方企业自费建造管线,作为交换,得到的废料价格相当便宜)。

第二,共生体系的成功广泛地建筑在不同伙伴之间的已有信任关系基础上。卡伦堡是个小城市,大家都相互认识。这种亲近关系使有关企业间的各个层次的日常接触都非常容易。

第三,卡伦堡共生体系的特征是几个既不同又能互补的大企业相邻。要在其他地方复制这样一个共生系统,需要鼓励某些"企业混合",使之有利于废料和资源的交换。

8.3.3.2 贵糖变废为宝形成工业生态链

随着造纸黑液碱回收炉和复合肥生产线项目的竣工,贵糖朝着以甘蔗制糖为核心的工业生态园区建设目标迈出了重要一步。前不久,国家环保总局调研组专门对贵糖的经验进行了总结,认为其代表了我国 21 世纪工业文明和工业污染防治的发展方向,值得全国借鉴和推广。

广西糖业基地之一的贵港市于 2001 年 6 月在国家环保局支持下建立"贵港国家生态工业(制糖)示范园区",共进行 12 个生态工业建设项目,包括现代化甘蔗园建设(利用由制糖废物生产出来的复合肥)、甘蔗渣绿色制浆、废糖蜜制能源酒精技改工程、蔗髓热电联产技改工程、节水工程等,形成蔗田系统、制糖系统、酒精系统、造纸系统、热电联产系统、环境综合处理系统共 6 个子系统。各子系统内分别有产品产出,系统之间通过中间产品和废弃物的相互交换而互相衔接,组成一个较为完整和闭合的生态工业网络。初步估算该园区建设总投资为 36.5 亿元。

制糖滤泥、酒精废液、造纸黑液是糖厂最常见的也是较难治理的污染物。贵糖对滤泥的资源化治理进行了研究,提出了用滤泥作为水泥原料的目标。经过多年的研究试验,贵糖利用存放过 5 年的滤泥,成功烧制出符合国家质量标准的水泥,杜绝了滤泥对江河和大气的污染,同时也提高了经济效益。为彻底治理酒精废液,贵糖将废液干化制造肥料获得成功后,在 2000~2001 年期间榨季前夕大批量生产甘蔗复合肥,年产量达 3 万 t,肥料直接用于贵糖的蔗田,这一方面实现了酒精废液零排放,另一方面也解决了糖厂蔗田一直缺乏适合甘蔗生长专用复合肥的问题。对造纸黑液的治理,贵糖一直很重视,黑液提取率和碱回收率正逐年提高。公司已有的 169 t/d 的碱回收处理系统,现投资新扩建 2000 多万元日处理 150 t 的黑液碱回收系统,碱自供率可提高到 85%。随着造纸黑液碱回收炉和复合肥生产线项目的竣工,使原来令人头痛的污水达标排放。

近年来,贵糖每年都投入巨资用于环保,建成了 100 多台套环保设施,使公司的污染物排放总量逐年减少,固体废弃物实现零排放。由于这些环保设施已被纳入工厂工业生态链之中运行,它们在有效降低污染物排放的同时,也产生了巨大的经济效益,几年来贵糖综合利用产值都占了总产值一半以上,最高接近 70%。贵糖在企业的整个生产中,将此产品产生的污染物作为彼产品生产的原料来利用,形成了产品间彼此相互依靠、互为上下游的工业生态链,实现了资源利用最大化、污染排放最小化,已初步显现出现代化工业生态园区的雏形。

8.3.3.3 韩城龙门生态工业园

韩城龙门生态工业示范园区包括龙门冶金工业园和昝村煤化工业园两大部分,总规划面积达 30 km²。园区包含了韩城市 90% 以上的重点工业企业,是韩城市工业经济发展的中心园区,形成了以龙钢集团为龙头企业,以煤炭、焦化、建材、矿业、冶金等生产为主的工业格局。2002 年底,园区主要工业企业百余家。其中钢铁企业 2 家,焦化企业 20 家,焦化副产品深加工企业 4 家,水泥企业 6 家,其他企业 70 余家。年生产钢铁 120 万 t,铁粉 40 万 t,原煤 158 万 t,洗精煤 250 万 t,焦炭 270 万 t,水泥 60 万 t,工业总产值达 12.4 亿元。

园区内企业大多为重污染企业,且大多数生产规模相对较小,工艺落后,科技含量较低,在促进韩城经济发展的同时,也带来了较大的环境污染。据测算,年产生固体废弃物 360 万 t,其中炼铁、炼钢尾渣 84 万 t、煤矸石 30 万 t、选矿厂废渣 246 万 t;工业粉尘 1.12 万 t;废水排放 175 万 t;煤焦企业每年约有 4 亿 m^3 焦化煤气被低空点燃排放,其他化产回收利用率也非常低。

今年,省环保局确定建设韩城龙门生态工业示范园区后,渭南市政府、渭南市环保局、韩城市政府对该项工作非常重视,认为循环经济的发展模式是解决龙门地区经济发展和环境保护最有效的途径,为韩城市走生态工业化道路指明了方向。

首先,引进和建设了一批符合生态工业发展模式的工业企业。已建成的项目有:海燕公司利用焦炉富余煤气发电建设项目、下峪口村 5000 m^3 焦炉煤气柜及煤气发电建设项目(主要为下峪口村村民提供生活、取暖、照明等)、龙钢公司利用高炉煤气生产活性石灰项目、同兴公司 20 万 t 利用焦炉富余煤气轧钢项目、黄河煤化公司焦化副产品煤焦油深加工项目、黑猫 10 万 t 利用焦化副产品煤焦油生产炭黑建设项目一期工程(二期正在建设),这些项目每年消耗焦炉富余煤气将近 1 亿 m^3,煤焦油 3 万余 t,产生经济效益 5000 余万元。

正在建设的项目:龙钢公司 5 万 m^3 高炉煤气柜建设项目、振龙公司 1 万 m^3 焦炉煤气柜建设项目、矿务局 2×12 MW 煤矸石发电项目、龙丰轧钢有限公司 15 万 t 利用焦炉富余煤气轧钢建设项目、龙泉轧钢有限公司 20 万 t 利用焦炉富余煤气轧钢建设项目、韩城第二发电厂 240 万 kW 发电项目一期 120 万 kW 机组建设项目。正在筹备的项目:龙钢公司 2×12 MW 煤矸石发电项目、龙钢公司年产 100 万 t 纳米级超细粉水泥添加剂建设项目、黑猫焦化公司 120 万 t 焦化、10 万 t 甲醇、2.4 万 kW 煤泥发电项目。正在建设和筹备的这些项目建成后,将会消耗掉园区内产生的大量的可以综合利用的废物,产生巨大的经济效益。

其次,在园区引进了符合产业链接的项目 30 余家,其中焦化企业 12 个,项目建成后新增焦炭产量 520 万 t,园区年产焦炭可达 800 万 t 以上,将成为陕西最大的焦化生产基地。作为龙门冶金工业园区的龙头企业集团计划投资 5.5 亿元(其中吸引外资 2.6 亿元),到 2004 年将形成 300 万 t 钢坯,年销售收入 60 亿元的规模,公司内部将形成洗煤、焦化、炼铁、炼钢、轧钢、制氧、发电、纳米级细粉、耐火材料等相互配套的内部生产循环系统,是园中之园。昝村煤化工业园区逐步形成煤炭开采、洗煤、焦化、甲醇、炭黑、发电等为一体的内部生产循环系统。

第三,对园区内 26 家企业按循环经济的要求进行了清洁生产审计。邀请有关专家对韩城龙门生态工业园区进行规划、完善。

8.3.4　现代工业与生态学进展实例

8.3.4.1　金隆铜业工业生态化进展

金隆铜业有限公司(简称金隆公司)是国家"八五"重点建设项目,由铜陵有色金属(集团)公司控股的安徽省最大的中外合资企业,是国内第一家大型买矿铜冶炼工厂,工程投资 20 多亿元。目前年产高纯阴极铜 15 万 t,硫酸 48 万 t,金、银和其他冶炼副产品,年工业产值近 30 亿元。

在当今国际铜矿资源紧缺、加工费持续低迷的严峻形势下,金隆公司依靠科技进步,前瞻性地推行循环经济,通过实施清洁生产,预防控制污染,延伸物质代谢链,多层次构建资源再循环再利用途径,引入 ISO 环境与质量一体化管理等措施,促进资源循环,并以资源循环带动经济循环,初步建立起循环经济的框架,取得经济效益、环境效益和社会效益的协调发展。公司外界影响力和国际知名度显著提升,已成为具有国际竞争力、清洁无污染的买矿冶炼厂。

A 实施大资源战略,根据生态工业代谢和共生关系,多层面延伸物质代谢链,优化循环物流系统

循环经济没有废弃物的概念,污染只是资源放错了位置。要实现循环经济中经济目标和环境目标的一致,必须使生产过程中资源利用率最大化、产生的废弃物最小化,将传统所谓的废弃物转化为具有市场化属性的资源。金隆公司实施大资源战略,遵循循环经济"再利用、再循环"原则,内、外多层面延伸物质代谢链,打破资源再利用、再循环时空局限,以延长产品或服务时间来提高资源使用率,向废弃物的再利用、再循环要资源,不仅自身内部产生的废弃物全部得到综合利用,实现废弃物零排放,而且循环利用了其他企业的废弃物。

a 提高资源利用率

外购铜精矿中主要含有铜、硫、金、银、铅、砷等元素。其中的铜提炼成 99.99% 以上的高纯阴极铜,硫转化成硫酸,金、银等贵重元素富集在阳极泥中,阳极泥经委托加工或销售后进一步回收金、银,铅等富集在白烟尘和铅滤饼中。

b 提高一次产品、成品合格率

一次产品、成品合格率,直接关系到生产工序资源的直接回收率和废弃物减量化。金隆公司通过优化工艺、技术攻关、合理化建议、精心操作和全过程的质量、环境一体化控制等手段,提高一次产成品合格率,降低废品率。如通过不断地摸索总结,逐渐降低火法熔炼阶段的固铍、烟尘产出量,减少湿法电解精炼过程中的黑铜泥、黑铜粉等产生量,提高了一次资源转化的产品率。

c 完善资源内部循环和利用

(1) 工业用水的循环。

金隆公司注重工业水的重复和循环使用,提倡清污分流、一水多用和串级使用。全厂生产及辅助生产系统共有闪速炉冷却水、阳极炉冷却水、水淬渣冷却水、硫酸冷却水、制氧冷却水、电解冷却水、动力中心冷却水和低压锅炉水等 8 套循环水设施,通过循环冷却、投加水质稳定剂、提高浓缩倍数等措施,使工业用水重复利用率稳定在 92% 以上,处于同行业领先水平,年节省新水量达 8000 多万 t。

(2) 制氧废氮气的利用。

在国内同行业首次将制氧过程产生的排空废氮气,引入阳极炉精炼阶段,突破传统的铜火法精炼氧化还原理论,用氮气掺和液化气进行带硫还原反应,达到脱硫除氧双重目的,既降低重油及液化气消耗,又减轻了阳极炉精炼过程的烟气污染,仅此项目年净增效益 800 多万元,该项目于 2002 年通过了由安徽省科技厅组织的技术鉴定,获 2003 年度安徽省科技进步二等奖,铜陵市科技进步一等奖,并已申报国家发明专利。

(3) 余热利用。

将闪速炉和转炉吹炼过程中产生的高温烟气,经余热锅炉回收产生高压蒸汽,高压蒸汽一部分经德国生产的 AFA4G6A 型饱和蒸汽汽轮发电机用于发电,一部分用于全厂生产供热,仅余热饱和蒸汽汽轮发电 700 多万 kW·h/a,年经济效益达 360 万元。

d 积极推动资源的外部循环利用

铜冶炼企业产生的主要固体废弃渣有:水淬渣、转炉渣、白烟尘、铅滤饼、铜滤饼、砷滤饼、锅炉灰渣和石膏等;金隆公司本着资源化、无害化的原则,打破资源循环利用的地域限制,按照工业生态链原理,采取就近、互补、分类、共生等多种方式,使上游企业的"废料"成为下游企业的原材料,推行固体废物的再循环、再利用;同时还敢为人先,率先在国内同行业,将废水处理产生的中和渣用于建筑制砖,使固体废渣综合利用(见表 8-1)水平处于国内领先地位。

表 8-1   固体废弃物的循环与利用

序　号	名　称	来　源	循环与利用去向	利 用 率
1	水淬渣	贫化电炉	外售用于钢铁除锈、建筑等	100%
2	转炉渣	转炉	送选矿厂选矿回收铜	100%
3	白烟尘	转炉锅炉	外售回收有价金属铅等	100%
4	铅滤饼	硫酸	外售回收有价金属铅等	100%
5	铜滤饼	废酸处理	外售回收有价金属铜	100%
6	砷滤饼	废酸处理	跨地域外售回收砷	100%
7	锅炉灰渣	低压锅炉	外售作为建筑材料	100%
8	石膏	废酸污水处理	外售作为建筑材料	100%
9	中和渣	污水处理	大部分用于其他单位制砖	85%

金隆公司还积极参与循环经济区域循环,利用附近其他企业废物:将电石厂废弃物的电石渣,替代原料石灰,用作污水处理的中和原料;将废弃稻壳制成的糠炭,用于熔炼融体的保温;将农村杂木薪柴替代其他化工燃料,用于冶金炉的烘干,使工、农业资源合理配置,带动并促进区域经济的增长。对本企业暂时不能利用的少量含砷滤饼,进行跨地域综合利用,并遵循有关法律法规,竭力降低其在销售、转移和运输过程中的环境风险。

B   建立科技领先、清洁生产、污染控制和 ISO14001 环境管理体系,为发展循环经济提供有力的保证

循环经济是复杂的系统工程,清洁生产是循环经济的重要手段,污染控制及 ISO14001 环境管理体系则是实现循环经济的必要补充。金隆公司正视铜冶炼行业污染的客观存在,转变生产经营方式,以科技领先、清洁生产、污染控制和 ISO14001 环境管理体系为前提基础,大力推行循环经济。

a   科技引领下的清洁生产

科学技术是第一生产力,清洁生产同样离不开科技。清洁生产是通过清洁的生产过程,使用清洁的原辅材料,生产出清洁的产品。循环经济的"减量化",旨在减少进入生产和消费过程的物质和能源,两者都是从源头提高资源及能源利用率、减少废弃物产生。

(1) 清洁的工艺和设备:按照清洁生产对工艺、技术和设备的要求,金隆公司采用当今世界先进的工艺、技术、设备和材料。其中,冶炼工艺是芬兰奥托昆普闪速熔炼、PS 转炉吹炼、回转式阳极炉火法精炼、大极板常规电解的铜冶炼工艺。其中核心的闪速熔炼技术,是通过对诺兰达法、三菱法、瓦纽科夫法、白银法、ISA 法等十多种冶炼工艺,进行综合分析比较后慎重选择的,它具有资源利用率高、环境保护好、自动化程度高、能源消耗低等优势。冶炼烟气制酸采用稀酸洗涤、绝热蒸发、两转两吸加尾气脱硫的工艺,其中洗涤技术采用美国孟山都公司动力波技术、转化选用美国孟山都公司和丹麦托普索公司的高效触媒。其他辅助生产设施,部分关键岗位的技术、设备、材料和控制系统,均从国外引进和消化性改造,整体技术和装备达到国际先进水平。

(2) 原辅材料和能源的清洁性:按照清洁生产对原辅材料、能源和中间产品的要求。一方面,结合国家淘汰落后生产工艺、产品和设备目录,优先使用对环境无害、清洁的原辅材料和能源,尽量限用或不用对环境有害的物质。同时制定清洁的原、辅材料及能源内部采购及使用标准,从源头确保原辅材料和能源的清洁性。如限制铜精矿中砷、氟等有害元素的含量;采用低硫、低灰分的燃煤;用液化气替代重油等。

　　b　配套的污染控制设施

　　在采用新工艺、新技术和新设备,实现清洁生产的同时,金隆公司还多方筹集资金,投巨资建立完善配套的污染预防和治理设施,一期环保投入占总投资的 9%以上,并在以后不断改造中同步加大环保投入,主要污染控制设施包括:废酸处理、酸性及重金属离子污水处理、环境集烟和环境集尘、各种工艺收尘(旋风收尘、布袋收尘、电收尘和文丘里水膜除尘等)、防噪消声设施、固体废物处置设施、尾气脱硫设施等。这些环保配套设施的正常运行,对提高资源利用率、预防和控制污染、提高废弃物的综合利用等均起到积极作用。

　　c　ISO14001 环境管理体系的运行

　　为开拓国际市场、向管理要效益、最大程度地降低生产经营的环境风险,金隆公司于 2001年,率先在国内铜冶炼行业引入 ISO14001 环境管理体系,按照 ISO14001 标准体系的 5 大部分17 个要素,涉及组织结构、计划活动、职责、程序、过程和资源等方面,遵循 PDCA 循环管理模式,通过自主环境管理、主动延伸企业自身的环境责任(如集中回收废旧电池、垃圾分类、对相关方施加环境影响等)、建立环境自我约束机制,模范遵守环境法律法规,求得污染预防和持续改进。

　　C　尊重循环经济规律,建立循环经济统筹下的发展观、价值观,参与循环经济的社会大循环

　　发展循环经济是需要相关各方积极参与,共同打造的,其领域的扩展也是在生产实践中逐渐探索的。

　　(1) 发展循环经济需要政府、企业和公众的共同参与,国家要制定促进循环经济发展的行政、法律、经济和技术政策体系,特别是建立适应市场经济条件的经济激励机制,以充分发挥市场的作用,使循环经济成为企业的自觉行动。

　　(2) 企业是发展循环经济的主体。企业要将循环经济作为企业核心竞争力的重要要素来精心谋划,从价值理念、企业文化、组织结构、生产与营销等方面统筹实施。

　　(3) 借石攻玉,形成特色。企业在借鉴国内外发展循环经济的先进经验的同时,更要结合自身实际,不断进行技术创新与实践创新,努力寻求具有本企业特色的循环经济模式。

　　(4) 扩大循环经济覆盖的领域,丰富和发展循环经济的内涵。从生产、消费、回收等环节,从工业、农业、服务业等不同行业与领域,探索和实践不同情况下的循环经济模式。

　　(5) 搭建政府主导下的市场化、规模化、开放性、海纳百川的循环经济发展平台,让更多组织共同参与。

8.3.4.2　鲁北生态工业模式

　　山东鲁北企业集团总公司是一家跨化工、建材、轻工、电力等 10 个行业的绿色化工企业。多年来,通过实践,鲁北集团以石膏制硫酸联产水泥等关键粘结技术的研发产业化为基础,自发培育、形成了磷铵硫酸水泥联产、海水一水多用、盐碱电联产多条相关的生态工业链,不断推动生态工业系统的完善发展、进化演替,完成了传统的重污染行业向"绿色产业"的战略转变,成为世界上不多的、具有多年成功运行经验、复合实体共生、自发企业类型的工业生态系统。

　　A　石膏制酸技术生态工业链

　　鲁北化工是一个结构合理、具有更密切的共生关系和更高的共生效益复合实体的生态工业系统。鲁北化工在创建之初,以 40 万元试验经费承担了石膏制硫酸联产水泥技术国家"六五"重大科技攻关试验项目取得成功,填补了国内空白。之后,又建成我国第一套磷铵、硫酸、水泥联合生产装置,用生产磷铵排放的废渣磷石膏,制造硫酸并联水泥,硫酸又返回用于生产磷铵,使上游产品废弃物成为下道产品的原料,整个生产过程没有废物排出,资源在生产全过程得到了高效循

环利用,形成一个生态产业链条。既攻克了磷复肥工业排放的废渣磷石膏堆存占地污染环境、制约磷复肥工业发展的世界难题,又开辟了硫酸和水泥生产新的原料路线,改变了传统的"资源—产品—废物"单一的线型模式,达到了经济效益、社会效益、环境效益的有机统一。

B　"一水多用"生态工业链

鲁北化工以发展海洋化工为目标,抓住"开发黄河三角洲"和"建设海上山东"两个跨世纪工程的机遇,在山东无棣北部 70 华里的潮涧带上,建成现代化大型盐场,完成了海水"一水多用"生态产业链的创建,使海水在蒸发、净化过程中,通过合理的分布调节,实现理论组配,实现了"初级卤水养殖、中级水提溴、饱和卤水制盐、盐碱电联产、高级卤水提取钾镁、盐田废渣盐石膏制硫酸联产水泥"的良性循环。

第一,在初级卤区建成 5 万亩养殖场,形成孵化、育苗、放养、加工一条龙的养殖公司,进行鱼、虾、蟹、贝类的科学养殖;

第二,在中级卤区,以建成 1 万 t 规模的溴素装置为龙头,进行具有高附加值的溴化钠、溴化铵、溴化钾等产品开发;

第三,利用饱和卤水建成结晶区 6 万亩的大型盐田,并进行加碘盐等系列保健盐的生产;

第四,实施盐碱电联产,依托丰富的卤水资源和自备热电,直接利用饱和卤水建成 6 万 t 离子膜烧碱和氯产品深加工生产线;

第五,充分利用苦卤资源,消除海洋污染,进行钾、镁产品的提取加工;

第六,利用盐田废渣制硫酸联产水泥;

第七,以煤矸石、劣质煤为燃料发电。

鲁北模式实现了系统内部资源共享共管,强化了系统的柔性,具有更强的适应不确定变化的能力,开创了具有自主知识产权的关键粘结技术,因地制宜进行了生产过程的共生耦合,实行了物质的循环和高效利用,产生了巨大的综合效能。

8.3.4.3　本钢集团规划成为循环型钢铁企业

A　本钢集团的发展现状

本溪钢铁(集团)有限责任公司(以下简称"本钢集团")建立于 1905 年,是我国钢铁行业历史最悠久的老企业之一。新中国成立后,经过多次改造、扩建,已成为我国特大型钢铁企业。于1994 年 11 月被国务院确定为百家建立现代企业制度试点单位,为国有独资的大型钢铁联合企业。目前在世界百家钢铁企业中排名第 31 位。是拥有采矿、选矿、烧结、焦化、炼铁、炼钢、轧钢、动力、运输、机械加工制造、建筑、房地产开发、旅游、贸易、科研开发等配套齐全的科、工、贸为一体的特大型钢铁联合企业,是我国重要的军工、航天、航海等高科技产品的原料生产基地。本钢集团所在地区铁矿资源丰富,鞍山、本溪地区已探明铁矿石储量 80 亿 t,为全国的四分之一,如所拥有的南芬露天铁矿,是亚洲大型铁矿之一,储量大,品质优,目前铁矿石自给率达 90 %,其中企业自产量达 76 %,远高于国内 52 %的平均水平,且本溪周边地区还分布有较大的矿体矿脉,可形成规模生产的就有 14 座铁矿山,是本钢集团的后备资源库。若为改善炉料结构,资源优势互补,利用进口矿石,因本钢集团位于铁路干线,可通过距离本钢集团 200~300 km 的营口新港、大东港、大连港上岸,由铁路直至厂区。

本溪市水资源丰富,有大小河流 200 余条,本钢集团生产水源太子河是本溪境内最大河流,同时还有观音阁水库,关门山水库,三道河水库,在不增加取水量的前提下,生产所需的水资源有保证。同时,拥有自己的石灰石矿,且临近煤炭产地。由综合因素分析可知,本钢集团是国内具有良好发展条件和技术、设备优势的大型企业,完全有可能也应该建设成具有国际竞争力的大型企业。

B 本钢集团发展中存在的问题

本钢集团有着良好的宏观经济形势,发展空间和发展机遇,还有着发展钢铁工业得天独厚的自然资源条件,区位交通优势,人才优势以及良好的盈利状况和自筹资金能力。但是仍然存在着很多的问题:

(1) 一些落后的工艺技术和装备需要改造。

作为国内历史悠久的钢铁企业,本钢集团的技术和工艺装备水平与国际先进水平相比,还存在较大的差距,还有一些落后的工艺技术和装备需要改造。一铁厂的 1 号、2 号高炉的炉容仅有 380 m³,二铁厂 3 号、4 号高炉始建于 20 世纪 30 年代,经过了几次大的改造,炉容从 600 m³ 扩大到 1070 m³,但装备水平仍不高;现有 5 台 75 m² 烧结机还在采用落后的热矿工艺,有待淘汰或改造;1700 mm CDCM 机组是引进的二手设备,装备水平低,需要改造或新建;特钢系统也还存在一些低水平装备,如 15 t 小电炉、20 t LF 炉、300 横列式小型轧机和 650 横列式轧机等,有待淘汰。

(2) 产品结构有待进一步调整。

本钢集团作为国内历史悠久的钢铁企业,高技术含量、高附加值产品比重较小,产品质量与国际先进水平相比,仍存在较大差距,因此,尚需对其产品结构与规格作进一步调整。

(3) 能耗、水耗较高。

与国内先进水平相比,本钢集团的能耗指标存在较大差距,2004 年 1 月至 11 月份,在统计的国内 11 大钢铁企业中,本钢集团可比能耗排在第 7 位,为 755 kgce/t[❶],高出宝钢 109 kgce/t,高出武钢 62 kgce/t。尽管 2004 年吨钢耗新水指标同比降低 6.73 t/t,达到 9.42 t/t,创下历史新水平,环水率也上升为 94.7%,但是还远高于国内先进水平。由此可见,本钢集团的水耗也有很大的降低空间。

(4) 生态、环境保护方面还有很多工作。

在高炉系统中,一些高炉除尘设施不够完善,甚至没有,炼钢厂两台混铁炉也没有除尘设施,大量含尘烟气的排放,污染了大气环境。

本钢集团所属的南芬露天矿、歪头山矿、大明山石灰石和南山石灰石矿的采场面积总共为 8 km²,设有六个排土场,占地面积约为 13.4 km²。南芬露天矿采场已形成深 400 m,南北长 3.3 km,东西宽 1.5 km 的巨大矿坑,歪头山矿采场也已形成深 84 m,上盘面积为 3.2 km² 的大坑。本钢集团还设有两个尾矿库,即小庙沟尾矿库和歪头山尾矿库,共占地 8.06 km²。大量的土地资源被破坏和占用的同时,土地上原有的植被被破坏,地形、地貌发生巨大的变化,造成矿区及周边地区的生态环境的破坏。另外,在排土过程中产生的粉尘及有毒有害物质,对大气、水和土壤产生污染。为了改善生态,保护环境,还有大量工作要做。

C 向循环型钢铁企业转化的策略

以循环经济和生态工业理念为指导,通过技术进步和集约化发展,加强多层次产业链的共生耦合和延伸,调整优化产业结构,实现废物资源化、提高资源能源利用率,构建节约型、生态化的钢铁工业企业。

a 延伸产品链,优化产品结构

充分发挥本钢集团矿山优质资源、综合规模优势,以市场为导向,围绕"建立精品板基地,把

---

❶ kgce/t:千克标煤/吨钢。

本钢集团发展成为具有国际竞争力的现代化企业"的战略目标,进一步延伸产品链,优化产品结构,重点发展高质量、高技术、高附加值、国家急需的、能以产顶进的关键短缺钢材品种,例如高等级汽车板、高档家电板、高强度涂层板、无取向硅钢片等,提高企业的市场竞争力,促进经济效益持续增长。

　　b　产业链的共生耦合

　　通过产业链的共生耦合,优化配置资源,使本钢集团的副产物及废弃物,例如废钢、氧化铁、粉尘、污泥、高炉渣、炼钢渣、尾矿、废耐火材料等得到最优利用,使能源结构得到优化和梯级利用,提高循环供水能力、实现污水资源化,从而提高资源、能源以及水的利用效率,进一步节能降耗,降低生产成本,提高企业经济效益和核心竞争力。

　　c　采用先进的技术和设备

　　充分利用集团目前良好的盈利状况和自筹资金能力,依靠技术进步,调整技术装备结构,适时淘汰或改造落后的技术、装备,加强前沿技术的开发,推广先进的技术,实施技术装备大型化、现代化和高效化,使老工业基地通过现代化改造,走新型工业化道路。

　　d　生态化发展

　　一方面,要做到边开采,边绿化,使生产活动对生态环境的破坏达到最小,另一方面要转变观念,将废弃采场、排土场、尾矿库的生态恢复工程建设作为一种生产投资,在偿还资源开采所造成的环境欠账的同时,以此为基础发展生态农业、林业和旅游业,将单纯的经济负担转变为新型经营型的生态环境产业,有利于集团产业结构向着生态产业多元化方向发展。

　　e　与社会协调发展

　　在循环经济理念的指导下,充分开发利用本钢集团的社会功能。一方面,利用本钢集团的发展拉动其他产业和周边地区的发展,促进本溪市和辽宁省的产业结构调整和提升。另一方面,将本钢集团副产的煤气、蒸汽、余热等作为清洁燃料、清洁热源提供给周边社会,为社会创造良好的生活条件,同时利用本钢集团的热设备等将社会产生的一些废弃物资源化利用,以保持社会优美的环境,使本钢集团与社会和谐发展。

　　D　本钢规划循环型钢铁企业的目的和意义

　　a　规划的目的

　　立足本钢集团及其周边地区丰富的铁、煤、石灰石等矿产资源及其本身长期积累的人才、技术力量等智力资源以及先进设备装置等物质资源。抓住振兴东北老工业基地,发展大型钢铁企业以及辽宁省政府提出建设两大基地的有利时机,以循环经济理念为指导,以高新技术为支撑,通过提升产品结构,建设规模化的主、副产业链,实现本钢集团的可持续发展。建成生态环境和谐、国内先进、具有国际竞争实力的循环经济型大型钢铁企业集团。

　　(1)以高度相关的两大产业链,三大功能区的建设为重点,按循环经济的发展模式,构建共生耦合的产业体系,把本钢集团建成钢铁企业生态园区,使本钢集团成为东北地区乃至全国钢铁企业循环经济的示范基地,为有关产业发展提供有益的经验,促进本溪市循环经济型城市建设。

　　(2)发挥自有矿山优势,采用国内外特别是具有自主知识产权高新技术,提高资源和能源利用率,提升产品结构,完善产品质量。使吨钢能耗、水耗等指标达到国内先进水平,进一步改善企业经济效益,在国际市场竞争中占有一席之地。

　　(3)通过本钢集团循环经济型企业的建设,在做大做强钢铁产品生产,高效转换能源的同时,处理消纳及利用社会的大宗废弃物资。向社会提供清洁能源与副产品,与社会形成代谢循环关系,拉动周边地区的经济发展和环境的持续改善。

（4）通过强化环境管理和加强循环经济、生态工业、环境意识的系统教育，提高全体员工的生态保护和环境友好意识，减轻钢铁工业发展对环境的影响，创建生态环境优美、精神文明的和谐社会，提高地区发展的整体水平。

b　规划的意义

本钢集团以循环经济理念为指导，建设循环型钢铁企业是贯彻中央振兴东北老工业基地，树立和落实科学发展观、建立和谐社会的积极举措，是推进钢铁工业可持续发展的有效探索，对地区和相关行业的发展有促进作用，意义重大。

（1）有利于钢铁企业三个功能的实现。

通过钢铁工业全生产链的耦合集成，厂内以及社会废弃物资源化再利用，使钢铁工业不仅生产钢铁产品，而且是高效的能源转化工厂和废弃物回收及综合利用工厂，成为地区生态工业链中的重要环节，增强抵御市场风险的能力，提高竞争实力，对辽宁省乃至全国的钢铁企业的发展起示范作用。

（2）有利于推进本溪市乃至辽宁省中部城市群——沈阳经济区的经济发展。

依托本钢集团的矿山资源优势和技术优势，加强高新先进技术的引进，优化产品结构，扩展一体化区域物流网络，建设循环经济型钢铁企业，对推动大沈阳经济区建设的全面起步，实现老工业基地振兴有着十分重要的意义。

1）有利于探索我国钢铁工业走可持续发展道路的模式。

目前世界铁矿价格大幅上涨，2005 年澳大利亚出口日本和中国的铁矿价格上涨 70% 以上，而现我国人均钢铁消耗量远低于发达国家，要求继续增长钢铁产量是不争的事实，如何提高资源利用率，降低物耗能耗，重视环境保护，提高企业综合竞争力，发展具有丰富铁矿资源的本钢集团，是我国钢铁规划中的重要一步。

2）有利于贯彻落实科学发展观，建立和谐社会。

按全面实现三个功能，统筹协调发展的方针规划本钢集团，积极开展循环经济和可持续发展先进理念的宣传和教育，有利于本溪地区物质文明与精神文明的整体推进和协调发展，促进企业与社会的和谐发展。

8.3.4.4　天津泰达构筑物质循环、工业共生生态园区

"发展生态工业，实现可持续发展"是天津泰达为区域经济发展所定下的基调。2003 年底，《天津经济技术开发区国家生态工业示范园区建设规划》通过论证，泰达开始开发区生态工业园的建设。2004 年国家环保总局又批准了泰达创建国家生态工业示范园区的申请，泰达生态工业园的建设步入具体实施阶段。

天津开发区环保局总工程师卫红梅博士认为，生态工业园是实现"可持续发展"战略的重要途径和实现方式。只有依据循环经济理论和工业生态学原理，通过模拟自然生态系统"生产者—消费者—分解者"的循环途径改造我们的产业系统，以实现物质闭路循环和梯级利用；通过建立产业系统的"产业链"而形成工业共生网络，以实现对物质、能量等资源的最优化利用，才可在未来的竞争中，把握先机，保持竞争力。

继以摩托罗拉、诺维信、康师傅为代表的 IT、生物制药、食品饮料这三大生态工业群落形成之后，随着一汽丰田及其数十家配套厂的相继入区，新的"汽车工业产品代谢网络"也初具规模。泰达引进整车及配套企业近 40 家，包括日本爱信、富士通天电子、东海理化、矢崎汽配等近 30 家丰田配套商。一批韩国汽车配套企业也涌入开发区。使泰达在短时间内汽车产业资源迅速富集，形成了配置较为合理的汽车工业产品代谢网络。摩托罗拉与泰达 20 多家相关企业建立了以手机产品为核心的横向耦合关系，在这些企业之间形成了以产品交换和副产品交换为特征的互

利共生关系。诺维信公司则将生产中产生的生物发酵残渣和污水处理中产生的活性污泥加工改造成为优质有机肥料"诺沃肥",应用于泰达及其周边的农田和绿地,并且其经处理后的废水,还用于园区的绿化灌溉及道路冲洗。在支柱产业生态循环网络逐步形成的同时,泰达也不遗余力地从事再生产业生态链条的打造。中水回用、海水淡化、碱渣土改造等一系列大的资源再生利用工程,增强了泰达的造血机能。

泰达制定了水资源综合利用规划,将供水体系与排水体系在循环利用中融合为一体,人为地按照自然代谢的规律加快水的生态代谢循环,在城市中形成水文生态循环体系,从而解决水资源短缺问题。按照不同用途供应不同质量的水,形成多元的给排水循环系统,同时选择不同的水处理技术,保证用水的低成本、不同水质用水成本价格的合理差异化。目前,泰达以中水回用为节点,形成了"水用户—废水厂—污水处理厂—二级出水厂—泰达新水源一厂—再生水(中水)—水用户"的水循环模式。泰达50%以上的绿化和锅炉用水,80%以上的景观沟渠和水面,10%以上的企业用水都已使用中水。在海水淡化方面,2004年3月30日泰达2万t级海水淡化项目通过国际招标,确定引入法国WEIR公司海水淡化关键设备,2005年即将投产使用,最终使泰达成为全国的海水淡化与产业示范基地。泰达充分利用滨海新区的废弃物资源,在深入揭示海湾泥、粉煤灰和碱碴土理化性质的基础上,通过科学配方、培肥等技术措施将三种物质合理配比,成为适宜植物生长的新型种植基质,改良了泰达盐碱土,避免了毁坏农田。

再过10到15年,泰达计划通过生态工业园的建设,将天津开发区建设成为以工业共生、物质循环为特征的新型高新技术产品生产基地,使泰达成为我国北方加工制造中心、科技成果转化基地和现代化国际港口生态化大都市。

8.3.4.5　中国第一个钢铁工业生态园区将在包头诞生

包头市政府、包头市环保局、包钢集团及中国环境规划院、中国环科院等专家学者在北京共同研究制定了《包钢及周边地区经济与环境协调发展规划》。该规划将以"绿色包钢"为龙头,在包头打造全国第一个生态工业(钢铁)园区。

包钢是我国重要的钢铁生产基地和全国最大的稀土科研生产基地,也是内蒙古主要的支柱企业。现在已经具备500万t商品坯材和7000多吨稀土产品的生产能力。在非钢产业方面,如冶金焦炭、焦化副产品、耐火材料、冶金机械制造、电讯、运输、信息、房地产、建筑安装等,也具有相当的生产和经营能力。从目前国际经济环境和中国产业大分工及西部产业分工的趋势和聚集度来看,"黑三角"(内蒙古、宁夏、山西)和"金三角"(呼和浩特、包头、鄂尔多斯)间的区域结合开发态势日渐凸现,加之今后包头市在现代化发展进程中将主要依托冶金、煤化工、铜、煤矿、铁矿等重工业,因此,包钢及周边地区着眼于区域经济发展,立足于钢铁和稀土产业的大开发便成为必然。

为此,包头市政府和包钢集团会同中国规划院、中国环科院有关专家学者,经过对《包钢及周边地区经济与环境协调发展规划》的缜密论证认为,该区域可通过包钢的核心作用和包钢对周边地区的辐射作用,建立钢铁绿色产业链和高效产业体系,配套相关产业,促进包钢工业做大做强,从而拉动整个包钢周边地区(包括昆区、九原区)的经济发展和环境治理。该园区包括以钢铁和稀土产业为主的核心工业园区;以循环经济为理念,以生态链连接的包钢上游产品(电、焦、铁等)和下游产品(钢渣、铁渣、粉煤灰等)形成的配套工业园区,以及围绕包钢和包钢西部的生态保护与建设为主的生态园区,建设工业共生的生态园区,实现工业、人与自然的和谐共生。

8.3.4.6　海正药业打造生态型工业

《新闻调查》2003年11月14日播出了海正制药厂疏通污水排口(下水道)导致3人硫化氢中毒死亡事件。2002年天气干旱,厂里为了节约水源,将雨水排污口堵住回收雨水用于绿化,2004

年为了迎接上级环保部门的检查疏通排污口,第一次导致 1 人死亡,第二天开会决定仍将继续疏通,导致另外 2 人死亡,引起关注。

目前,浙江海正药业股份有限公司已改变观念,在环保治理方面的投入已达 1.3 亿元,目的是打造能够实现可持续发展的生态型工业。

曾因环保问题受到社会关注的海正药业,在树立科学的生态工业发展观方面曾有一番曲折。公司董事长白骅说:"海正人的认识,大致经历了三个阶段:第一阶段是片面强调产值、利润阶段,认为先生产、后治理;第二阶段是以降低污染程度为重点的末端治理阶段,努力寻求生产和环保的平衡;第三阶段才是寻求可持续发展道路,充分意识到国际竞争不仅仅是产品的竞争,同时也包括环保、健康、安全在内的全方位竞争"。海正药业在企业环保上推行"前延后伸"。一方面,向前延伸至公司的战略,在产品研发开始就介入环保治理,不仅要求拿出合格的新样品,还要拿出三废处理的方法及工艺;另一方面,向后伸展至营销阶段,聘请国际上知名的环境资源管理公司对海正的环保—健康—安全体系进行评估、整改和人员培训。

海正药业把环保建设作为企业可持续发展的重中之重。目前,该公司在环保硬件设施建设的投入年均递增 35% 以上,仅今年 1 至 9 月在完善三废处理设施上的投入就有近 2000 万元,运行费用达 1537 万元,比去年同期增加 97%。在废水治理上,海正药业已在外沙厂区和岩头新区共建有三套废水处理设施,日处理废水能力达到 6000 t。今年 3 月,海正药业全部污水接入台州市椒江区城市污水处理公司管网,进行二次集中处理后排放,成为椒江区污水入网的首家企业。在废气治理上,海正药业除了攻克发酵罐尾气治理的技术难题外,还针对发酵渣气流干燥过程中产生的尾气,通过安装水膜除尘除臭装置,不仅解决了粉尘的排放,还实现粉尘的回收利用;同时,又投资 300 万元,分别对三废处理车间的恶臭、真空泵尾气、引风机的间歇性废气等进行了治理。如今,在海正药业的每个车间都建有有机溶剂回收装置,厂区内有废气产生的地方基本上安装了废气收集处理装置。

"海正"人对科学发展观的认识是在经历了一番周折后才树立起来的。事实证明,他们虽然走了些弯路,也付出了不少代价,但最终走上了一条正确的、可持续发展的道路。所有企业都是一样,要成就百年基业,就必须正确处理增长的数量、质量、速度和效益的关系,注意统筹协调发展,防止单纯追求经济增长,更不能以牺牲环境和资源为代价,换取一时一地的发展。

本章小结

生态工业化是通过发展生态工业和建设生态工业园区,逐步使基于人类活动的工业经济活动所引发的人与自然之间的物质代谢及其产物能够均衡、和谐、顺畅、平稳和持续地融入自然生态系统自身物质代谢之中的过程。工业生态化一方面是以工业文明时期迅速发展起来的科学技术、经济实力和文化为基础得以产生与发展的,另一方面它又是人类对工业化过程中的弊端如环境污染、资源浪费和生态破坏等进行反思后重新选择的工业发展道路。

工业转型通过生态重组的形式来实现,主要体现在微观层次、中观层次和宏观层次三个层面。在微观层次,通过改变化学产品或过程的内在本质,采用源头控制来减少或消除有害物质的使用与产生;在中观层次,主要是指企业与生产单位层次,要重新审视产品与制造过程,采用源头和过程控制来减少废物的产生。推行包括绿色设计和绿色制造的清洁生产工艺;在宏观层次,主要是改善整体经济的物质与能源利用效率,即在不同企业间构建工业生态链、生态网,推行循环经济战略,组建工业生物群落,建立生态工业园区。

清洁生产是一种新的创造性的思想,该思想将整体预防的环境战略持续应用于生产过程、产品和服务中,以增加生态效率和减少人类及环境的风险。清洁生产的内容包括清洁的产品、清洁的生产过程和清洁的服务三个方面。清洁生产具有重要的意义和显著的特点。

循环经济就是把清洁生产和废弃物的综合利用融为一体的经济,本质上是一种生态经济,是按照生态规律利用自然资源和环境容量,实现经济活动的生态化转向,是实施可持续发展战略,实现全球共容的一个重要途径。其社会经济活动的行为准则是"3R"原则(减量化、再利用、再循环),贯穿在生产、消费、回收等各个主要环节。

生态工业就是模拟自然生态系统的功能,建立起相当于自然生态系统的"生产者—消费者—还原者"的工业生态链网,形成低成本、低消耗、低(或无)污染、与生态环境协调共生的生态化工业。

清洁生产的基本精神是源削减,生态工业和循环经济的前提和本质是清洁生产。生态工业的主要做法是将上游企业的废物用作下游企业的原材料和能量,但这绝不意味着上游企业想产生什么废物就产生什么废物,想排多少就排多少。在形成生态工业的"食物链"和"食物网"中首先要减少上游企业的废物,尤其是有害物质的排放量。上游企业不能因为还有下游企业可利用其废物而肆无忌惮地多排污,而必须在其生产的全过程进行源削减。即系统中每一环都要进行源削减,做到清洁生产,即生态工业系统中生产者的生产量、消费者的消费量和再生者的再生量是可变的,而且是应该按照清洁生产的原则进行变化的。

循环经济强调"减量、再用、循环",但三者的重要性不一样,对废物处理的优先顺序是"避免产生→循环利用→最终处置",其指导思想是清洁生产。循环经济的根本目标是要求在经济过程中系统地避免和减少废物,再用和循环都应建立在对经济过程进行了充分的源削减的基础之上。

生态工业园区是依据清洁生产要求、循环经济理念和工业生态学原理而设计建立的一种新型工业园区,它通过物流或能流传递等方式把不同工厂或企业连接起来,形成共享资源和互换副产品的产业共生组合,使一家工厂的废弃物或副产品成为另一家工厂的原料或能源,模拟自然系统,在产业系统中建立"生产者—消费者—分解者"的循环途径,寻求物质闭环流动、能量多级利用和废物产生最小化。目前,国内大量的生态工业园区已相继出现,并显示出了强大优势,并将在现代工业发展过程中发挥更大的作用。

思考复习题

1. 简述现代工业发展的新型模式。

2. 从三个层次说明工业生态化实施的途径和框架。

3. 什么是清洁生产,它有哪些特点,清洁生产的意义是什么?

4. 什么叫清洁生产审核? 简要说明清洁生产审核的步骤、方法和基本程序。

5. 什么是循环经济,它的内涵是什么?

6. 从三个层面上说明循环经济框架,并举出相应的成功案例。

7. 什么是生态工业,它与清洁生产、循环经济的关系是怎样的?

8. 简述生态工业园的特点,它有哪些特征和类型?

9. 规划生态工业园区的指导思想和基本原则是什么?

10. 园区规划建设应按照哪四类指标体系进行?

11. 结合卡伦堡共生体系的实践论述如何构建生态工业园区,意义何在?

12．简述我国贵糖的工业生态链和韩城龙门生态工业园的特点。

13．了解金隆铜业工业生态化的进展及鲁北生态工业的模式。

14．试举例说明钢铁工业应如何实现生态化转向。

15．应用生态工业园区规划理论试着构建一个新型的工业园区。

9　环保与工业污染防治

内容要点
　　（1）工业废水污染的危害及其防治技术；
　　（2）工业废气污染的危害及其防治技术；
　　（3）工业固体废弃物的危害及其治理与资源化技术。

讨　论
　　工业废弃物治理与回用及其与工业生态化的关系。

9.1　水污染及其治理与回用

9.1.1　水污染（Water Pollution）

　　水体是地表水圈的重要组成部分，它指的是以相对稳定的陆地为边界的天然水域。水体是一个完整的生态系统，其中包括水中的悬浮物质、溶解物质、底泥和水生生物等。"水质"主要指水相的性质，它不同于"水体"的概念，水体所包含的内容比水质广泛得多。如重金属污染物易于从水相转移到固相底泥中，水相重金属含量不高，若只论水质似乎没有污染，但从水体来看，却产生了重金属的污染。

　　水体污染不仅指水的污染，同时也包括水底底质和水生生物体污染。当污染物进入水体，其含量超过水体的自然净化能力时，使水质变坏，水的用途受到影响，这种情况称为水体污染。

　　水体的污染源有二种，一是自然污染源，二是人为污染源。前者指自然界的地球化学异常释放的物质，给水体造成的污染。如矿床周围的矿化水对河水的污染。这种污染源具有长期作用，一般多发生在有限区域内。由于人类活动产生的污染物给水体造成的污染，即人为污染源。它是造成水体污染危害的重要因素，应当引起高度重视。

　　水的污染可按污染物类型分类。有机质的污染：挥发性的和非挥发性的；无机物的污染：氧化物、硫化物、酸、碱、盐等；有毒物质的污染：氰化物、酚及砷、铅、汞等重金属；"富营养化"污染：氮、磷等营养元素；油类污染：石油污染、工业油类污染；热污染：热源的消费而引起的环境增温，破坏热平衡；病原微生物污染：病菌、病毒、寄生虫等。

　　我国本属资源性缺水国家，长期以来我国重经济、轻环保，众多河流、湖泊、水库和地下水被污染状况触目惊心，由此而造成的水质性缺水与本已存在的资源性缺水彼此叠加，使我国缺水状况犹如雪上加霜。据统计 1997 年全国污废水排放量约为 416 亿 m³，其中工业废水约 227 亿 m³，占 54.6%。城市生活污水处理率不到 20%，工业废水大部分未经处理直接排入水体，使 1200 多条河流中的 850 条受到不同程度的污染，污染河流占 70% 以上。七大河流流经的 15 个主要城市河段中，有 13 个河段的水质受到严重污染，不宜作饮用水源；淮河、海河、辽河几乎整个流域都没有Ⅲ类以上的水体。1999 年 141 个国控城市河段 63.8% 为Ⅳ类到劣Ⅴ类水。

由于污染,我国水质性缺水的城市数量呈上升趋势,严重的缺水城市主要集中在华北和沿海地区,如今已漫延到南方地区。上海和广州就是两个典型的水质性缺水城市,它们守着终年波涛滚滚的黄浦江、珠江却不得不到青浦县的淀山湖、宝山区陈行水库或上溯几十公里的上游取水,因为黄浦江和珠江水质严重污染,即便加强自来水工艺处理,出水仍然有令人难以接受的异味。我国自"引滦入津"工程后,近年来又陆续有许多大型的远距离引水或跨流域调水工程,如"引碧入连"、"引黄济青"、"引黄入晋"、"引沂入淮"、"南水北调"工程等,大多是由于城市污水污染水源造成水质性缺水所致。苏锡常三市工业废水排放量为 200 万 m^3/d,其中符合排放标准的约占 50%,处理率为全国之首,但由于运河水量不足,径污比低,使水质大部分低于地表水环境质量Ⅳ类标准。污染物又以挥发酚、NH_3-N 和各种烃类为主,致使河水黑臭异常,鱼虾绝迹,市区饮水告急。现在正规划从长江引水解决城市饮水问题。

水质性缺水的直接表象首先是环境的恶化,受污染的水体勉强用作给水水源,一方面使处理工艺复杂,处理费用增高,另一方面也难以保障处理后的水质达到优良。特别是随近代工业发展而产生的大量的、种类繁多的污染物进入水体后,难以被水中微生物降解,却容易通过生物食物链富集于生物体,对人类构成严重威胁。

9.1.2 水污染的防治(Wastewater Treatment)

9.1.2.1 原则(Principles)

水污染的防治应遵循如下原则:

(1) 调整经济结构,提高资源利用率,并与防治相结合;

(2) 自净能力与人为措施相结合;

(3) 分散治理与集中控制相结合;

(4) 生态工程与环境工程相结合;

(5) 技术措施与管理措施相结合。

9.1.2.2 主要对策(Main Measures)

对水污染防治的主要对策如下:

(1) 节约用水,减少排污量;

(2) 因地制宜,建立城市污水处理系统;

(3) 调整工业布局;

(4) 加强水资源的规划管理;

(5) 制定水污染综合防治规划;

(6) 实行排污许可证制度。

9.1.3 相关的污水处理技术(Wastewater Treatment Technologies)

废水中所含污染物是多种多样的,其物理和化学性质各不相同,存在形式、浓度也不同,因此对不同水质的废水要采用不同的处理方法。按处理原理不同,习惯上将废水处理方法分为物理法、化学法、物理化学法和生物处理法四类。其中,**物理法**包括重力分离、过滤法、离心分离、反渗透等;**化学法**包括沉淀法、絮凝法、中合法、氧化还原法等;**物理化学法**包括吸附法、离子交换法、电渗析法等;**生物法**包括好氧生物处理法(活性污泥法、生物膜法)和厌氧生物处理法等,如A/O、A^2/O、SBR、氧化沟法等。

按处理流程可将废水处理分为一级处理、二级处理和三级处理。其中,**一级处理**包括沉淀与絮凝,阻垢与缓蚀,杀菌灭藻,电场、磁场处理－离子棒等;**二级处理**包括传统活性污泥法 A/O、A²/O,氧化沟法,SBR 法,向上曝气活性污泥法等;**三级处理**包括膜分离技术,超临界水氧化法,物理化学－吸附分离,生物絮凝法,人工湿地生态治理技术等。

9.1.4　废水的回用(Wastewater Reuse)

工农业发展需有充沛的水资源作为必要条件,而经过使用的"废水"具有重要的回用潜力,如能将可靠的废水(包括城市污水)作为第二水源积极地予以开发利用,则不仅可促进水污染治理,保护生态环境,而且能缓解水资源的紧缺局面,收到一举多得的实际效果。

作为缓解水危机的途径之一,日本早在 1962 年就开始回用污水,20 世纪 70 年代已初见规模,90 年代初,日本在全国范围内进行了废水再生回用的调查研究与工艺设计。美国也是世界上采用污水再生利用最早的国家之一,20 世纪 70 年代初开始大规模建设污水处理厂,随后即开始回用污水。目前,有 357 个城市回用污水,再生回用点 536 个。除日本和美国外,俄罗斯、西欧各国、以色列、印度、南非和纳米比亚的污水回用事业也很普遍。我国从"六五"开始进行城市污水回用方面的研究工作。

9.1.4.1　工业污水回用于工业生产

在城市用水中,工业用水所占比例相当大,将再生水回用于工业生产,其主要用途如:(1)冷却水:冷却系统的补充水;直流冷却,包括水泵、压缩机和轴承的冷却、涡轮机乏气的冷却以及直接接触(如熄焦)冷凝等。(2)工艺用水和锅炉上水。(3)冲洗与洗涤水。(4)杂用水,包括厂区灌溉、消防与除尘。

9.1.4.2　中水工程回用于工业生产

把住宅、宾馆、大型公用建筑、机关和学校排放的生活污水,进行就地处理,并就地回用于厕所冲洗、地面和路面冲洗、庭院绿化等,这种分散、小规模(相对于城市污水大规模再生利用而言)的污水回用,通常称为"中水工程"。基于当今水资源短缺的严峻形势,各企业正在考虑中水回用于工业生产。如邯钢、唐钢等正在进行城市污水资源回用于工业的试验与研究工作。

9.1.5　主要相关水处理技术

9.1.5.1　絮凝技术

各种污水都是以水为分散介质的分散体系。根据分散相粒度不同,污水可分为三类:分散相粒度为 0.1～1 nm 的称为真溶液;分散相粒度为 1～100 nm 的称为胶体溶液;分散相粒度大于100 nm 的称为悬浮液。其中粒度在 100 μm 以上的悬浮液可采用沉淀或过滤处理,而粒度为1 nm～100 μm 的部分悬浮液和胶体溶液可采用絮凝处理。**絮凝**就是在污水中预先投加化学药剂来破坏胶体的稳定性,使污水中的胶体和细小悬浮物聚集成具有可分离特性的絮凝体,再加以分离除去的过程。

A　常用的絮凝剂

目前常用的絮凝剂按化学组成分类主要有无机盐类及有机高分子两大类。

无机盐类絮凝剂的作用机理为:(1)压缩双电层厚度,降低 ζ 电位;(2)专属作用;(3)卷扫(网捕)絮凝。

高分子絮凝剂的作用机理为:(1)由于氢键结合、静电结合、范德华力等作用对胶粒的吸附结合;(2)线型高分子在溶液中的吸附架桥作用。

助凝剂在絮凝过程中起促进作用,助凝剂按功能可分为以下 3 种:(1)pH 值调整剂;(2)絮体结构改良剂;(3)氧化剂。

B　絮凝的影响因素分析

絮凝的影响因素有:

(1) 污水中浊度、pH值、水温及共存杂质等的影响;

(2) 絮凝剂种类、投加量和投加顺序对絮凝效果的影响;

(3) 水力(动力)条件对絮凝效果的影响。

C　絮凝作用机理

絮凝作用机理如下所述:

(1) 压缩双电层厚度,降低ζ电位。

(2) 专属作用:指非静电性质的作用,如疏液结合、氢键、表面络合、甚至范德华力等。当足够数量的反离子由于"专属作用"而吸附在表面上时,可以使粒子电荷减少到某个临界值,这时静电斥力不再足以阻止粒子间的接触,于是发生絮凝。

(3) 卷扫(网捕)絮凝:在水处理中可能产生大量的水解沉淀物,迅速沉淀的过程中,水中的胶粒会被这些沉淀物所卷扫(或网捕)而发生共沉降,这种絮凝作用称为卷扫絮凝。

D　病毒及重金属的絮凝

对有机物及病毒的絮凝,根据水中有机物及病毒的浓度及特性,采用无机盐类絮凝剂与高分子絮凝剂相结合的方式。

病毒去除公式为:
$$C_\infty = C \cdot C_u^n / \lg T$$

式中　　T——沉淀时间,h;

　　C——系数,其值为0.57;

　　n——系数,其值为0.88;

　　C_u——原水中细菌含量;

　　C_∞——处理后细菌含量。

对重金属的絮凝去除,现多采用生物絮凝法。

9.1.5.2　水质稳定技术

A　净环水运行过程中的常见问题

工业生产过程中,为保证设备的正常运行,需要一定量的冷却水,由于水的温度升高,流速的变化,水的蒸发,各种无机离子和有机物质的浓缩,冷却塔和冷水池在室外经受的阳光照射、风吹雨淋、灰尘杂物的飘入,以及设备结构和材料等多种因素的综合作用,会产生比直流系统更为严重的沉积物附着、设备腐蚀和菌藻微生物的大量滋生,以及由此形成的黏泥污垢堵塞管道等问题,这会威胁和破坏工厂长周期的安全生产,甚至造成经济损失。常见问题如下所述。

a　结垢

在循环冷却水系统中,重碳酸盐的浓度随着蒸发浓缩而增加,当其浓度达到过饱和状态时,或者在经过换热器传热表面使水温升高时,会发生下列反应:
$$Ca(HCO_3)_2 = CaCO_3 \downarrow + CO_2 \uparrow + H_2O$$

冷却水经过冷却塔向下喷淋时,溶解在水中的游离CO_2要逸出,这就促使上述反应向右方进行。$CaCO_3$沉积在换热器传热表面,形成致密的碳酸钙水垢,它的导热性能很差。不同的水垢,其导热系数不同,但一般不超过1.16 W/(m·K),而钢材的导热系数为45 W/(m·K),可见水垢形成必然影响换热器的传热效率。

水垢附着的危害,轻者是降低换热器的传热效率,影响产量,如欲保持产量,必须降低冷却水进口温度,或增加冷却水用量,或扩大传热面积,或不停产清洗等。严重时,则需停产检修,甚至更换换热器。

  b　腐蚀

  循环冷却水系统中,大量的设备是金属制造的换热器,对于碳钢制成的换热器,长期使用循环冷却水,会发生腐蚀穿孔,其腐蚀的原因是多种因素造成的。

  (1) 冷却水中溶解氧引起的电化学腐蚀。敞开式循环冷却水系统中,水与空气能充分地接触,因此水中溶解的 O_2 可达饱和状态,当碳钢与溶有 O_2 的冷却水接触时,由于金属表面的不均一性和冷却水的导电性,在碳钢表面会形成许多微电池,微电池的阴极区和阳极区分别发生下列氧化还原的共轭反应:

在阳极上 $$Fe \Longrightarrow Fe^{2+} + 2e$$

在阴极上 $$\frac{1}{2}O_2 + H_2O + 2e \Longrightarrow 2OH^-$$

在水中 $$Fe^{2+} + 2OH^- \Longrightarrow Fe(OH)_2$$

$$Fe(OH)_2 \xrightarrow{O_2} Fe(OH)_3$$

这些反应,促使微电池中阳极区的金属不断溶解而被腐蚀。

  (2) 有害离子引起的腐蚀。循环冷却水在浓缩过程中,除重碳酸盐浓度随浓缩倍数增长而增加外,其他的盐类如氯化物、硫酸盐等的浓度也会增加。当 Cl^- 和 SO_4^{2-} 离子浓度增高时,会加速碳钢的腐蚀。Cl^- 和 SO_4^{2-} 会使金属上保护膜的保护性能降低,尤其是 Cl^- 的离子半径小,穿透性强,容易穿过膜层,置换氧原子形成氯化物,加速阳极过程的进行,使腐蚀加速,所以氯离子是引起点蚀的原因之一。循环冷却水系统中有不锈钢制的换热器时,一般要求 Cl^- 的含量不超过 300 mg/L。

  (3) 微生物引起的腐蚀。微生物的滋生也会使金属发生腐蚀。这是由于微生物排出的黏液与无机垢和泥沙杂物等形成的沉积物附着在金属表面,形成浓差电池,促使金属腐蚀。此外,在金属表面和沉积物之间缺乏氧,因此一些厌氧菌(主要是硫酸盐还原菌)得以繁殖,当温度为 25～30℃时,繁殖更快。厌氧菌分解水中的硫酸盐,产生 H_2S,引起碳钢腐蚀,其反应如下:

$$SO_4^{2-} + 8H^+ + 8e \Longrightarrow S^{2-} + 4H_2O + 能量(细菌生存所需)$$

$$Fe^{2+} + S^{2-} \Longrightarrow FeS\downarrow$$

铁细菌是钢铁锈瘤产生的主要原因,它能使 Fe^{2+} 氧化成 Fe^{3+},释放的能量供细菌生存需要:

$$Fe^{2+} \xrightarrow{细菌} Fe^{3+} + 能量(细菌生存所需)$$

上述各种因素对碳钢引起的腐蚀常使换热器管壁被腐蚀穿孔,形成渗漏,危害工厂安全生产,造成经济损失。

  (4) 生物黏泥。冷却水中的微生物一般是指细菌和藻类。在循环水中,养分的浓缩、水温的升高和日光照射,给细菌和藻类创造了迅速繁殖的条件。大量细菌分泌出的黏液像黏合剂一样,能使水中漂浮的灰尘杂质和化学沉淀物等黏附在一起,形成黏糊的沉积物黏附在换热器的传热表面上,称为生物黏泥,也叫软垢。除了会引起腐蚀外,还会使冷却水的流量减少,从而降低换热器的冷却效率;严重时,生物黏泥会将管子堵死,迫使停产清洗。

  (5) 造成新水耗量增加。

  B　水质稳定技术

  a　水质稳定的目的

  (1) 稳定生产。没有沉积物附着、腐蚀穿孔和黏泥堵塞等危害,冷却水系统中的换热器就可以始终在良好的环境中工作。

(2) 节约水资源。年产 30 万 t 合成氨工厂,如果采用直流冷却水系统,则每小时耗水量达 23500 m^3;如改为循环冷却水系统,并以 1.5 倍的浓缩倍数运行,则每小时耗水量降为 1100 m^3,如果将浓缩倍数继续提高到 3 倍,则每小时耗水量只需 550 m^3。

(3) 减少环境污染。直流冷却水系统直接从水源抽水用于冷却,然后又将温度升高了的热水再排放到水源中去。除了将废热带到水源中形成热污染外,大量废水对水质产生严重的污染。对于排放的少量污水通过处理达标排放,甚至回用于系统补充水。这样使循环系统形成闭路循环,不向外界排放污水,由于冷却水外排造成的污染环境、破坏生态平衡的问题得以解决。

b　提高净化水浓缩倍数的措施

目前,我国工业循环冷却水的浓缩倍数普遍不高,大多数在 2.0~3.0 之间,有些行业甚至在 2.0 以下。如冶金系统,由于生产工艺上的不同要求,往往采用串级复用的方式,多数循环冷却水系统浓缩倍数都低于 2.0。但从节约用水和环境保护日趋严格的角度来说,不断改进循环冷却水的处理技术,逐步提高浓缩倍数是很有必要的。《工业循环冷却水处理设计规范》规定应将循环冷却水浓缩倍数提高到 3.0,对于我国这样一个缺水的国家,为长远的利益着想,更应该从严考虑。

发达国家浓缩倍数大多在 5~6 以上。根据 1998 年中石化考察结果可知,美国的化工生产装置一般都采用先进的水处理技术,通过循环水在线硬度和电导的测定,不但实现了 5~6 的浓缩倍数,少数实现了零排污,且黏附速率控制在 10 mg/(cm^3·mm),腐蚀速率控制在 0.075 mm/a。

提高浓缩倍数的措施有:

(1) 降低非蒸发水量。主要是减少系统的无回水损失。减少系统循环时的飞洒水量、法兰连接处泄漏水量等措施,有利于提高系统的浓缩倍数。

(2) 提高系统的蒸发水量。即增加热负荷,提高冷却塔的热效率。冷却塔热效率高,蒸发水量就大,所以冷却塔热效率的高与低,直接影响净循环水系统的浓缩倍数。因此,降低循环水流量,增加单位循环水的热负荷量,提高冷却塔的进水温度,可以增加蒸发水量,从而有效地提高该系统的浓缩倍数。

(3) 增加旁滤处理装置。选择适当的工艺技术进行旁滤处理,将系统中不断增多的有害成分除去,这样相当于将排污水经再生处理后作为补充水回用到循环冷却水系统中,有利于提高循环水的浓缩倍数。目前已经被采用的旁滤处理工艺主要有过滤法、膜分离法、化学沉淀软化法等。

(4) 增设循环水集水池液位调节系统。增设循环水集水池液位调节系统,将循环水集水池的液位与循环水补充水量两个参数建立连锁,循环水补充水泵出口调节阀的开度根据循环水集水池的液位进行自动调节,从而杜绝集水池的溢流。

(5) 水质稳定处理技术是提高浓缩倍数的有力保障。控制循环水水质是保证循环冷却水系统正常或高效运行、提高水的循环率和节水效果的必要措施。提高水的浓缩倍数、防止循环水水质变化造成的危害,几乎都需通过控制循环水水质才能实现。循环冷却水系统中水质变化的影响主要是产生污垢、沉积和腐蚀。因此,循环水水质控制的主要目标为阻垢、控制腐蚀、杀菌灭藻。

(6) 推广数字化水网技术。

9.1.5.3　膜分离技术

膜分离技术是利用特殊的薄膜对液体中的某些成分进行选择性透过的方法的统称。溶剂透过膜的过程称为渗透,溶质透过膜的过程称为渗析。表 9-1 列出了几种主要膜分离技术。

表 9-1　几种主要膜分离技术

膜过程	推动力	传质机理	透过物	截留物	膜类型
电渗析	电位差	离子选择性透过	溶解性无机物	非电解质大分子	离子交换膜
反渗透	压力差 2～10 MPa	溶剂的扩散	水或溶剂	溶质、盐、SS	非对称膜
超过滤	压力差 0.1～10 MPa	筛滤及表面作用	水、盐及低分子有机物	胶体大分子、不溶有机物	非对称膜
渗析	浓度差	溶质的扩散	低分子物质、离子	溶剂	非对称膜
液膜	化学反应和浓度差	反应促进和扩散	电解质离子	溶剂(非电解质)	液膜

膜分离技术有以下共同的特点:

(1) 膜分离过程不发生相变,因此能量转化的效率高。例如在现在的各种海水淡化方法中反渗透法能耗最低。

(2) 膜分离过程在常温下进行,因而特别适于对热敏性物料,如果汁、酶、药物等的分离、分级和浓缩。

(3) 装置简单,操作简单;控制、维修容易;且分离效率高。与其他水处理方法相比,具有占地面积小、适用范围广、处理效率高等特点。

(4) 由于目前膜的成本较高,所以膜分离技术投资较高,有些膜对酸或碱的耐受能力较差。所以目前膜分离技术在水处理中一般用于回收废水中的有用成分或水的回用处理。

A　电渗析

a　原理和工作过程

用特制的半透膜将浓度不同的溶液隔开,溶质即从浓度高的一侧透过膜而扩散(diffusion)到浓度低的一侧,这种现象称为**渗析作用**,也称扩散渗析、浓差渗析。

图 9-1 为电渗析过程示意图,在直流电场的作用下,依靠对水中离子有选择透过性的离子交换膜,使离子从一种溶液透过离子交换膜进入另一种溶液,以达到分离、提纯、浓缩、回收的目的。

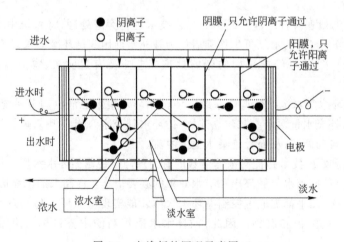

图 9-1　电渗析的原理示意图

b　离子交换膜

离子交换膜具有与离子交换树脂相同的组成,含有活性基团和能使离子透过的细孔。常用的离子交换膜按其选择透过性可分为阳膜、阴膜、复合膜等数种。

　　阳膜含有阳离子交换基团,在水中交换基团发生离解,使膜上带有负电,能排斥水中的阴离子,吸引水中的阳离子并使其通过。

　　阴膜含有阴离子交换基团,在水中离解出阴离子,使膜上带正电,吸引阴离子并使其通过。

　　复合膜由一面阳膜和一面阴膜及其间所夹一层极薄的网布做成,具有方向性的电阻。当阳膜面朝向阴极,阴膜面朝向阳极时,正、负离子都不能透过膜,显示出很高的电阻。当膜的朝向与上述相反时,膜电阻降低,膜两侧相应的离子进入膜中。

　　B　反渗透

　　a　反渗透膜

　　(1)反渗透膜应具有多种性能:选择性好,单位膜面积上透水量大,脱盐率高;机械强度好,能抗压、抗拉、耐磨;热和化学的稳定性好,能耐酸、碱腐蚀和微生物侵蚀,耐水解、辐射和氧化;结构均匀一致,尽可能地薄,寿命长,成本低。

　　(2)反渗透膜的分类:按成膜材料可分为有机膜(如醋酸纤维膜等)和无机高聚物膜;按膜的形状可分为平板状、管状、中空纤维状膜;按膜结构可分为多孔性和致密性膜,或对称性(均匀性)和不对称性(各向异性)结构膜;按应用对象可分为海水淡化用的海水膜、咸水淡化用的咸水膜及用于废水处理、分离提纯等的膜。

　　(3)反渗透膜结构:醋酸纤维素膜具有不对称结构,表面结构致密,孔隙很小,通称为表皮层或致密层、活化层;下层结构较疏松,孔隙较大,通称为多孔层或支撑层。如图9-2所示。

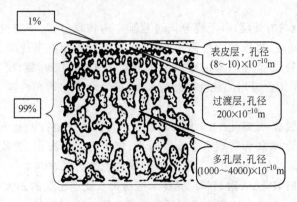

图9-2　醋酸纤维素膜的结构

　　(4)反渗透膜特性:1)膜的方向性。由于 CA 膜是一种不对称膜,因此,在进行反渗透时,必须保持表层与待处理的溶液或废水接触,绝不能倒置,否则达不到处理的目的;2)选择透过性。CA 膜对无机电解质和有机物具有选择透过性。

　　b　反渗透(RO)原理

　　反渗透膜为溶剂透过性膜,溶剂迁移遵从以下规律:

$$J_v = A(\Delta p - \Delta \pi)$$

式中　J_v——水的迁移量,$mol/(cm^2 \cdot s)$;

　　　A——纯水透过系数,$mol/(cm^2 \cdot s \cdot MPa)$;

　　　Δp——膜两侧压力差,MPa;

　　　$\Delta \pi$——膜两侧溶液渗透压差,MPa。

　　当膜两侧的压差大于渗透压差时,溶剂(水)就从膜表面透过,实现水的净化,如图9-3所示。反渗透作用遵从选择性透过机理及氢键和毛细管理论。

　　(1)氢键理论:由于水分子和膜的活化点形成氢键及断开氢键的过程,即在高压作用下,溶液中水分子和膜表皮层活化点缔合,原活化点上的结合水解离出来,解离出来的水分子继续和下一个活化点缔合,又解离出下一个结合水。水分子通过一连串的缔合－解离过程,依次从一个活化点转移到下一个活化点,直至离开表皮层,进入多孔层。

(2) 优先吸附－毛细管流理论:把反渗透膜看作一种微细多孔结构物质,它有选择性吸附水分子而排斥溶质分子的化学特性。当水溶液同膜接触时,膜表面优先吸附水分子,在界面上形成一层不含溶质的纯水分子层,其厚度视界面性质而异,或为单分子层或为多分子层。在外压作用下,界面水层在膜孔内产生毛细管流连续地透过膜。

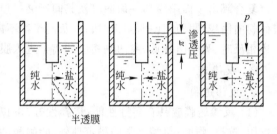

图 9-3   反渗透膜作用示意图

c   反渗透装置

工业生产中使用的膜分离设备是由多个构造相同的单个装置组合而成的,一般把构成设备的相同装置称为膜组件。

反渗透膜组件有板框式、管式、螺旋卷式和中空纤维式 4 种。

d   膜分离技术在水处理中的应用

(1) 预处理和后处理:微孔膜、超滤膜具有较大的孔径,在深度处理前后常用于预处理或后处理。

(2) 饮用水(纯净水)的处理:由于膜分离过程基本为物理过程,不需投加其他药剂,不产生副产物,用于饮用水处理,可以大大提高水的质量。目前所用膜有微滤膜、超滤膜、纳滤膜和反渗透膜。用微滤膜和超滤膜对原水进行精密过滤可除去细菌、病毒、胶体物,该操作不受原水水质条件限制。电子工业需用的纯度较高的水、市场上众多的饮用纯净水也可用膜分离的方法制取。

(3) 海水、苦咸水脱盐:地球上的海水取之不尽。我国不少地方的地下水为苦咸水,如甘肃省不仅为缺水省,且地下水多为苦咸水。反渗透法、电渗析法是海水、苦咸水脱盐的有效方法。1990 年蒸馏法占世界脱盐能力的 60%,而 2000 年膜法脱盐约占 60%。

(4) 工业废水处理:氧化、吸附、絮凝、膜技术是现代水处理工业的四大支柱。电渗析、超滤、微滤、纳滤及反渗透技术在废水处理中逐渐得到广泛应用。由于膜的种类甚多以及分离的广泛性和高效性,可以处理高盐含量或难以处理的含毒物质废水,因此膜分离技术得到迅速发展。

9.1.5.4   生物法

A   生物膜法

生物膜法是指废水流过生长在固定支承物表面上的生物膜(biological film slime),利用生物氧化作用和各相间的物质交换降解废水中有机污染物的方法。用生物膜法处理废水的构筑物有:生物滤池(biofilter)、生物转盘(rotating biological contactor, RBC)、生物接触氧化池(biological contact oxidation)。

a   生物滤池

生物滤池是以土壤自净原理为依据,由过滤田和灌溉田逐步发展而来的。废水长期以滴状洒布在块状滤料(media)的表面上,在废水流经的表面上就会形成生物膜,生物膜成熟后,栖息在生物膜上的微生物即摄取废水中的有机污染物质作为营养,进行自身的生命活动,从而使废水得到净化。

生物滤池的净化机理是:

（1）净化过程：通过布水装置流到滤池表面的废水，以滴流（trickling）形式下落。一部分被吸附于滤料表面，成为呈薄膜状的附着水层。另一部分则以薄层状流过滤料，成为流动水层并从上层滤料流向下层，最后排出池外。随废水连续滴流，在滤池表面上即生成生物膜并逐渐成熟。如图 9-4 所示。

生物膜成熟的标志是：生物膜沿滤池深度的垂直分布、生物膜上由细菌和各种微型生物相组成的生态系、有机物的降解功能等都达到了平衡和稳定状态。

有机物的降解在生物膜表层的厚度约为 2 mm 的好氧性生物膜内进行的。在好氧性生物膜内栖息着大量的细菌、原生动物和后生动物，形成了有机污染物 - 细菌 - 原生动物（后生动物）的食物链，通过细菌的代谢活动，有机物被降解，使附着水层得到净化。

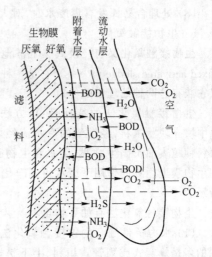

图 9-4　生物膜净化过程示意图

（2）生物膜上的生物相：生物膜上的生物相（microorganism population）是丰富的，形成由细菌、真菌、藻类、原生动物、后生动物以及肉眼可见的其他生物所组成的比较稳定的生态系。在生物滤池上、中、下各层构成生物膜的细菌，在数量上有差异，种属上也有不同，一般表层多为异养菌，而深层则多为自养菌。

　b　生物转盘（Rotating biological contactor）

生物转盘的构造为：生物转盘主体部分由盘片、转轴和氧化槽三部分所组成。盘片串联成组，中心贯以转轴，轴的两端安设于半圆形氧化槽的支座上。转盘的表面积有 40% ～50% 浸没在氧化槽内的废水中。生物转盘的工艺流程如图 9-5 所示。

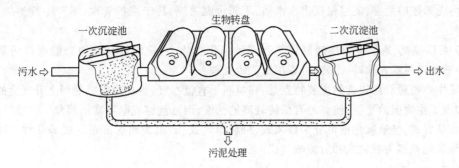

图 9-5　生物转盘工艺流程示意图

生物转盘有如下特点：

（1）操作简单，没有污泥膨胀和流失问题，没有污泥回流系统，生产上易于控制；

（2）剩余生物污泥量小，污泥颗粒大，含水率低，沉降速度大，易于沉降分离和脱水干化；

（3）设备构造简单，无通风、回流及曝气设备，运转费用低，耗电低；

（4）可处理高浓度废水，承受 BOD 的浓度可达 1000 mg/L，且耐冲击能力强；

（5）废水在氧化槽内停留时间短，一般为 1～1.5 h 左右，处理效率高，BOD 去除率一般可达 90% 以上；

（6）占地比活性污泥法少，但仍然较大；

（7）盘材昂贵，基建投资大；

（8）处理含易挥发有毒废水时，对大气污染严重。

c   生物接触氧化

生物接触氧化又名浸没式曝气滤池（submerged aerated filter，SAF），也称固定式活性污泥法（fixed activated sludge process），它是一种兼有活性污泥和生物膜法特点的废水单元操作过程，所以它兼有这两种处理法的优点。

生物接触氧化法的特征是：该方法是在曝气池中填充块状填料，经曝气的废水流经填料层，使填料颗粒表面长满生物膜，废水和生物膜相接触，在生物膜上生物的作用下废水得到净化。如图9-6所示。

生物接触氧化法有如下特点：

（1）水力条件好。生物接触氧化法目前所使用的多是蜂窝式或列管式填料，上下贯通，废水在管内流动，水力条件好，能很好地向管壁上固着的生物膜供应营养及氧。生物膜上的生物相很丰富，除细菌外，球衣菌类的丝状菌、多种种属的原生动物和后生动物，能够形成稳定的生态系。

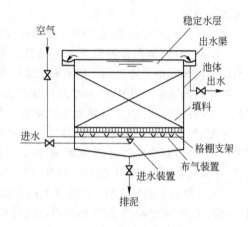

图 9-6   生物接触氧化法示意图

（2）生物量大。填料表面全部为生物膜所覆盖，形成了生物膜的主体结构，有利于维护生物膜的净化功能，还能够提高充氧能力和氧的利用率，有利于保持高生物量。据实验资料，活性生物膜量可达 125 g/m^2，如折算成 MLSS，则为 13 g/L。

（3）耐冲击负荷且管理方便。生物接触氧化对冲击负荷有较强的适应能力，污泥生成量少，不产生污泥膨胀的危害，能够保证出水水质，不需污泥回流，易于维护管理，不产生滤池蝇，也不散发臭气。

（4）可以除氮、磷。生物接触氧化具有多种净化功能，它除能够有效地去除有机污染物质外，还能够用以脱氮和除磷，因此，可以用于三级处理。

直流生物接触氧化装置的主要特点是：在填料下直接布气，生物膜直接受到上升气流的强烈搅动，加速了生物膜的更新，使其经常保持较高的活性，而且能够克服堵塞的现象。

按供氧方式，接触氧化也可分为鼓风式、机械曝气式、洒水式和射流曝气式等几种。国内采用的接触氧化池多为鼓风式和射流曝气式。

B   活性污泥法

活性污泥法处理水工艺主要有 A/O（缺氧/好氧）法、A^2/O（厌氧/缺氧/好氧）法、氧化沟法和SBR 法，这里只介绍后两种方法。

a   氧化沟法

氧化沟（oxidation dictch，OD）污水处理工艺是由荷兰卫生工程研究所（TNOE）在 20 世纪 50 年代研制成功的。氧化沟是活性污泥法的一种改型，其曝气池呈封闭的沟渠形，污水和活性污泥的混合液在其中进行不断的循环流动，因此氧化沟又被称为"环形曝气池"或"无终端的曝气系统"。

经过 30 多年的实践和发展，氧化沟技术被认为是出水水质好、运行可靠、基建投资费用和运转费用低的污水生物处理方法，特别是其封闭循环式的池形尤其适用于污水的脱氮除磷。美国环境保护署的报告指出："氧化沟能够通过最低限度的操作，稳定地达到 BOD_5 和 TSS 的去除率要求。另外,成本数据表明,在 $379\sim37850~m^3/d$ 的流量范围内,氧化沟处理技术与其他技术相比,在经济上具有竞争力。"

目前,此项技术已被广泛地用于城市污水及石油废水、化工废水、造纸废水、印染废水、食品加工废水等工业废水处理中。

氧化沟污水处理技术作为一种革新的活性污泥法工艺,与其他生物处理工艺相比,在技术、经济方面具有工艺流程简单、构筑物少、运行管理方便、处理效果好等诸多优势。氧化沟技术处理城市污水的工艺流程如图 9-7 所示。

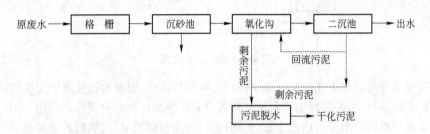

图 9-7 氧化沟工艺流程

b SBR 法

序批式(间歇)活性污泥法(sequencing batch reactor),简称 SBR,是近年来在国内外被引起广泛重视和研究日趋增多的一种废水处理工艺,且目前已有一些生产装置在运行中。近年来,随着计算机和自动控制技术的飞速发展,活性污泥法开发初期间歇操作中的复杂问题得到了解决,这使该工艺的优势逐步得到了充分的发挥。SBR 工艺在设计和运行中,根据不同的水质条件、使用场合和出水要求,有了许多新的变化和发展,产生了许多新的变型。

相对于传统的连续流活性污泥法,SBR 工艺尚处于发展完善的阶段,毕竟从 SBR 的再次兴起到现在不过十几年的时间,许多研究还属于刚起步阶段。在基础理论研究方面 SBR 存在着较多的疑问,如可同时脱氮、除磷的微生物机理、厌氧好氧的交替进行对微生物活性和种群分布的影响等;在工程应用方面缺乏科学、可靠的设计模式及成熟的运行管理经验,而 SBR 自身的特点如间歇运行、自动化要求程度高,又增加了解决问题的难度和应用的局限性。

SBR 的工艺流程(如图 9-8 所示):序批式活性污泥法工艺是由按一定顺序间歇操作运行的 SBR 反应器组成的。SBR 工艺的一个完整的操作过程,亦即每个 SBR 反应器在处理废水时的操作过程包括进水、反应、沉淀、出水、闲置等 5 个阶段。SBR 法的运行工况是以间歇操作为主要特征的。所谓序列间歇式有两种含义:第一,运行操作在空间上是按序排列、间歇的,由于污水大都是连续排放且流量波动很大,这时 SBR 反应器至少为两个池或多个池,污水连续按序列进入每个 SBR 反应器,它们运行时的相对关系是有次序的、也是间歇的;第二,每个 SBR 反应器的运行操作,在时间上也是按次序排列的、间歇的,按运行次序分为进水、反应、沉淀、出水和闲置等 5 个阶段,称为一个运行周期,这种操作周期是周而复始反复进行的,以达到不断进行污水处理的目的。

9.1.5.5 吸附分离水处理技术

许多固体材料表面具有对气体或液体的吸附能力,这种气体或液体在固体表面附着的过程称为吸附。根据吸附剂对吸附质之间吸附力的不同,吸附可以分为物理吸附及化学吸附。

常用吸附剂主要有合成沸石(分子筛)、活性炭、硅胶、活性氧化铝等。针对不同的混合物系及不同的净化度要求将采用不同的吸附剂。

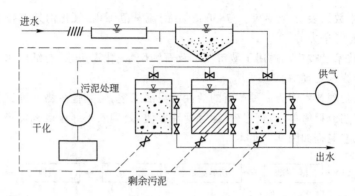

图 9-8　SBR 工艺流程

可利用吸附分离净化工业废水。自 20 世纪 70 年代以来,随着大孔径离子交换树脂的开发,各种吸附树脂应运而生,采用树脂吸附法处理各种有机废水首先在欧美国家应用,并日益受到世界各国的重视。树脂吸附法适用范围宽,实用性好;树脂吸附效果好,脱附再生容易;树脂性能稳定,使用寿命长;利于综合利用,变废为宝;操作方便,能耗较低。因此,该法可用来处理工业有机废水。

南开大学等单位先后研制成功数十种新型吸附树脂,其中,H 系列和 NKA 系列吸附树脂的性能已达到国际先进水平。他们应用树脂吸附法处理了数十种高浓度有机废水,取得了很好的效果。目前已建成的不少工业处理装置在运转,不仅处理了高浓度有机废水,而且大多可从废水中回收有用的化工原料,在实现这类废水的综合利用方面取得了进展。目前国内应用该法处理各种含酚、苯胺、有机酸、硝基物、农药和染料中间体废水等。

树脂吸附法还可用于脱除废水中的重金属。离子交换树脂吸附性能通常有很高的选择性,但近年美国 Somerfield 产品公司生产的树脂与此不同,它实际上不是离子交换树脂,而是聚丙烯酸酯和其他一些已获专利的聚合物的混合物,能一步同时从工业废水或饮用水中吸附各种重金属。

活性炭等吸附剂也已被广泛用于处理饮用水及各种工业污水,可达到除去有机物、脱色、脱臭、脱除重金属(如处理电镀废水)等目的。

9.1.5.6　超临界水氧化技术(简称 SCWO 法)

超临界水氧化技术是指水在超临界条件下氧化处理有机污染物的一种新兴、高效的废物处理技术。

对处于超临界状态的水,可将污染物以任何比例溶于其中,从而使有机污染物被氧化成 CO_2 和 H_2O,使 Cl、P、S 及有害金属元素转化成盐,并通过降低压力或升温,有选择性地从溶液中分离出来,达到净化的目的。

利用超临界水氧化技术去除有毒、有害废物已实现工业化。

A　超临界水

超临界水是指处于超临界状态的水,当水的临界温度为 374.2℃、临界压力为 22.1 MPa、临界体积为 0.045 L/mol、临界密度为 320 kg/m³ 时,水所处的状态即为超临界状态。如图 9-9 所示。

C 点以上的区域称为超临界区,以 SCF 为代表,该区域的水处于超临界状态,此时汽液界面消失,成为汽液部分的均匀体系。

B　超临界水的特性

超临界水有如下特性：

（1）溶解性发生了变化。一般状态下，水中盐的溶解度很大，而有机物、氧等溶解度很小。但在超临界状态下的水，盐的溶解度明显降低，而有机物溶解度明显增大，如苯、己烷及N_2、O_2等可与水完全互溶。

（2）介电常数降低。水在一般状态下介电常数为81（25℃、0.101 MPa），而在超临界状态下急剧降低。在374.3℃、22.917 MPa为5，400℃、30.3 MPa下即变为1.50。从而导致盐的溶解度明显降低，而有机物溶解度明显增大。

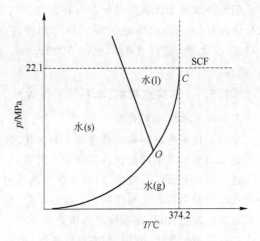

图9-9　超临界水氧化技术原理

（3）密度、黏度和扩散系数发生变化。在374.3℃、22.917 MPa下密度变为0.332 g/cm³，黏度由10^{-3}变为10^{-4}，而扩散系数增加约10倍。

C　超临界水氧化技术的应用

超临界水氧化技术可用于：

（1）废水处理。超临界水氧化可以成功地处理各种废水和废物，在极短的时间内即可达到很高的去除率，如苯酚在380℃、28.2 MPa下，用O_2和H_2O_2作氧化剂，90 s内去除率即可达到97%。

试验证明，城市污水、造纸污水和人类代谢污物，均可用超临界水氧化处理成无毒、无味、无色的气体和水。二噁英、多氯苯、氰化物等毒性物质均可在超临界水中氧化。

（2）污泥处理。该法还可将污水生化处理厂产生的过量活性污泥完全清除。Shan-ableh等对高污染的生物污泥在超临界水氧化中反应行为进行了研究，结果表明在5 min的时间内有99%以上的COD被迅速氧化，其产物是清洁、无色、无味的CO_2、H_2O等无机物。美国有三大公司（Modell Development Crop、Eco-Waste Technologies 和 ModarInc.）已经建立了每小时处理130～230 L污泥的超临界水氧化试验装置，并正与美国、欧洲的合作者共同研究，准备在德国建立一个放大10倍的示范厂。

（3）超强回收饮用水。超临界水氧化分离技术具有从尿液、卫生废水中回收可饮用水的能力。长期载人的太空飞行器和空间站，污水、废物处理实现闭路循环十分重要。将超临界水氧化分离技术用于受控生态生命支持系统废水和废物的处理是十分活跃的研究领域。

Takahashi等人用该法处理人体代谢污物（尿液、汗液等），结果表明，处理效率很高，可将它们完全氧化成CO_2、H_2O、N_2，产生可饮用水。

我国在这方面的研究刚刚起步，清华大学王涛等以尿素水溶液作为尿液的模拟物进行研究。结果表明，在550℃以上、反应时间超过2 min的条件下，可将95%以上的含氮有机物氧化而去除掉。

（4）有毒有害废物处理。用超临界水氧化技术处理有毒、有害废物是一种经济有效的方法。美国Modar公司对DDT、二氯乙烯、联苯等污染物进行超临界水氧化试验。污染物的转化率均大于99.9%，污染物分解也非常迅速。处理量为230L/d污染物的处理装置，处理费用仅为2.0～6.0美元/L。

超临界水氧化技术处理有毒有害废物有时需加入 MnO_2、CeO 和 V_2O_5 等催化剂,以促进氧化反应的进行。Ding Zhongyi 等对催化剂提高酚转化率进行了研究。如反应温度为 390℃,以 V_2O_5 作催化剂,处理含酚浓度为 7000 mg/L 的废水,在 5.4 s 时间内酚的转化率即可高达 99.85%。

9.1.5.7 水夹点技术(水系统的集成)

A 水夹点技术的产生

水夹点技术是过程集成概念的不断深化,是过程集成工程设计领域在环境保护领域特别是工业废水回用和废水减量化方面的重大突破。

过程集成是面向系统的、以热力学为基础的一种方法,通过寻求物料和能量的最佳配置来实现全过程的费用最小化和废物产生量最小化,过程集成技术可以用于新装置的设计,也可以用于现有装置的改造,以提高系统的总体效率。

过程集成产生于 20 世纪 70 年代末期,定位于系统角度,基于热力学方法以及集成方法用于过程装置的分析、综合和改造。过程集成的目的是:原材料和能量利用的集成;排放物和废物生成量最小化。

从 20 世纪 70~80 年代开始,过程集成技术被用于换热网络的设计与改造过程中;利用热力学的基本原理和能量平衡,工程师可以系统分析整个生产过程中不同温度间隔的热流并确定一个关键的温度即热夹点。在夹点之下,不需外来热公用工程(强蒸汽);在夹点之上,同样不需要外来冷公用工程(如冷却水)。过程设计的任务在于使冷热流之间的传热最大化以减小不必要的公用工程消耗。在过去的 15 年,夹点技术已发展成为成熟的设计方法,并成为过程设计与节能改造的实践标准。

在 20 世纪 90 年代,过程集成技术得到了极大的发展,包括资源回收利用,废气排放控制,废物减少、废水量最小化及其集成应用。英国曼彻斯特理工学院(UMIST)的 Y.P.Wang 和 Robin Smith 于 1994 年发表在化学工程科学期刊(Chem.Eng.Sei)的两篇文章中首次提出了水夹点技术,并将过程集成技术应用于废水量最小化和废水处理系统设计之中。

B 水夹点技术概念

水夹点技术是质量交换集成技术在用水操作上的应用,然而它却不涉及阻碍质量交换网络实施的一些实际问题,仅仅是因为水夹点技术描述了生产操作中一种实际存在的类型。水夹点技术能够解决生产现场许多重要问题,如生产过程当中水回用最大目标值和废水产生最小目标值是多少,如何设计一个新的用水网络或者改造现有网络并且实现这些目标,在生产过程当中一个废水处理系统的处理流量和最小目标值,如何设计一个新的废水处理系统或者改进一个现有的系统以实现废水产生最小目标值等等。

水夹点技术将用水操作简化为一个从富含杂质的过程流股到水流股之间的质量传递,这里杂质包括悬浮的固体颗粒、化学需氧量以及其他约束水回用的水质因子,如同换热网络设计一样,水回用过程集成确定一个夹点,称之为水夹点,所不同的是水夹点是基于某关键杂质的浓度,而不是温度;所含杂质水平在夹点浓度之上的流股不需要用新鲜水,而是利用过程中其他现有水流,利用这种原则,系统设计者和改造者可以使工业水回用最大化,使废水产生最小化。

水夹点技术,从概念上说是质量交换集成,包括从用水操作中传递杂质到水流中,代表用水操作中杂质质量交换的一个简单的和实际的模型是富杂质过程流股和贫杂质过程流股的逆流接触操作,这一模型提供了用于分析、综合和改造用水操作的概念性框架,包括水的回用、再生、循环、工艺变化、多杂质和分布式废水处理。

C　水夹点技术内容、系统分析工具和预实现目标

水夹点技术是 20 世纪 90 年代中期开发出来的,是进行工业水回用、废水量最小化和废水处理系统设计、改造的一种重要的新方法,是实现工业水回用和废水量最小化的"最佳"策略。

水夹点技术内容包括:

(1) 水夹点分析:预先识别在用水操作中最小新鲜水消耗量和最小废水产生量目标;

(2) 水夹点综合:设计一个用水网络通过水回用、再生和循环以达到上述目标;

(3) 水夹点改造:通过有效的工艺改变,改造现有的用水网络以达到最大限度地回用水和最小程度地产生废水。

水夹点技术提供了确定以下几个方面的系统分析工具:

(1) 新鲜水消耗的最小流量目标;

(2) 废水产生的最小流量目标;

(3) 用水网络和废水系统的过程综合,适当指导原则(包括现有装置的改造)以达到上述目标。

预实现的目标有:

(1) 减少新鲜水消耗,在全厂范围内找回用水源;

(2) 减少废水流量和污水排放量;

(3) 零排放——这是最终,也是理想的目标。

D　水夹点技术在工业上的应用

水夹点技术的成功依赖于其独特的优点:

(1) 在实际的设计和运行之前即可确定所达到的预计目标;

(2) 设计和改造用水操作以达到最小用量的目标。

水夹点技术成功地应用于工业水处理系统,可大大降低成本和减少废水产生量。

根据英国孟山都公司关于一个新分布式废水处理装置的报告,应用水夹点技术后减少新鲜用量 30%,投资从 1500 万美元降为 350 万美元,在运转成本和原料费用方面每年节约 100 万美元。正因为此项技术进步,孟山都公司获得了 1995 年度由英国化学工程师协会授予的"杰出安全与环保奖"(Peters,1995)。

水夹点技术在造纸工业上也可得到应用(Tripathi,1996)。造纸工业中,水常常作为纸浆的一种载体或者洗涤液,对一家日产 1200 t 的工厂来说,采用夹点技术,Tripartite 估计只要投资额 150 万美元进行改造,那么每年就可节约 80 万美元,取得如此好的效益,主要是通过节约新鲜水用量、减少泵的运转费用、减少加热费用实现的。

9.1.5.8　人工湿地处理工业污水

湿地,是介于陆地和水体之间的过渡带,其表面常年或经常覆盖着水,或充满了水,它是地球上生物多样、丰富和生产力较高的生态系统。另外,湿地中还有许多挺水、浮水和沉水植物,它们能够在其组织中吸附金属及一些有害物质,很多植物还能参与解毒过程,对污染物质进行吸收、代谢、分解、积累及水体净化。如同肾能够帮助人体排泄废物、维持新陈代谢一样,湿地也能起到降解环境污染的作用,因此被称作"地球之肾"。

人工合成湿地,可在减少污染的同时创建一片绿洲。北京石景山区的人工合成湿地技术是一种高效潜流式人工湿地污水处理技术,是人工湿地的核心技术,处于人工湿地技术研究的最前沿。

石景山区西部的北京军区联勤部,由于处在市政管网未及的环境"死角",多年来都为水苦恼。经多方考察、专家论证,并比较了生物污泥法、工业处理法等多种污水处理方法后,最终决定

采用既能就地处理污水又节省经费的人工合成湿地技术。

　　污水进入湿地前,先要经过沉淀池和格栅井"筛"去漂浮物和污泥,其中的一片湿地专门处理污泥,土地表面结成了一些黑壳。湿地里填充有特殊配备的一米深的人工介质,通过液位调节器让污水保持在水床最低位运行,污水通过两层管道在湿地内运行两天后排出。排进人工湿地的黑水,流进储水池后就变得清澈见底。该湿地不仅治污效果喜人,而且经济效益显著。处理后的水收集起来,除用作绿化外,还能做景观用水。由此带来了 13000 m² 的茵茵绿地、明澈见底的汩汩清流,每年节省上百万元买水费用。该人工湿地污水处理工程已正常运行,湿地中的芦苇长势喜人,引来了青蛙、蝴蝶、麻雀和野兔等前来嬉戏,生态效益良好。

　　该工程是把人工潜流湿地和中水回用合一,将污水通过管道输送到人工土壤介质中,在水床最低位运行,表面种植植物,类似于微灌、滴灌,用这种方法处理污水,污染物去除率高,整个湿地系统轻松"过冬",且不滋生蚊虫、没有臭味。潜流式人工湿地污水处理技术也是环保安全的技术,它利用聚氯乙烯制成的防渗膜,能根本杜绝污染地下水。

　　用人工湿地来处理生活污水效果很好,一般出水的 COD 能达到 30 mg/L 以下,BOD 能达到 10 mg/L 以下,远远优于国家排放标准,可以达到地面水三级标准。而有关研究表明,在以二级污水处理厂出水作为原水的条件下,人工湿地对 BOD_5 的去除率可达 85%～95%,COD 去除率可达 80% 以上,处理出水中 BOD_5 的浓度在 5 mg/L 左右;湿地对氮、磷也有很高去除率,可达到 70% 以上,而传统的污水回用工艺对氮、磷的去除率仅能达到 20%～40%。

　　人工合成湿地技术无需曝气、投加药剂和回流污泥,也没有剩余污泥产生,因而可大大节省运行费用,通常只消耗少量电能,用于提高进水水位(如果水位无需提升则无此项费用),处理费用一般不会超过 0.10 元/m³,据国外有关资料,人工湿地污水回用工程处理费用在美国约为 0.0025～0.025 美元/t。因此,该技术具备建设成本、运行管理费用低廉的特点。据保守估计,建设投资是污水处理厂建设费用的 2/3,运行管理费可能达到 1/8 甚至 1/10。对于人工合成湿地占地面积大的问题,可结合园林绿化来弥补,因地制宜。

　　人工湿地技术在国外已得到广泛运用,如美国有 1 万多座人工湿地污水处理系统,丹麦有 800 多座,但对我国来说,还是一项较为陌生的新技术。

　　目前,在我国主要还是以建设污水处理厂来处理城市污水和工业废水。从我国污水处理的现状来看,普遍存在处理水平低、投资和运行费用高、易产生二次污染等问题,不少污水处理厂由于资金短缺的问题在"晒太阳"或是不能满负荷运转。据国家环保总局发布的数据,目前全国有超过一半的城市污水处理厂运行不正常,全国已建成的 532 座污水处理厂中就有 275 座属于非正常运行,占总数的 51.7%,而我国 60% 以上的城市还没有城市污水处理设施。

　　在有闲置用地、园林规划用地等可利用的地区,市政管网不及地区和一些中小城镇,采用人工合成湿地技术既可以造就一片绿洲,又能节约高额的管网建设费,不失为妙事一桩。

　　人工湿地技术能够对污水处理厂的出水进行深度处理从而替代三级处理,在工业污水及城市污水回用方面的应用有很大潜力。

9.2 空气污染的防治

9.2.1 大气及其污染

9.2.1.1 大气的构成

大气是由多种气体混合组成的,按其成分可概括为干洁空气、水蒸气和悬浮微粒。干洁空气的主要成分是氮(78.09%)、氧(20.95%)、氩(0.93%)、二氧化碳气体(0.03%)等。

大气中的悬浮微粒,除由水汽变成的水滴、冰晶外,主要是大气尘埃和悬浮在空气中的其他杂质。它们有的来自流星在大气中燃烧后产生的宇宙灰尘,有的是地面上燃料燃烧产生的烟尘或被风卷起的尘土,有的是火山爆发产生的火山灰等。悬浮微粒对大气中的各种物理现象和过程也有重要影响,例如,削弱太阳辐射,在大气中形成各种光学现象,影响大气能见度。

1970年美国向大气排放粉尘2500万t,硫氧化物3400万t,一氧化碳1.47万t,碳氢化合物2300万t等,共计2.64亿t。1999年我国二氧化硫排放总量1857 t,烟尘、工业粉尘排放总量2334万t。

9.2.1.2　大气污染

大气污染系指由于人类活动或自然过程而引起的某些物质介入大气中,并呈现出足够的浓度,当达到足够的时间后,有害物质介入大气的数量超过了本身的自净能力,从而破坏了生态平衡,并因此而危害了人体的舒适、健康或危害了环境。

大气污染的危害,是由发生源排放出的一次污染物及一次污染物中的一部分变化生成的二次污染物对人类和动植物的复合影响产生的。大气污染对人体的危害是多方面的,但其主要危害是引起呼吸道疾病和生理机能障碍。一个成年人每天呼吸的次数约两万次,吸入空气量达15～20 m³,重量相当于13.6 kg,为每天所需食物和饮用水重量之和的10倍。由此可见,空气是否新鲜、清洁,对人体健康至关重要。

大气污染按照污染的范围大致可分为4类:(1)局部小范围大气污染,如受到某些烟囱排气的影响而形成的大气污染;(2)一个地区的大气污染,如工业区及其附近地区的大气污染;(3)涉及比城市更广泛的区域性大气污染;(4)全球性大气污染,如大气中的飘尘和二氧化碳气体的不断增加形成的全球性污染。

9.2.1.3　大气中的污染物及其危害

大气污染物系指由于人类活动或自然过程排入大气的、对人类或环境产生有害影响的那些物质。大气污染物的种类很多,按其存在状态可概括为两大类:气溶胶状态污染物,气体状态污染物。

A　气溶胶状态污染物

在大气污染中,**气溶胶**系指固体粒子、液体粒子或它们在气体中的悬浮体。从大气污染控制的角度,气溶胶状态污染物按其来源和物理性质,分为如下几种:

(1) **粉尘**。粉尘系指悬浮于气体介质中的小固体粒子,能因重力作用发生沉降,但在某一段时间内能保持悬浮状态。它通常是由于固体物质的破碎、研磨、分级、输送等机械过程,或土壤、岩石的风化等自然过程形成的。粒子的形状往往是不规则的。在除尘技术中,粒径一般为1～200 μm左右。粉尘类的大气污染物种类很多,如黏土尘、石英粉尘、水泥粉尘、煤尘、金属粉尘等。

(2) **烟**。烟一般指由气相过程形成的固体粒子的气溶胶。它是由熔融物质挥发后生成的气态物质的冷凝物,在生成过程中总是伴有氧化化学反应。烟的粒子尺寸很小,一般为0.01～1 μm左右。

(3) **雾**。雾是由液体微滴组成的,在气象中指造成能见度小于1 km的小水滴悬浮体。在工程中,雾一般泛指小液体粒子悬浮体,是由于液体蒸汽的凝结、液体的雾化及化学反应等过程形成的,如水雾、酸雾、碱雾、油雾等。

在大气污染控制中,经常根据大气中的烟尘(或粉尘)颗粒的大小,将其分为飘尘、降尘、总悬浮微粒。(1)飘尘:大气中粒径小于 10 μm 的固体颗粒,能较长期地在大气中漂浮,也称浮游粉尘;(2)降尘:大气中粒径大于 10 μm 的所有固体颗粒,在重力作用下可在较短时间内沉降;(3)总悬浮微粒:指大气中粒径小于 100 μm 的所有固体颗粒。

B　气体状态污染物

气体状态污染物是以分子状态存在的污染物,简称气态污染物。主要有以二氧化硫为主的硫氧化物、以二氧化氮为主的氮氧化物、碳氧化物、碳氢化合物等。

(1) **硫氧化物**(SO_x)。主要是二氧化硫,它是一种无色有臭的窒息性气体。它主要产生于熔炼含硫化合物的矿石和燃烧化石燃料(煤和石油)的过程中。每生产 1 t 烧结矿,约排出二氧化硫 22 kg;1 t 煤中含有 5～50 kg 硫磺;1 t 石油中含有 5～30 kg 硫磺,这些硫磺在燃烧时将变成两倍于硫磺重量的二氧化硫进入大气。由于煤和石油中都含有一定数量的硫,工业生产中的用量又很大,再加上加工含硫原料时所产生的二氧化硫,因此,二氧化硫已成为大气中的重要污染物。二氧化硫往往和飘尘结合在一起,随人的呼吸进入肺部引起人的鼻腔、咽喉产生刺激性反应,高浓度时,可引起支气管炎等症状,甚至窒息死亡。

(2) **氮氧化物**(NO_x)。浓的 NO_x 呈棕红色。氮氧化物主要来源于矿物燃料的燃烧过程和化工生产过程,其中一氧化氮、二氧化氮为大气的主要污染物。一氧化氮毒性不大,但进入大气后被缓慢氧化成二氧化氮。二氧化氮吸收水分变成硝酸,使人的呼吸系统患急性哮喘病。当二氧化氮参与大气中的光化学反应,形成光化学烟雾后,其毒性更强。它能使人眼睛红肿,咽喉疼痛,肺机能降低。

(3) **碳氧化物**(CO_x)。一氧化碳、二氧化碳是向大气中排放最多的污染物,它主要来自燃料燃烧和机动车排气。一氧化碳是一种无色无味窒息性气体,通常是由矿物燃料的不完全燃烧产生的。由于大气的扩散稀释作用和氧化作用,一般不会对环境造成危害。二氧化碳是无毒气体,但当其在大气中的浓度过高时,使氧气含量相对减少,对人会产生不良影响。大气中二氧化碳浓度的增加,能产生"温室效应",使全球气温升高,生态和气候发生变化。

(4) **碳氢化合物**。碳氢化合物主要来自燃料燃烧和机动车排气,其种类很多,成分复杂,几乎都是有害于人体健康的物质,尤其是 3,4 - 苯并芘($C_{20}H_{12}$)是国际上公认的致癌物质。据研究,每燃烧 1 kg 煤,约产生这种物质 210 μg。

(5) **氟化物**。排放到大气中的氟化物有氟化氢、氟化硅、氟硅酸、氟化钙颗粒等,氟化氢是主要成分,所以在讨论大气氟污染时通常以氟化氢为代表。氟化氢主要来自电解铝、磷肥、陶瓷、砖瓦及钢铁的冶炼过程。例如使用含氟 54% 的冰氟石为原料电解生产 1 t 铝,要排放 15 kg 的氟化氢、8 kg 的氟尘和 2 kg 的四氟化碳。

氟化氢是一种累积性中毒大气污染物,所以即使大气中氟化氢浓度较低,其也可通过植物吸收进入食物链,从而在动物和人体内富集起来。如在排放氟化氢的工厂周围不仅空气中氟的含量高,土壤、植物体内氟的含量也会增加,在几公里范围内可造成果树不结果、蚕发育不良或死亡、蔬菜生长受到影响的严重后果。家畜经常吃含氟量高的草,容易患氟慢性中毒症;氟在人体骨骼中积累与骨骼中的钙生成氟化钙,会使骨质变松发脆,容易发生骨折。

(6) **光化学烟雾**。光化学烟雾是当氮氧化物和碳氢化合物等一次污染物自污染源排出进入大气后,在太阳光紫外线的照射下发生各种光化学反应而生成的包括若干种有害气体的二次污染物,为一种浅蓝色烟雾。在光化学反应产物中,臭氧占 85% 以上,过氧乙酰基硝酸酯(PAN)约占 10%,其他醛类、酮类等所占比例很小。

光化学烟雾的形成不仅和大气中的氮氧化物、碳氢化合物等一次污染物的浓度有关,还受太阳辐射和自然地理环境的影响。如光化学烟雾一般发生在汽车尾气较多、盆地式地形、无风天数较多的城市;在一年中,多发生在相对湿度较低、气温为 24～32℃ 的夏秋季晴天;在一天中,污染高峰出现在中午或稍后。光化学烟雾虽多在城市产生,但其污染并不局限于城市,污染区可由城市扩散到 100 km,甚至 700 km 以外。它属于区域性的污染。

C　大气污染危害历史事件

由于人类在生活与生产中不断向大气排出污染物,又未能及时进行治理与防护,历史上已发生了多起严重事件,极大地危害了人类的生存与环境。

(1)比利时马斯河谷事件(1930 年)。马斯河谷是比利时马斯河经过的一条长 24 km 的狭窄河谷,两岸耸立着 90 m 高的山丘。这里有 3 个炼铁厂、3 个金属加工厂、4 个玻璃厂及 3 个铅冶炼厂。1930 年 12 月 1～5 日,由于大气层气温逆转,由工厂向大气排出的污染物被封锁在逆温层下,河谷上空烟雾浓度急剧增加,造成了严重的大气污染。共有 6000 人染病,主要表现出咳嗽、呼吸困难、胸痛等呼吸器官症状并且眼睛受到刺激;有 63 人死亡,病理解剖发现死者有支气管充血症状。此次事件中尚有不少家畜死亡。造成这一事件的主要污染物有二氧化硫、氟化氢及烟尘等。

(2)美国多诺拉事件(1948 年)。美国宾夕法尼亚州的多诺拉,位于孟农加希拉河流经的马蹄形河谷中。河谷两岸耸立着 100 m 高的山丘。在这一盆地中,建有大型炼铁厂、硫酸厂和炼锌厂。1948 年 10 月 27～31 日,发生了与比利时马斯河谷相类似的事件。山谷上空大气出现逆温,6000 多人患呼吸道疾病,20 人死亡。造成此次事件的主要污染物有二氧化硫、硫酸烟雾及烟尘等。

(3)英国伦敦烟雾事件(1952 年)。伦敦地处泰晤士河开阔河谷之中的盆地。1952 年 12 月,全城出现浓雾并发生气温逆转,当时的逆温层在 60～150 m 的低空。从家庭和工厂烟囱排出的烟气被逆温层封盖而滞留在下面,形成了严重的大气污染,导致 4 天内 4000 人死亡。死亡者发病急剧,主要症状是呼吸困难、肺炎、血液中的氧气减少、皮肤呈明显紫色、低烧等。事件过后两个月,又陆续死亡 8000 人。造成此次事件的大气污染物中的 60% 是来自家庭采暖的烟气。其主要污染物是飘尘与二氧化硫。

所有这些都是由工业、家庭和交通排放的废气所造成的重大污染事件。此外,还有因事故造成的重大污染事件,如 1950 年墨西哥帕莎利卡的硫化氢泄漏,1964 年日本富士山氯气泄漏,1984 年印度博帕尔农药厂毒气泄漏,1986 年苏联切尔诺贝利核电站放射性物质泄漏等。

9.2.2　大气污染物的控制措施及技术

9.2.2.1　大气污染的控制措施

A　控制污染源

控制污染源是防治大气污染危害的根本措施,而控制途径是多方面的,下面介绍几种主要方法。

(1)合理工业布局。工厂企业是大气污染物的重要排放源,所以如果工业过分集中,污染物排放量大,不易扩散稀释;反之如果工厂布置合理,大气污染物能够得到较快的扩散稀释,就有可能不造成大的污染危害。不少工业发达国家十分重视工业合理布局,如美国、英国、日本、俄罗斯及欧洲各国为了保持较好的大气质量,采取了工业分散政策,一方面开辟新的工业基地,控制工业向大城市周围发展,另一方面调整原有城市工业布局,鼓励市内企业向外迁移,使整个工业获得较合理布局。瑞典由于较早地注意保护环境,工业分散在全国八个城市,每个城市工业比重较为均衡,环境污染较轻。其次,工厂厂址不应选在峡谷、盆地。因为这样的地形不利于大气污物的扩散和转移。此外,工厂区和生活区要留有一定的距离,尽可能留有空地植树造林,城市的工厂区应布置在居民生活区的下风向,以尽量减少大气污染对人体的危害。

(2) 改变燃料构成,开发新能源。在有条件的城市,发展清洁燃料,减少大气污染,逐步推广使用天然气、煤气和石油液化气,改变以煤为主的燃料构成;选用低硫燃料,对重油和煤炭进行脱硫处理,改善燃料品质,开发和利用太阳能、风能、潮汐能、地热能、核能等能源,也是防止和降低二氧化硫、烟尘等对大气污染的有效途径。

(3) 改革生产工艺,实行清洁生产。通过工艺改革和技术革新,降低燃料使用量或提高燃料燃烧的热效率,都可以取得减少废气和粉尘排放的效果;对废气进行回收处理,综合利用可化害为利;严格操作规程,加强设备的维护和管理,防止废气的跑、冒、滴、漏。

(4) 采用区域采暖、集中供热。在城市郊外建立几个大的热电厂和供热站,供应较大区域内的工业和民用采暖用热,特别是对于冬天供暖的北方城市。据测算,集中供热有以下优点:可使锅炉热效率由 50% ~ 60% 提高到 80% ~ 90%,并降低煤炭消耗;可利用余热,提高热利用率,热电厂可利用废气供热,热利用率可提高到 80% 左右;适宜采用高效除尘器,这样烟尘排放量可以减少;同时燃料运输量减少,转运粉尘量也相应减少。

(5) 高烟囱排放。烟囱越高越有利于烟气的扩散和稀释,据测定,地面污染物的浓度与烟囱高度的平方成反比,所以提高烟囱高度是减轻烟囱排烟造成地面大气污染的有效措施。但这是一种以扩大污染范围为代价来减少局部地面污染的办法。

(6) 控制废气的排放时间。应根据作物生长情况和作物受害特点,合理安排工厂生产,控制工业废气的排放,以防止或减轻对作物的危害。如在作物生长敏感期,工厂要尽量压缩生产,必要时甚至短期停产。

(7) 交通运输工具废气治理。交通运输工具排出的废气是形成光化学烟雾的一次污染物的重要来源之一。应从控制污染源入手,改善汽车、火车、轮船等的排放状况就成了治理光化学烟雾的主要措施。一是要限制机动车辆使用数量,二是提高交通运输工具发动机的燃油质量,改进内燃机,使油料得到充分燃烧,以减少氮氧化物、碳氢化合物等污染物的排放量。

B   植树造林,绿化环境

由于植物有过滤各种有毒有害大气污染物和净化空气的能力,树木尤为显著,因此,绿化造林是防止大气污染的经济有效的措施。

绿色植物的光合作用能放出氧气、吸收二氧化碳,因而能使大气中氧气的含量不断得到补充,调节空气成分,净化大气。据测定,每公顷生长茂盛的草地在白天光合作用时,每小时可吸收二氧化碳 1.5 kg,通常每公顷阔叶林每天可吸收 1000 kg 二氧化碳,产生 750 kg 氧气,每公顷公园绿地每天能吸收 900 kg 二氧化碳,产生 600 kg 氧气。而一个成人每天呼吸需氧 0.75 kg,排出二氧化碳约 0.9 kg,故对城市居民来说,每人如有 $10 \sim 15 \ m^2$ 的林地面积,就可以得到充足的氧气供应,而维持大气成分新陈代谢。

同时绿色植物还有解毒作用。据研究发现,各种树木都具有一定的吸收二氧化硫的潜在能力,阔叶树比针叶树能吸收更多的二氧化硫。桂花树对有毒气体的抵抗力较强,在氯气污染区内,种植 50 天后的桂花树,每 1 kg 干叶可吸收氯 4.8 g;桂花树还能吸收一部分水蒸气,每 1 kg 干叶可吸收 1.5 mg 水等。

茂密的丛林还具有强大的降低风速的作用,随着风速的降低,气流携带的颗粒较大的烟尘、粉尘粒子就会沉降下来。又由于树叶上生有绒毛,有的还分泌有黏液和油脂,能吸附大量的飘尘,而吸附飘尘的叶片经过降雨雨水的冲洗作用后,尘埃落地,其拦截、过滤尘埃的功能又得以恢复。

另外,许多树木还具有杀菌作用,这些林木生长过程中能分泌出具有杀菌能力的挥发性物质,如柠檬油、肉桂油等多种物质,能杀死一些病原菌。

9.2.2.2 大气污染物的治理技术

A 烟尘及工业粉尘治理技术

从大气污染物中将颗粒物分离出来并加以捕集、回收的过程称为**除尘**,实现上述过程的设备称为除尘器。治理烟尘及工业粉尘的方法和设备很多,各具不同的性能和特点,必须要依据大气污染物排放的特点、烟尘自身的特性、要达到的除尘效果,结合除尘方法和设备的特点进行选择。常见的颗粒物治理方法有以下几种。

(1) **重力除尘**。重力除尘是利用粉尘与气体密度不同,使粉尘靠自身的重力从气流中自然沉降下来,达到分离或捕集含尘气流中粒子的目的。为使粉尘从气流中自然沉降,一般使含尘气流速度突然降低,粉尘因重力而沉降下来。重力沉降室结构简单、阻力小、投资低,可处理高温气体;但除尘效率低,占地面积大,只能作为初级除尘手段。

(2) **离心力除尘**。离心力除尘是使含尘气体在除尘装置内做旋转运动,烟尘颗粒在随气流旋转过程中获得离心力,导致烟尘与气流分离,起到除尘作用。离心式除尘器除尘效率较高,属中效除尘器。它适用于非黏性及非纤维性粉尘,且可用于高温烟气的除尘净化,多用于中小型锅炉烟气除尘。

(3) **湿式除尘**。湿式除尘是用水洗涤含尘气体,利用形成的液膜、液滴或气泡捕获烟尘,粉尘随液体排出,气体得到净化。湿式除尘器除尘效率高,特别是高能量的湿式洗涤除尘器,在清除 $0.1\ \mu m$ 以下的粉尘粒子时,仍能保持很高的除尘效率。多用于净化高温、高湿、易燃、易爆的含尘气体,并具有很高的净化效率和安全性。

(4) **过滤式除尘**。过滤式除尘是使含尘气体通过多孔滤料,把尘粒截留下来,使气体得到净化。滤料通过滤料空隙对粒子的筛分作用、粒子随气流运动中的惯性碰撞作用、细小粒子的扩散作用以及静电引力和重力沉降等机制的综合作用结果,达到除尘目的。常用的过滤式除尘设备为袋式除尘器,其基本结构是在除尘器的集尘室内悬挂若干个圆形或扁状的滤袋,当含尘气流穿过这些滤袋的袋壁时,尘粒被袋壁截留,在袋的内壁或外壁聚集而被捕集。

袋式除尘器属于高效除尘器,对微细粉尘具有很强的捕集效果,被广泛应用于各种工业废气的净化。其结构简单,投资小,运行稳定。随着滤料性能的提高、清灰方式的改进,袋式除尘器在处理含油、含水、黏结性粉尘及高温烟尘等方面也将有广阔的应用前景。

(5) **静电除尘**。静电除尘是利用高压电场产生的静电力(库仑力)的作用实现固体粒子或液体粒子与气流分离的。这种电场是高压直流不均匀电场,构成电场的放电极是表面曲率很大的线状电极,集尘极则是面积较大的板状电极或管状电极。在放电极与集尘极之间施加很高的直流电压时,两极间就形成了不均匀电场,使放电极附近电场强度很大,当电压升到一定值时,放电极产生电晕放电,生成的大量电子及阴离子在电场力作用下,向集尘极迁移。在迁移过程中,中性气体分子很容易捕获这些电子及阴离子形成负离子。当这些带负电荷的粒子与气流中的尘粒相撞并附着其上时,就使尘粒带上了负电荷。荷电粉尘在电场中受库仑力的作用被驱往集尘极,在集尘极表面尘粒放出电荷后沉积其上,当粉尘沉积到一定厚度时,用机械振打等方法将其清除。常用设备为电除尘器。工业中广泛使用的电除尘器是立管式电除尘器和板卧式电除尘器。

电除尘器是一种高效除尘器,除尘效率可达 99% 以上,捕集微细粉尘性能较强,捕集最小粒径可达 $0.05\ \mu m$ 并可按要求获得从低效到高效的任意除尘效率。除尘器阻力小、能耗低。但电除尘器设备庞大,占地面积大,设备投资较高,因此只有在处理较大烟气量时,才在经济上、技术上显示其优越性。

B　气态污染物治理技术

气态污染物种类繁多,特性各异,因此相应采用的治理方法也各不相同,常用的有吸收法、吸附法、催化法、燃烧法、冷凝法等。以下简单介绍最常用的吸收法和吸附法。

(1) **吸收法**。吸收法是分离、净化气态污染物最重要的方法之一,在气态污染物治理工程中,被广泛用于治理二氧化硫、氮氧化物、氟化物、氯化氢等废气中。吸收法的基本原理是:在用某种液体处理气体混合物时,在气-液相的接触过程中,气体混合物中的不同组分在同一种液体中的溶解度不同,气体中的一种或数种溶解度大的组分将进入到液相中,从而使气相中各组分相对浓度发生了变化,混合气体得到分离。用吸收法治理气态污染物即是用适当的液体作为吸收剂,使含有有害组分的废气与其接触,使这些有害组分溶于吸收剂中,气体得到净化。

吸收设备种类很多,每一种类型的吸收设备都有着各自的长处和不足。工业上常用的吸收设备主要有表面吸收器、鼓泡式吸收器、喷洒式吸收器3大类。

1) 表面吸收器:凡能使气液两相在固定接触表面上进行吸收操作的设备均称为表面吸收器。如水平表面吸收器、液膜吸收器、填料塔等。

2) 鼓泡式吸收器:在这类吸收器内部都有液相连续的鼓泡层,分散的气泡在穿过鼓泡层时有害组分被吸收。如鼓泡塔和各种板式吸收塔。

3) 喷洒式吸收器:这类吸收器是用喷嘴将液体喷射成为许多细小的液滴,或用高速气流的携带将液体分散为细小的液滴,以增大气-液相的接触面积,完成物质的传递。典型的设备为喷淋吸收塔和文丘里吸收塔。喷淋塔结构简单,造价低廉,气流阻力小。

采用吸收法治理气态污染物具有工艺成熟、设备简单、一次性投资低等特点,而且只要选择到适宜的吸收剂,对所需净化组分就可以具有很高的净化效率。

(2) **吸附法**。吸附法是利用固体表面上存在着未平衡和未饱和的分子引力或化学键力,当此固体表面与气体接触时,就能吸引气体分子,使其浓集并保持在固体表面这一原理,使气态污染物得到净化。吸附过程是可逆过程,在吸附组分被吸附的同时,部分已被吸附的吸附组分可因分子热运动而脱离固体表面回到气相中去,这种现象称为脱附。当吸附速度与脱附速度相等时,达到吸附平衡。平衡时,吸附的表观过程停止,吸附剂丧失了继续吸附的能力。在吸附过程接近或达到平衡时,为了恢复吸附剂的吸附能力,需采用一定的方法使吸附组分从吸附剂上解脱下来,称吸附剂的再生。吸附法治理气态污染物应包括吸附及吸附剂再生的全部过程。常用的吸附设备是固定床吸附器。

吸附净化法的净化效率高,特别是对低浓度气体仍具有很强的净化能力,仅从净化程度而言,只要吸附剂有足够的用量,就可以达到任何要求的净化程度。因此,吸附净化法特别适用于排放标准要求严格或有害物浓度低,用其他方法达不到净化要求的气体的净化,常作为深度净化手段或最终控制手段。吸附剂在使用一段时间后,吸附能力会明显下降乃至丧失,因此要不断地对失效吸附剂进行再生。

C　LIFAC 脱硫工艺

芬兰于1983年开始执行有关酸雨的立法,要求所有的烟气脱硫系统的脱硫效率至少为80%,用湿法石灰洗涤塔可以达到这样的脱硫率,而只用吸收剂在炉内进行喷射的全干法是达不到的。因而 Tampella 公司开发了一种新的吸收剂喷射技术,称为 LIFAC 脱硫工艺,英文全称为"Limestone Injection into the Furnace and Activation of Calcium",即"石灰石粉炉内喷射和钙活化"。LIFAC 脱硫工艺分两个主要工艺阶段:炉内喷射和炉后活化。

(1) **炉内喷射**。将磨细至 0.043 mm(325 目)左右的石灰石粉($CaCO_3$)强力喷射到锅炉炉膛的上部、炉膛温度为 900～1250℃ 的区域,碳酸钙受热立刻分解成氧化钙和 CO_2：

$$CaCO_3 \longrightarrow CaO + CO_2 \uparrow$$

锅炉烟气中一部分 SO_2 和几乎全部 SO_3 与 CaO 反应生成硫酸钙：

$$CaO + SO_2 + 1/2O_2 \longrightarrow CaSO_4$$

$$CaO + SO_3 \longrightarrow CaSO_4$$

(2) **炉后活化**。烟气在一个专门设计的活化器中喷水增湿,烟气中未反应的 CaO 与水反应生成在低温下有很高活性的 $Ca(OH)_2$,与烟气中剩余的 SO_2 反应生成亚硫酸钙,进一步被氧化成硫酸钙,形成稳定的脱硫产物：

$$CaO + H_2O \longrightarrow Ca(OH)_2$$

$$Ca(OH)_2 + SO_2 + H_2O + 1/2O_2 \longrightarrow CaSO_4 + 2H_2O$$

LIFAC 工艺由四个子系统组成：

(1) 吸收剂(石灰石粉)制备系统。

(2) 炉内喷钙系统：包括石灰石粉输送系统,石灰石粉喷射系统和助吹风系统。炉内喷射是经研磨的细石灰石粉用气压喷射到锅炉炉膛上部 900～1200℃ 的区域,石灰石粉煅烧分解成 CaO 和 CO_2;炉膛烟气中的部分 SO_2 和全部 SO_3 与 CaO 反应生成 $CaSO_4$,其后脱硫产物和飞灰的混合物随烟气一起进入活化塔,炉内脱硫效率约为 20%～30%。

(3) 炉后烟气增湿活化系统：系统包括活化器本体、增湿水系统、压缩空气系统、脱硫灰再循环系统和烟气加热系统。

(4) 电气和自动化控制系统。

关于脱硫效率及投资构成：

(1) 第一步石灰石炉膛喷射。通过 $CaCO_3$ 粉喷入炉膛可得到约 25%～35% 的脱除率。投资需要费用小,一般占整个系统的 10%。

(2) 第二步再循环的烟气增湿。活化塔是整个脱硫系统的心脏,烟气进行增湿和脱硫灰再循环,这样脱硫效率可以达 75%,第二步的投资大约是整个系统的 85%。

中国南京下关电厂 LIFAC 示范工程：下关电厂是一个具有 80 多年历史的老厂,原装有"七机八炉"总容量仅为 105 MW,设备陈旧,能耗大,环境污染严重。经国务院批准,原地改建 2×125 MW 国产燃煤超高压机组。国家环保局和能源部决定,下关电厂在技改的同时,建设一个 LIFAC 烟气脱硫示范工程。根据国家有关大气质量标准及火电厂烟气排放标准,改造后下关电厂全厂烟尘最高允许排放量为 924 kg/h,SO_2 最高允许排放量为 630 kg/h;根据这一前提,下关电厂 LIFAC 工艺系统的主要工艺条件和技术指标如下：吸收剂石灰石粉中 $CaCO_3$ 含量不小于95%,石灰石粉的细度为 0.043 mm(325 目),80%≤40 μm,系统总的脱硫率不小于 75%(钙硫摩尔比为 2.5)。

9.3　固体废弃物的处理与利用

随着社会经济的发展和人民生活水平的提高,固体废弃物的排放量猛增,据估计,全球每年新增固体废弃物大约 100 亿 t,人均 2 t。日益增长的固体废弃物给环境带来很大危害,已成为影响环境污染的主要因素之一。

9.3.1　固体废弃物及其分类

固体废弃物通常指人类在生产与生活过程中所扬弃的各类固体物体和泥状物质,包括从废水、废气中分离出来的固体颗粒,指"基于当前法令而抛弃、将要抛弃或不得不抛弃的任何东西"。废弃物是一个相对概念,不存在任何绝对的废物。往往一种过程中产生的废弃物,可以成为另一个过程的原料。随着时间的推移和技术的进步,人类所产生的废弃物将愈来愈多地被转化为新的原料。

固体废弃物有多种类型。按其组成或化学性质可分为有机废物和无机废物;按其形态可分为固体(块状、粒状、粉状)和泥状的废弃物;按其危害特性可分为有害和无害废弃物。按危害状况可分为有害废物和一般废物;按其来源可分为工业废弃物、矿业废弃物、城市垃圾、农业废弃物和放射性废弃物五大类。

(1)工业固体废弃物。工业固体废弃物就是从工矿企业生产过程中排放出来的废物,通常又叫废渣。工业废渣主要包括以下几种:

1)冶金废渣:金属冶炼过程中或冶炼后排出的所有残渣废物,例如高炉矿渣、钢渣、有色金属渣、粉尘、污泥、废屑等;

2)燃料废渣:主要是工业锅炉,特别是燃煤的火力发电厂排出的大量粉煤灰和煤渣;

3)化工废渣:化学工业生产中排出的工业废渣主要包括电石渣、碱渣、磷渣、盐泥、铬渣、废催化剂、绝热材料、废塑料、油泥等,这类废渣往往含大量的有毒物质,对环境的危害极大;

4)建材工业废渣:主要有水泥、黏土、玻璃废渣、砂石、陶瓷、纤维废渣等。

在工业固体废弃物中,还包括机械工业的金属切削物、型砂等,食品工业的肉、骨、水果、蔬菜等废弃物,轻纺工业的布头、纤维、染料,建筑业的建筑废料等。我国每年排放的这些废渣达1.3亿t。

(2)矿业固体废弃物。各种矿石、煤炭的开采过程中产生的矿渣数量是极其庞大的,有矿山的剥离废渣、掘进废石、各种尾矿等。

(3)城市垃圾。主要是废纸、厨房垃圾(煤灰、食物残渣等)、废塑料、发电池、树叶、脏土、碎砖瓦、污水污泥等。这类固体废物与农业环境的关系较为密切。

(4)农业固体废弃物。农业固体废弃物主要是农作物秸秆和畜禽类粪便等。

(5)放射性固体废弃物。放射性固体废弃物包括核燃料生产、加工和同位素应用过程中产生的废物,以及由核电站、核研究机构、医疗单位等放射性废物处理设施产生的废物。如尾矿、污染的废旧设备、仪器、防护用品、废树脂、水处理污泥以及蒸发残渣等。

9.3.2   固体废弃物对环境的影响

全世界固体废弃物的排放量十分惊人。人们在享受衣食住行的同时产生了生活垃圾,在生产社会需要的产品的同时产生了工业垃圾。最新统计表明,发达国家每人每日生活垃圾产生量竟高达1.5kg。

垃圾随意弃置,会严重破坏城市景观,造成人们心理上的不快。更为严重的是,未收集和未处理的垃圾腐烂时会滋生传播疾病的害虫和昆虫,如苍蝇、蚊子、蟑螂、老鼠大量滋生,肆虐成灾,居民就无法继以为生。垃圾中的干物质或轻物质随风飘扬,会对大气造成污染。如果垃圾随意堆积在农田上,还会污染土壤。此外,垃圾中含有汞、镉、铅等微量有害元素,如处理不当,就有可能随雨水渗入水网,流入水井、河流以至附近海域,被植物摄入,再通过食物链进入人的身体,影响人体健康。

9.3.3   固体废弃物的处理

固体废弃物处理通常是指通过物理、化学、生物、物化及生化方法把固体废弃物转化为适于运输、贮存、利用或处置的过程。固体废弃物处理的目标是无害化、减量化、资源化。目前采用的主要方法包括压实、破碎、分选、固化、焚烧、生物处理等。

9.3.3.1 固体废弃物的预处理技术

常规废弃物的处理方法有：海洋倾倒、装池（曝气池）、陆地处置（堆埋）、废矿井存储等。欧洲经济与发展组织（OECD）提出 15 种推荐的处理方法和 13 种可能的回收方法。采用比较多的方法主要有如下几种。

A　压实技术

压实是一种通过机械的方法增加固体废弃物的致密度，对废物实行减容化，降低运输成本、延长填埋场寿命的预处理技术。它是一种普遍采用的固体废弃物预处理方法。如汽车、易拉罐、塑料瓶等通常首先采用压实处理。适于压实减少体积处理的固体废弃物还有垃圾、松散废物、纸带、纸箱及某些纤维制品等。对于那些可能使压实设备损坏的废弃物不宜采用压实处理，某些可能引起操作问题的废弃物，如焦油、污泥或液体物料，一般也不宜作压实处理。

固体废弃物所用的压实器种类很多。但这类设备都由容器单元和压缩单元两部分组成。容器单元收纳废物，压缩单元在液压和气压的作用下依靠压头，使废物致密化。

B　破碎技术

为了使进入焚烧炉、填埋场、堆肥系统等废弃物的外形尺寸减小，预先必须对固体废弃物进行破碎处理。破碎处理废物的目的，或使尺寸大小均匀，质地也均匀，在填埋过程中更容易压实；或为增大表面积，以大幅度提高反应速率，如焚烧、热解、堆肥等作业；或使待分选的物料实现单体解离，以便从中提取有用成分；或为了防止粗大、锋利的固体废弃物损坏处理设备，不同的固废处理有不同的粒度要求。固体废弃物的破碎方法很多，主要有冲击破碎、剪切破碎、挤压破碎、摩擦破碎等，此外还有专用的低温破碎和湿式破碎等。

C　分选技术

固体废弃物分选是实现固体废弃物资源化、减量化的重要手段。一种是通过分选将有用的充分选出来加以利用，将有害的充分分离出来；另一种是将不同粒度级别的废弃物加以分离。分选基本原理是利用物料的某些性质方面的差异，将其分选开。例如，利用废弃物中的磁性和非磁性差别进行分离；利用粒径尺寸差别进行分离；利用比重差别进行分离等。根据不同性质，可以设计制造各种机械对固体废弃物进行分选。分选包括手工捡选、筛选、重力分选、磁力分选、涡电流分选、光学分选等。

D　固化处理技术

固化技术是通过向废弃物中添加固化基材，使有害固体废弃物固定或包容在惰性固化基材中的一种无害化处理过程。固化产物应具有良好的抗渗透性、良好的机械特性以及抗浸出性，可直接在安全土地填埋场处置，也可用做建筑的基础材料或道路的路基材料。固化处理根据固化基材的不同可以分为水泥固化、沥青固化、玻璃固化、自胶质固化等。

E　焚烧和热解技术

焚烧法是固体废弃物高温分解和深度氧化的综合处理过程。其优点是把大量有害的废料分解而变成无害的物质。由于固体废弃物中可燃物的比例逐渐增加，采用焚烧方法处理固体废弃物，利用其热能已成为必然的发展趋势。以此种处理方法固体废弃物，占地少，处理量大，在保护环境、提供能源等方面可取得良好的效果。欧洲国家较早采用焚烧方法处理固体废弃物，焚烧厂多设在 10 万人口以上的大城市，并设有能量回收系统。日本由于土地紧张，采用焚烧法逐渐增多。焚烧过程获得的热能可以用于发电。利用焚烧炉发生的热量，可以供居民取暖，用于维持温室室温等。目前日本及瑞士每年把超过65%的城市废料进行焚烧而使能源再生。但是焚烧法也有缺点,例如,投资较大,焚烧过程排烟造成二次污染,设备锈蚀现象严重等。

热解是指将有机物在无氧或缺氧条件下高温(500~1000℃)加热,使之分解为气、液、固三类产物。与焚烧法相比,热解法则是更有前途的处理方法。它的显著优点是基建投资少。

F 生物处理技术

生物处理技术是利用微生物对有机固体废弃物的分解作用使其无害化的技术。这种技术可以使有机固体废弃物转化为能源、食品、饲料和肥料,还可以用来从废品和废渣中提取金属,是固体废弃物资源化的有效的技术方法。目前应用比较广泛的有堆肥化、沼气化、废纤维素糖化、废纤维饲料化、生物浸出等。

固体废弃物堆肥化是在人工控制条件下,利用微生物技术使生物类有机废弃物稳定化的工艺过程,其产品为堆肥,也称腐殖土,是一种土壤改良有机肥。堆肥化过程按照需氧的程度分为好氧堆肥和厌氧发酵。堆肥工艺是一种古老的有机性固体废物的生物处理技术,随着科学技术的不断进步,堆肥技术已经发展到以城市生活垃圾、污水处理厂的污泥、人畜粪便、农业废物及食品加工业废物等为原料,以机械化代替传统的手工操作,不断开发新工艺、新技术,使堆肥处理工艺走向现代化。

(1)好氧堆肥。好氧堆肥是在有氧的条件下,好氧菌对废物进行吸收、氧化、分解。微生物通过自身的生命活动,把一部分被吸收的有机物氧化成简单的有机物,同时释放出可供微生物生长活动所需的能量,而另一部分有机物则用来维持其生命活动和生长繁殖。好氧堆肥发酵过程经过两次升温,温度可达60~70℃,因此基质分解比较彻底,堆制周期短。按照堆肥方法的不同,好氧堆肥可分为野外堆积法、露天堆肥和快速堆肥等形式。

(2)厌氧发酵。厌氧发酵时废物在厌氧的条件下通过微生物的代谢活动而被稳定化,同时伴有甲烷、二氧化碳产生。厌氧消化法的基本原理与废水的厌氧生物处理相似,是在完全隔绝氧气的条件下,利用各种厌氧菌的生物转化作用使废物中可生物降解性有机物分解为稳定的无毒物质,同时产生沼气,而沼液、沼渣又是理想的有机肥料。厌氧消化工艺按消化温度分为高温消化工艺和自然温度消化工艺。高温发酵是在密闭的发酵罐中进行的,发酵过程需要不断搅拌。发酵最佳温度范围一般在47~55℃。高温发酵消化快、物料停留时间短,适于城市垃圾、城市下水污泥、农业固体废物和粪便的处理。自然消化是指在自然温度下进行的消化,这种工艺消化池结构简单、成本低,便于推广。

G 固体废弃物制沼气

制沼气的实质是一个厌氧发酵过程,其基本原理与废水的厌氧生物处理相似,是发酵细菌的胞外酶对固废有机物的体外酶解作用,生成沼气和无害的可溶性物质。由于不仅无害化效果好,而且能产生高效肥料(沼气液和沼气渣)和作为能源的沼气,该工艺是一种理想的无废工艺,因而在农业固体废弃物、城市下水污泥和粪便处理中得到广泛的应用。固体废弃物制沼气工艺的推广还可以有效改变农村的能源结构。据统计,我国每年产出秸秆5亿多t,如果其中一半进行沼气化处理,就足以满足8亿农民生活上所需的燃料。

H 微生物浸出废渣中的有用成分

微生物浸出工艺通常用在从贫矿、尾矿和工业废渣中回收有用成分。这类微生物是一类化能自养菌,喜酸、好氧。生活在金属硫化矿和煤矿的酸性废水中。它们从矿物废料和冶金渣中将某些金属溶解出来,然后从浸出液中提取有用组分。近年来,许多国家还应用该工艺处理放射性废渣。利用微生物修复被铬渣污染的土壤的研究也在进行之中。

9.3.3.2 终态固体废弃物的海洋处置和陆地处置

对于因技术原因或其他原因还无法利用或处理的固态废弃物,称为**终态固体废弃物**。终态固体废弃物的处置,是控制固体废弃物污染的末端环节,是解决固体废弃物的归宿问题。处置的目的和技术要求是,使固体废弃物在环境中最大限度地与生物圈隔离,避免或减少其中的污染组成对环境的污染与危害。

固体废弃物的处置可分为海洋处置和陆地处置两大类:

(1) **海洋处置**。海洋处置主要分为海洋倾倒与远洋焚烧两种方法。海洋倾倒是将固体废弃物直接投入海洋的一种处置方法。它的根据是海洋是一个庞大的废弃物接受体,对污染物质能有极大的稀释能力。

(2) **陆地处置**。陆地处置的方法有多种,包括土地填埋、土地耕作、深井灌注等。土地填埋是从传统的堆放和填地处置发展起来的一项处置技术,它是目前处置固体废弃物的主要方法。按法律可分为卫生填埋和安全填埋。

卫生土地填埋是处置一般固体废弃物使之不会对公众健康及安全造成危害的一种处置方法,主要用来处置城市垃圾。通常把运到土地填埋场的废弃物在限定的区域内铺撒成一定厚度的薄层,然后压实以减少废弃物的体积,每层操作之后用土壤覆盖,并压实。压实的废弃物和土壤覆盖层共同构成一个单元。具有同样高度的一系列相互衔接的单元构成一个升层。完整的卫生土地填埋场是由一个或多个升层组成的。在进行卫生填埋场的选择、设计、建造、操作和封场过程中,应该考虑防止浸出液的渗漏、降解气体的释出控制、臭味和病原菌的消除、场地的开发利用等问题。

安全土地填埋法是卫生土地填埋方法的进一步改进,对场地的建造技术要求更为严格。对土地填埋场必须设置人造或天然衬里;最下层的土地填埋物要位于地下水位之上;要采取适当的措施控制和引出地表水;要配备浸出液收集、处理及监测系统,采用覆盖材料或衬里控制可能产生的气体,以防止气体释出;要记录所处置的废弃物的来源、性质和数量,把不相容的废弃物分开处置。

9.3.4 固体废弃物的回收及利用

9.3.4.1 高炉矿渣的利用

高炉矿渣是冶炼生铁时从高炉中排出的一种废渣。在冶炼生铁时,加入高炉的原料,除了铁矿石和燃料(焦炭)外,还有助熔剂。当炉温达到1400℃时,助熔剂与铁矿石发生高温反应生成生铁和矿渣。高炉矿渣就是由脉石、灰分、助熔剂和其他不能进入生铁中的杂质所组成的易熔混合物。从化学成分看,高炉矿渣属于硅酸盐质的材料。每生产1 t生铁时高炉矿渣的排放量,随着矿石品位和冶炼方法不同而变化。如采用贫铁矿炼铁时,每吨生铁产出1.0～1.2 t高炉矿渣;采用富铁矿炼铁时,每吨生铁只产出0.25 t高炉矿渣。近年来,由于选矿和炼铁技术的提高,吨铁渣量已大大降低。

A 生产矿渣水泥

水渣具有潜在的水硬胶凝性能,在水泥熟料、石灰、石膏等激发剂作用下,可显示出水硬胶凝性能,是优质的水泥原料。水渣既可以作为水泥混合料使用,也可以制成无熟料水泥。

a 矿渣硅酸盐水泥

矿渣硅酸盐水泥是用硅酸盐水泥熟料与粒化高炉矿渣再加入3%～5%的石膏混合磨细,或者分别磨细后再加以均匀混合而制成。矿渣硅酸盐水泥简称为矿渣水泥。在磨制矿渣水泥时,高炉矿渣的掺入量对水泥的抗压强度影响不大,而对抗拉强度的影响更小,所以其掺入量可达到水泥重量的 20%～85%,这样对于提高水泥质量、降低水泥生产的成本是十分有利的。

这种水泥与普通水泥比较有如下特点:

(1) 具有较强的抗溶出性和抗硫酸盐侵蚀性能,故能适用于水上工程、海港及地下工程等,但在酸性水及含镁盐的水中,矿渣水泥的抗侵蚀性较普通水泥差;

(2) 水化热较低,适用于浇筑大体积混凝土;

(3) 耐热性较强,使用在高温车间及高炉基础等容易受热的地方比普通水泥好;

(4) 早期强度低,而后期强度增长率高,所以在施工时应注意早期养护。

此外,在循环受干湿或冻融作用条件下,其抗冻性不如硅酸盐水泥,所以不适宜用在水位时常变动的水工混凝土建筑中。

b   石膏矿渣水泥

石膏矿渣水泥是将干燥的水渣和石膏、硅酸盐水泥熟料或石灰按照一定的比例混合磨细或者分别磨细后再混合均匀所得到的一种水硬性胶凝材料。在配制石膏矿渣水泥时,高炉水渣是主要的原料,一般配入量可高达80%左右。石膏在石膏矿渣水泥中属于硫酸盐激发剂,它的作用在于提供水化时所需要的硫酸钙成分,激发矿渣中的活性。一般石膏的加入量以 15% 为宜。

少量硅酸盐水泥熟料或石灰,属于碱性激发剂,对矿渣起碱性活化作用,能促进铝酸钙和硅酸钙的水化。在一般情况下,如用石灰作碱性激发剂,其掺入量宜在 3% 以下,最高不得超过5%,如用普通水泥熟料代替石灰,掺入量在 5% 以下,最大不超过 8%。

这种石膏矿渣水泥成本较低,具有较好的抗硫酸盐侵蚀和抗渗透性,适用于混凝土的水工建筑物和各种预制砌块。

c   石灰矿渣水泥

石灰矿渣水泥是将干燥的粒化高炉矿渣、生石灰或消石灰以及 5% 以下的天然石膏,按适当的比例配合磨细而成的一种水硬性胶凝材料。

石灰的掺入量一般为 10%～30%。它的作用是激发矿渣中的活性成分,生成水化铝酸钙和水化硅酸钙。石灰掺入量太少,矿渣中的活性成分难以充分激发;掺入量太多,则会使水泥凝结不正常、强度下降和安定性不良。石灰的掺入量往往随原料中氧化铝的含量的高低而增减,氧化铝含量高或氧化钙含量低时应多掺石灰,通常先在 12%～20% 范围内配制。

石灰矿渣水泥可用于蒸气养护的各种混凝土预制品,水中、地下、路面等的无筋混凝土和工业与民用建筑砂浆。

B   生产矿渣砖和湿碾矿渣混凝土制品

a   矿渣砖

用水渣加入一定量的水泥等胶凝材料,经过搅拌、成形和蒸汽养护而成的砖叫做矿渣砖。所用水渣粒度一般不超过 8 mm,入窑蒸汽温度约 80～100℃,养护 12 h,出窑后即可使用。用87%～92%粒化高炉矿渣,5%～8% 水泥,加入 3%～5% 的水混合,所生产的砖的强度可达到10 MPa左右,能用于普通房屋建筑和地下建筑。此外,将高炉矿渣磨成矿渣粉,按重量比加入40%矿渣粉和60%的粒化高炉矿渣,再加水混合成形,然后再在 1～1.1 MPa 的蒸汽压力下蒸压6 h,也可得到抗压强度较高的砖。

b   湿碾矿渣混凝土

湿碾矿渣混凝土是以水渣为主要原料制成的一种混凝土。它的制造方法是将水渣和激发剂(水泥、石灰和石膏)放在轮碾机上加水碾磨制成砂浆后,与粗骨料拌和而成。

湿碾矿渣混凝土配合比如表 9-2 所示。

表 9-2　湿碾矿渣混凝土配合比

项　目	不同标号混凝土的配合比			
	C15	C20	C30	C40
水泥(以 425 号为准)			≤15	≤20
石　灰	5～10	5～10	≤5	≤5
石　膏	1～3	1～3	0～3	0.3
水	17～20	16～17	15～17	15～17
水灰比	0.5～0.6	0.45～0.55	0.35～0.45	0.35～0.4
浆：矿渣(重量比)	1:1～1:1.2	1:0.75～1:1	1:0.75～1:1	1:0.5～1:1

注:表中配合比以湿碾矿浆为 100 计。

　　湿碾矿渣混凝土的各种物理力学性能,如抗拉强度、弹性模量、耐疲劳性能和钢筋的粘结力均与普通混凝土相似。而其主要优点在于具有良好的抗水渗透性能,可以制成不透水性能很好的防水混凝土;具有很好的耐热性能,能制成强度达 50 MPa 的混凝土。此种混凝土适宜在小型混凝土预制厂生产混凝土构件,但不适宜在施工现场浇筑使用。

9.3.4.2　矿渣碎石的用途

　　矿渣碎石的用途很广,用量也很大,主要用于公路、机场、地基工程、铁路道碴、混凝土骨料和沥青路面等。

　　A　配制矿渣碎石混凝土

　　矿渣碎石配制的混凝土具有与普通混凝土相近的物理力学性能,而且还有良好的保温、隔热、耐热、抗渗和耐久性能。矿渣碎石混凝土的应用范围较为广泛,可以做预制、现浇和泵送混凝土的骨料。

　　矿渣碎石混凝土的抗压强度随矿渣容重的增加而增高,配制不同标号混凝土所需矿渣碎石的松散容重列在表 9-3 中。

表 9-3　不同标号的混凝土所用矿渣碎石松散容重

混　凝　土	C40	C30～C20	C15
矿渣碎石松散容重/kg·m⁻³	1300	1200	1100

　　矿渣混凝土的使用在我国已有 50 多年历史,解放后在许多重大建筑工程中都采用了矿渣混凝土,实际效果良好。

　　B　重矿渣在地基工程中的应用

　　重矿渣用于处理软弱地基在我国已有几十年的历史。由于矿渣的块体强度一般都超过 50 MPa,相当或超过一般质量的天然岩石,因此组成矿渣垫层的颗粒强度完全能够满足地基的要求。一些大型设备基础的混凝土,如高炉基础、轧钢机基础、桩基础等,都可用矿渣碎石做骨料。

　　C　矿渣碎石在道路工程中的应用

　　矿渣碎石具有缓慢的水硬性,这个特点在修筑公路时可以利用。矿渣碎石含有许多小气孔,对光线的漫反射性能好,摩擦系数大,用它做集料铺成的沥青路面既明亮,制动距离又短。矿渣碎石还比普通碎石具有更高的耐热性能,更适用于喷气式飞机的跑道上。

　　D　矿渣碎石在铁路道碴上的应用

　　用矿渣碎石做成的铁路道碴称为矿渣道碴。我国铁道线上采用矿渣道碴的历史较久,但大量利用是解放后才开始的。目前矿渣道碴在我国钢铁企业专用铁路线上已得到广泛应用。鞍山钢铁公司从1953年开始就在专用铁路线上大量使用矿渣道碴,现已将其广泛应用于木轨枕、预应力钢筋混凝土轨枕和钢轨枕等各种线路,使用过程中没有发现任何弊病。在国家一级铁路干线上的试用也已初见成效。

9.3.4.3 膨胀矿渣及膨珠的用途

膨胀矿渣主要是用作混凝土轻骨料,也用作防火隔热材料,用膨胀矿渣制成的轻质混凝土,不仅可以用于建筑物的围护结构,而且可以用于承重结构。膨珠可以用于轻混凝土制品及结构,如用于制作砌块、楼板、预制墙板及其他轻质混凝土制品。由于膨珠内孔隙封闭,吸水少,混凝土干燥时产生的收缩就很小,这是膨胀页岩或天然浮石等轻骨料所不及的。直径小于3mm的膨珠与水渣的用途相同,可供水泥厂做矿渣水泥的掺和料用,也可以作为公路路基材料和混凝土细骨料使用。生产膨胀矿渣和膨珠与生产黏土陶料、粉煤灰陶粒等相比较,具有工艺简单、不用燃料、成本低廉等优点。

9.3.4.4 高炉矿渣的其他用途

高炉矿渣还可以用来生产一些用量不大而产品价值高,又有特殊性能的高炉渣产品。如矿渣棉及制品、热铸矿渣、矿渣铸石及微晶玻璃、硅钙渣肥等。现仅简介矿渣棉和微晶玻璃的生产方法。

A 生产矿渣棉

矿渣棉是以矿渣为主要原料,在熔化炉中熔化后获得熔融物再加以精制而得到的一种白色棉状矿物纤维。它具有保温、隔音、绝冷等性能。其化学成分和物理性能如表9-4、表9-5所示。

表9-4 矿渣棉的化学成分

物 质	SiO$_2$	Al$_2$O$_3$	CaO	MgO	S
成分/%	32~42	8~13	32~43	5~10	0.1~0.2

表9-5 矿渣棉的物理性能

热导率/W·(m·K)$^{-1}$	烧结温度/℃	密度/g·cm^{-3}	纤维细度/μm	使用温度范围/℃
0.041~0.33	780~820	0.13~0.15	4~6	-200~800

生产矿渣棉的方法有喷吹法和离心法两种。原料在熔炉熔化后流出,即用蒸汽或压缩空气喷吹成矿渣棉的方法叫做**喷吹法**;原料在熔炉熔化后落在回转的圆盘上,用离心力甩成矿渣棉的方法叫做**离心法**。矿渣棉的主要原料是高炉矿渣,约占80%～90%,还有10%～20%的白云石、萤石或其他如红砖头、卵石等,生产矿渣棉的燃料是焦炭。生产分配料、熔化喷吹、包装3个工序。

矿渣棉可用作保温材料、吸声材料和防火材料等,由它加工的成品有保温板、保温毡、保温筒、保温带、吸声板、窄毡条、吸声带、耐火板及耐热纤维等。矿渣棉广泛用于冶金、机械、建筑、化工和交通等部门。

B 生产微晶玻璃

微晶玻璃是近几十年来发展起来的一种用途很广的新型无机材料。微晶玻璃的原料极为丰富,除采用岩石外,还可采用高炉矿渣。

矿渣微晶玻璃的主要原料是高炉矿渣为62%～78%,硅石为38%～22%或其他非铁冶金渣等。一般矿渣微晶玻璃需要配成如下化学组成:二氧化硅,40%～70%;三氧化二铝,5%～15%;

氧化钙,15%～35%;氧化镁,2%～12%;氧化钠,2%～12%;晶核剂,5%～10%。

矿渣微晶玻璃的生产工艺如下:在固定式或回转式炉中,将高炉矿渣与硅石和结晶促进剂一起熔化成液体,然后用吹、压等一般玻璃成形方法成形,并在 730～830℃ 下保温 3 h,最后升温至 1000～1100℃,保温 3 h 使其结晶,冷却即为成品。加热和冷却速度宜低于 5℃/min,结晶催化剂为若干氟化物、磷酸盐和铬、锰、钛、铁、锌等多种金属氧化物,其用量视高炉矿渣的化学成分和微晶玻璃的用途而定,一般为 5%～10%。

矿渣微晶玻璃产品,比高碳钢硬,比铝轻,其力学性能比普通玻璃好,耐磨性不亚于铸石,热稳定性好,电绝缘性能与高频瓷接近。矿渣微晶玻璃用于冶金、化工、煤炭、机械等工业部门的各种容器设备的防腐层和金属表面的耐磨层以及制造溜槽、管材等,使用效果也好。

9.3.5 钢渣的利用

钢渣是炼钢过程中排出的废渣。根据炼钢所用炉型的不同,可分为转炉渣、平炉渣和电炉渣。钢渣是炼钢过程中的必然副产物,其排出量约为粗钢产量的 15%～20%。形成温度在 1500～1700℃。钢渣在高温下呈液体状态,缓慢冷却后呈块状或粉状;转炉渣和平炉渣一般为深灰、深褐色;电炉渣多为白色。

为了适应钢铁工业的发展,消除渣害,寻求利用量大、简易可行的钢渣利用途径,并已取得显著成果。经济效果最好的途径是将钢渣作为高炉、转炉炉料,在钢铁厂内自行循环使用,此外,还可作为道路材料、建筑工程材料、肥料以及用于填坑造地等。

9.3.5.1 用于冶金原料

A 做烧结熔剂

烧结矿中配 5%～15% 粒度小于 8 mm 的钢渣以代替熔剂,不仅回收利用了渣中钢粒、氧化铁(FeO)、氧化钙(CaO)、氧化镁(MgO)、氧化锰(MnO)、稀有元素(V、Nb……)等有益成分,而且钢渣可以作为烧结矿的增强剂,显著地提高烧结矿的质量和产量,使转鼓指数和结块率提高,风化率降低,成品率增加。再加上水淬钢渣疏松、粒度均匀,料层透气性好,有利于烧结造球及提高烧结速度。此外,由于钢渣中 Fe 和 FeO 的氧化放热,节省了钙、镁碳酸盐分解所需要的热量,使烧结矿燃耗降低。高炉使用配入钢渣的烧结矿,由于烧结矿强度高,粒度组成改善,尽管铁品位略有降低,炼铁渣量增加,但高炉操作顺行,对其产量提高,焦比降低是有利的。

我国在钢渣用于烧结方面进行了大量的试验研究工作,不少钢厂在这方面取得了良好效果。济南钢厂在烧结矿中配入水淬转炉钢渣后,其技术经济效果为烧结机利用系数提高 10% 以上,转鼓指数提高 2%～4%,焦耗降低 5%,FeO 降低 2%。虽然铁品位降低 1%～2%,但高炉利用系数仍提高 0.1;焦比降低每吨铁 31kg。每吨渣使用价值可达 20 多元。

B 做高炉或化铁炉熔剂

钢渣直接返回高炉做熔剂,其主要优点是利用渣中氧化钙(CaO)代替石灰石,同时利用了渣中有益成分,节省了熔剂消耗(石灰石、白云石、萤石),改善了高炉渣流动性,增加了炼铁产量;缺点是钢渣成分波动大。

钢渣也可做化铁炉熔剂以代替石灰石及部分萤石。使用证明,其对铁水温度、铁水硫含量、熔化率、炉渣碱度及流动性均无明显影响,在技术上是可行的。使用化铁炉的钢厂及生产铸件的机械厂都可应用。

C 钢渣做炼钢返回渣

转炉炼钢每吨钢使用高碱度的返回钢渣 25 kg 左右,并配合使用白云石,可以使炼钢成渣早,减少初期渣对炉衬的侵蚀,有利于提高炉龄,降低耐火材料消耗。同时可取代(或减少)萤石。我国有些钢厂已在生产中这样使用,并取得了很好的技术经济效果。

D 从钢渣中回收废钢铁

钢渣中一般含有7%～10%的废钢及钢粒,我国堆积的近100万t钢渣中,约有700万t废钢铁。除钢渣可利用外,还可回收大量废钢铁及部分磁性氧化物。水淬钢渣中的钢粒,呈颗粒状,磁选机很容易提取,可以做炼钢调温剂。

总之,钢渣在钢铁厂内部做冶金原料使用效果良好,利用价值也高,但最不利的因素是磷的富集从而影响炼钢。我国矿源磷含量比较低的(磷含量为0.01%～0.04%)地区,钢渣在本厂内的返回用量可以达到50%～90%。在矿源磷含量比较高的地区,为了提高钢的质量及改进炼钢操作,炼钢采用底吹转炉、复合吹炼、双渣操作或采用炉外脱磷工艺时,将一部分磷高的钢渣用于农业,含磷较低的钢渣仍可在厂内使用。这样尽管炼钢技术经济指标受到一些影响,但从资源的综合利用和经济效果看,仍是合理的。

9.3.5.2 用于建筑材料

A 生产水泥

钢渣中含有和水泥相类似的硅酸三钙、硅酸二钙及铁铝酸盐等活性矿物,具有水硬胶凝性,因此可成为生产无熟料或少熟料水泥的原料,也可作为水泥掺和料。现在生产的钢渣水泥品种有:无熟料钢渣矿渣水泥、少熟料钢渣矿渣水泥、钢渣沸石水泥、钢渣矿渣硅酸盐水泥、钢渣－矿渣－高温型石膏白水泥和钢渣硅酸盐水泥等。

这些水泥适于蒸汽养护,具有后期强度高,耐腐蚀、微膨胀、耐磨性能好、水化热低等特点,并且还具有生产简便、投资少、设备少、节省能源、成本低等优越性。其缺点是早期强度低、性能不稳定,因此,这限制了它的推广和使用。我国近几年钢渣水泥的生产发展较快,目前已有近30万t的生产能力。

此外,由于钢渣中含有大量氧化钙(占40%～50%),用它做原料配制水泥生料,越来越引起人们重视。据报道,日本研究用钢渣生产铁酸盐水泥,其水泥的抗压强度和其他主要性能几乎与硅酸盐水泥一样。

B 代替碎石和细骨料

关于钢渣在铁路、公路、路基、工程回填、修筑堤坝、填海造地等方面的使用,国内外均有相当广泛的实践。钢渣还可做水工建筑材料、铁路道碴、停车场的基础材料、回填材料、工业建筑基础垫层等。钢渣代替碎石和细骨料具有材料性能好、强度高、自然级配好的特点。

但钢渣存在体积膨胀问题,不能大量作为水泥混凝土的骨料,因为它能吸收水泥混凝土中的拌和水,而使游离氧化钙、氧化镁水化消解,产生体积膨胀,以致造成硬化后的混凝土结构破坏,在国外有过这方面的严重教训。

9.3.6 粉煤灰(Coal Ash)资源化工艺

据统计,我国年排放固体废弃物6亿多t,处理率仅有50%。未处理的固体废弃物或排入江河湖海(每年有30%的排放量),直接污染水体,或长期堆放(现已占用农田约$7 \times 10^4 \ hm^2$),不仅直接影响农业生产,而且对环境造成二次污染,还耗费和大量的人力、物力和财力用于堆放及管理。这些固体废弃物完全可以作为待开发的二次资源,进行有效的综合利用。如煤电企业排出的粉煤灰、煤矿石等,已广泛应用于建筑材料、道路工程和土壤改良剂等。粉煤灰等固体废弃物用来生产新型墙体材料,代替我国沿用几千年的秦砖汉瓦,意义重大。

9.3.6.1 粉煤灰加气混凝土砌块生产工艺

粉煤灰加气混凝土砌块(或其他工业废渣加气砌块),在国外早已得到应用和推广。我国现在也已利用进口及国产设备建成了不同规模的生产线。

粉煤灰含有很多活性氧化物(SiO_2 和 Al_2O_3 等),它们能和石灰水泥等碱性物质在常温下起化学反应生成稳定的水化硅酸钙和水化铝酸钙,但过程很长,一般需 28 天。利用蒸压养护可缩短该过程,并使产品凝结、硬化而且具有很好的强度。

9.3.6.2 粉煤灰加气混凝土砌块综合效益分析

(1) 重量轻:重量只有普通混凝土的 $1/4 \sim 1/5$,因而用于建筑,其墙体重量可以减轻 40%。可减轻劳动强度,减轻造价,扩大建筑使用面积,并减少运输费用,同时,有利于抗震。

(2) 耐火性好:是比较理想的不燃材料,高温下不产生有害气体,能满足高层建筑耐火性能的要求。

(3) 保温性能好:导热系数仅为普通混凝土的 $1/10$,保温性能比砖墙高 $3 \sim 6$ 倍,从而可减少室内能耗和空调费用。

(4) 声学性能好:具有良好的隔声消声性能。

(5) 可加工性好:可生产出多种规格的产品,并可现场作业。

(6) 生产效率高,能耗少:能实现高度机械化、自动化,劳动生产率高,能耗仅为生产同体积黏土砖的 11%。

(7) 变废为利,减少二次污染,综合效益显著:如年产 10×10^4 m^3 的南京建能墙体材料总公司每年可为电厂节约堆放土地近 33333 m^2(50 亩),仅节约粉煤灰堆放费用就近 270 万元。

本章小结

本章从环境污染与保护的角度,结合循环经济的思想,介绍了水污染与防治、大气污染与防治、固体废弃物处理与利用的相关知识。

目前,我国的水污染非常严重,特别是人为污染,这引起了人们的高度重视。水污染防治要遵循一定的原则,采取有效的对策。

水处理技术主要包括:(1)絮凝技术;(2)水质稳定技术;(3)膜分离技术;(4)生物法;(5)吸附分离水处理技术;(6)超临界水氧化技术(简称 SCWO 法);(7)水夹点技术(水系统的集成);(8)人工湿地处理工业污水。这些技术的应用可使污水得到有效处理,有利于实现污水的再生与回用,避免水质性缺水的发生,缓解当前水资源短缺的严峻形势。

大气污染指由于人类活动或自然过程而引起的某些物质介入大气中,并呈现出足够的浓度,当达到足够的时间后,有害物质介入大气的数量超过了本身的自净能力,从而破坏了生态平衡,并因此危害了人体的舒适、健康或危害了环境。大气污染物的种类很多,按其存在状态可概括为两大类:气溶胶状态污染物,气体状态污染物。大气污染的控制措施主要有:(1)控制污染源;(2)植树造林,绿化环境。烟尘及工业粉尘治理技术主要有:(1)重力除尘;(2)离心力除尘;(3)湿式除尘;(4)过滤式除尘;(5)静电除尘。气态污染物治理技术主要有:(1)吸收法;(2)吸附法。

固体废弃物指基于当前法令而抛弃、将要抛弃或不得不抛弃的任何东西。其处理分为预处理和回收与利用。其预处理技术主要包括:(1)压实技术;(2)破碎技术;(3)分选技术;(4)固化处理技术;(5)焚烧和热解技术;(6)生物处理技术;(7)固体废物制沼气。回收利用方面主要介绍了高炉矿渣的利用、矿渣碎石的用途、膨胀矿渣及膨珠的用途、钢渣的利用、粉煤灰(coal ash)资源化工艺等。

思考复习题

1. 什么是水污染,我国的水污染情况如何?

2. 简要说明水污染防治的原则和主要对策。

3. 污水处理的技术和废水回用的途径有哪些?

4. 常用的絮凝剂有哪些?分析其影响因素,说明絮凝作用机理。

5. 具体说明净环水运行过程中的常见问题。

6. 什么叫水质稳定技术,提高净化水浓缩倍数的措施有哪些?

7. 简述膜分离技术及其特点。

8. 简述电渗析的原理和工作过程。按选择透过性的大小可以将离子交换膜分为哪几类?

9. RO是什么的简称,其作用膜有哪些特点,RO的原理是什么?

10. 膜分离技术在水处理中的应用有哪些?

11. 什么是生物膜法,用生物膜法处理废水的构筑物有哪些以及各自有哪些特点?

12. 活性污泥法处理废水的工艺有哪些,SBR法是什么技术的简称,其工艺流程是怎样的?

13. 了解吸附分离水处理技术。常用的吸附剂有哪些?

14. SCWO法是指什么技术,超临界水的含义及其特性是什么,SCWO法主要应用于哪些方面?

15. 什么是水夹点技术,其包括哪些内容,该技术在工业上的应用如何?

16. 了解人工湿地处理工业污水的方法。

17. 大气中污染物有哪些,其危害怎样,历史上导致了哪些大气污染事件?

18. 应该控制哪些大气污染源,主要的控制措施有哪些?

19. 可以通过哪些技术治理烟尘及工业粉尘?

20. 具体说明气态污染物的治理技术。

21. 简要介绍LIFAC脱硫工艺及其工艺阶段。

22. 什么是固体废弃物,固体废弃物是如何分类的,固体废弃物对环境有哪些影响,其处理技术有哪些?

23. 对于终态固体废弃物应该如何处置,如何回收和利用固体废弃物,在钢铁企业中钢渣的利用途径有哪些,粉煤灰(coal ash)资源化工艺有哪些?

参 考 文 献

1 Graedel T E,Allenby B R.Industrial Ecology(产业生态学). 第 2 版 . 施涵译 . 北京:清华大学出版社, 2004

2 曾抗美主编 . 工业生产与污染控制 . 北京:化学工业出版社,2005

3 邓南圣主编 . 工业生态学——理论与应用 . 北京:化学工业出版社,2002

4 冯玉杰,蔡伟民 . 环境工程中的功能材料 . 北京:化学工业出版社,2003

5 于秀娟主编 . 工业与生态 . 北京:化学工业出版社,2003

6 赵大传,陶颖,杨厚苓 . 工业环境系统 . 北京:中国科学出版社,2004

7 韩明翰,金涌 . 绿色工程原理与应用 . 北京:清华大学出版社,2005

8 周文字,刘金娥等 . 生态产业与产业生态学 . 北京:化学工业出版社,2004

9 罗宏,孟伟,冉圣宏 . 生态工业园区——理论与实践 . 北京:化学工业出版社,2004

10 苏伦埃尔克曼 . 工业生态学. 徐兴元译. 北京:经济日报出版社,1999

11 Graedel T E, Allenby B R. Industrial Ecology. Englewood Cliffs:Prentice Hall,1995

12 杨京平,田光明 . 生态设计与技术 . 北京:化学工业出版社,2006

13 Erik Sundin, Bert Bras. Making Functional Sales Environmentally and Economically Beneficial Through Product Remanufacturing[J]. Journal of Cleaner Production,2005(13):913

14 [日]山本良一 . 战略环境经营生态设计[M]. 北京:化学工业出版社,2003

15 张坤 . 循环经济理论与实践[M]. 北京:中国环境科学出版社,2003

16 祝圣训,张宏,谢芳 . 非物质化——可持续发展城市经济政策基础[J]. 世界环境,1997(4):46

17 施连喜等 . 环境生态学导论 . 北京:文教出版社,2002

18 Manuel C Molles,Jr. Ecology. 生态学(影印版). 北京:文教出版社,2002

19 杨咏 . 生态工业园区述评[J]. 经济地理,2000,20(4):31

20 PINE R T. A note on trophic complexity and community stability [J]. American Naturalist,1969,103(1):91

21 PINE R T. Food web complexity and species diversity [J]. American Naturalist,1966,100:65

22 胡山鹰,李有润 . 生态工业系统集成方法及应用[J]. 环境保护,2003,1:16

23 茅芜 . 融入循环经济长葆钢铁产业青春 . 冶金管理,2005,5:20

24 黄导 . 中国钢铁工业节能分析 . 中国能源,2004,26(5):13

25 中国钢铁工业协会科技环保部 . 中国钢铁工业能耗现状与节能前景 . 冶金管理,2004,9:15

26 Ferziger J H, Peric M. Computational Methods for Fluid Dynamics. Berlin: Springer,1996:104

27 Tan H P , Ruan L M, Xia X L , et al. Transient coupled radiative and conductive heat transfer in an absorbing, emitting and scattering medium. Int. J. HeatMass Transfer, 1999,42(15):29

28 诸大建 . 从可持续发展到循环型经济 . 世界环境,2000(3):6～12

29 余德辉,王金南 . 循环经济 21 世纪的战略选择 . 再生资源研究,2001(5):2～5

30 Ayres R U. Industrial Metabolism:Closing The Materials Cycle. SEI Conference on Principles of Clean Production. Stockholm,1991

31 Frosch R A,Callopoulos N E. Towards An Industrial Ecology.In:The Treatment and Handling of Wastes. Sec Ed. London:Chapman & Hall,1992.269～292

32 罗宏 . 国外工业园区的环境管理 . 环境导报,2001(1):48～50

33 United Nations. The Environmental Management of Industrial Estates. Kazakhstan:UNEP,1997

34 Lowe E,Warren J,Moran S. Discovering industrial ecology.In: Jorger J. An Executive Briefing and Source Book. First Ed.Columbus:Battelle press,1997

35 Cape Charles. Eco-industrial Park Workshop Proceedings. http://www.whitehouse.gov/PCSD. 1996-10-18

36 Ehrenfeld J, Gertler N. The Evolution of Interdependence at Kalundborg. Journal of Industrial Ecology, 1997,1(1):67

37 Frisch Robert ,Gallopoulos Nicolas. 可持续工业发展战略[J]. 科学美国人,1989(9):16

38 Jelinski L W, Gradel T E , Laudise A , et al. Industrial Ecology: Concepts and Approaches. Proceedings of the National Academy of Sciences of the USA,1992,89 (3):38

39   Nemerow Nelson. Zero Pollution for Industry, Waste Minimization through Industrial Complexes. NewYork: John and Sons,1995

40 鲁成秀,尚金城. 生态工业园规划建设的理论与方法初探[J]. 经济地理,2004,24 (3):46

41 王兆华,尹建华,武春友. 生态工业园的生态产业链结构模型研究[J]. 中国软科学,2003 (10):28

42 龚晓宁,钟书华. 生态工业园区内工业链特征分析[J]. 中国农业银行武汉培训学院学报,2003 (6):35

43 孙大鹏,苏敬勤. 生态工业园价值链分析及管理研究[J]. 大连理工大学学报(社会科学版),2004,25 (2):26

44 赵瑞霞,张长元. 中外生态工业园建设比较研究[J]. 中国环境管理,2003,22 (5):48

45 汪毅,陆雍森. 论生态产业链的柔性[J]. 生态学杂志,2004,23 (6):32

46 Markowitz H M. Portfolio Selection. Journal of Finance,March 1952,7(1):16

47 Markowitz H M. Portfolio Selection. Efficient diversification of investment. Wiley: Yale University Press, 1970

48 Markowitz H M. Foundations of Portfolio Theory. Journal of Finance,1991,8(6):8

49 赵运林等. 城市生态学[M]. 北京:科学出版社,2005

50 吴人坚等. 生态城市建设的原理和途径[M]. 上海:复旦大学出版社,2000

51 李相然. 城市化环境效益与环境保护[M]. 北京:中国建材工业出版社,2004

52 山东青岛:铬渣山的变迁. 央视国际网站(http:// www. cctv. com),2005-8-13

53 王聪. 废弃资源补位 宁夏探索工业循环发展模式. 中国工业新闻.2005

54 曹妃甸工业区发展循环经济努力实现污染零排放. 河北省环保局网站(http:// www. hb12369. net), 2005-8-12

55 罗伟涛等. 我国城市环境的可持续发展战略研究. 株洲工学院学报,2002,16 (2):18

56 段永蕙,李跃东. 关于我国环境影响评价发展与完善的思考[J]. 环境保护科学,2000, 26(98):40～43

57 周国梅,彭昊,曹凤中. 循环经济和工业生态效率指标体系[J]. 城市环境与城市生态,2003,16(6): 201～203

58 Pastakia C M R. The rapid impact assessment matrix(RIAM)——A new tool for environmental impact assessment [A]. In Environmental Impact Assessment Using the Rapid Impact Assessment Matrix (RIAM) [C]. Jensen K. ed. Fredensborg Denmark: Olsen & Olsen,1998

59 叶笃正主编. 中国的全球变化与研究. 北京:气象出版社,1992

60 文英. 人类活动强度定量评价方法的初步探讨. 科学对社会的影响,1998(4):59

61 国际生命周期杂志介绍(The Greening of Industrial Ecosystem. Washington DC:National Academy of Science of the USA Press, 1994. http://www.nap.edu/openbook)

62 清洁生产杂志介绍(J Cleaner Production)http://www.elsevier.com/inca/publications

63 李博编.生态学.北京:高等教育出版社,2000

64 国际工业生态学学会站点(The International Society for Industrial Ecology). http://www.yale.edu/is4ie/thesis

65 卡伦堡工业共生站点.http://www.symbiosis.dk

66 李武. 好氧生物处理工艺在制药废水处理上的应用[J]. 环境工程,1997,8(4):7

67 北京水环境技术设备研究中心,北京市环境保护科学研究院,国家城市环境污染控制工程技术中心 . 三废处理工程技术手册(废水卷)[M] . 北京:化学工业出版社,2000

68 Suren Erkman . Towards industrial ecosystem. http://www.fph.fr/en/informer/letter

69 http://www.baidu.com

70 http://www.sohu.com

71 http://www.sogou.com

72 http://www.stillpictures.com

73 中国期刊网 http://www.cnki.net

74 中国环境生态网 http://eedu.org.cn

75 王立群 . 环境技术的环境影响评价(EIA) . 中国环保产业,2002,42(1):2,43(2):8

索　引

冶金工业出版社部分图书推荐